U0098696

軟體工程

理論與實務應用

改版序 | *preface*

　　「軟體工程」是一套軟體開發的觀念，可以引導我們善用軟體開發的方法，讓複雜的系統也能有條不紊地建置起來。經過這麼多年的發展，軟體工程已經有很多實務上的運用，大型的軟體開發公司也累積了一些特有的開發經驗，以Google公司為例，甚至連程式語言的編譯程式（compiler）都需要使用自行開發的軟體，就是因為不斷遇到問題，總是要採用適當的解決辦法。

　　進行本次改版時，在國立空中大學連續擔任了三年的資訊科技中心的主任職務，校內的教務系統面臨了是否要全面更新的抉擇，雖然已經在2020/8/1卸下行政職務，但仍常以軟體工程的角度來看這個重要的問題，剛好也在此時閱讀了「Software Engineering at Google」這本書，看到很多實務又有趣的探討，不少心裡頭的疑問得到了解答。因此，本次的改版把領略的經驗加入內容中，對於需要負責軟體系統開發的資訊專業人士來說，可藉此反思在實務場域中可能遇到的難題以及應對的思維。

　　「Software Engineering at Google」這本書從「文化（culture）」、「程序（processes）」，與「工具（tools）」三個角度來探討Google的軟體工程，在實務場域中我們常需要做細微而重要的決定，但是軟體工程的理論與教科書可能沒有告訴我們相關的答案，例如軟體工程的流程有測試以及維護的階段，也會談到如何確保品質的問題，但是軟體開發維護時經常要進行的程式碼審閱（code review）該怎麼做，大家可以仔細比較一下一般教科書的介紹跟Google的作法，看看有什麼差別。在完成軟體工程的學習與訓練之後，到職場上是要解決問題的，本次改版的重點就在探討如何強化解決實務問題的能力。

　　本書承蒙多所大專院校採用，在此感謝大家給予的指正與分享，本書承蒙碁峰資訊公司的輔助付印，在此致上最大的謝意。出版過程中碁峰資訊同仁的專業輔助，辛苦了！最後希望讀者們閱讀之後不吝指正，在此先致謝。

顏春煌

謹識於台北

大型軟體系統的開發需要系統化的方法，軟體工程就是開發大型軟體系統的基礎，有了這一方面的訓練自然就知道應該運用什麼樣的方法來順利地進行大型軟體系統的開發。

本書的起源與目的

軟體工程兼具理論與實務的訓練，涵蓋的技術領域很廣泛，本書在內容上盡量囊括軟體工程領域的知識，同時透過實例來激發讀者的興趣。內容可以分成幾部分：

1. **軟體工程的基本觀念**：先釐清「程式」、「軟體系統」、「應用系統」、「軟體開發」與「軟體生命週期」等基本概念。

2. **軟體工程的程序與方法**：軟體系統的開發從開始規劃、分析、設計、製作、測試、上線使用到維護，分成好幾個階段，每一個階段有一些可以採用的方法與技術。

3. **物件導向軟體工程**：這是目前軟體開發最普遍採用的技術，很多開發工具與技術都運用了物件導向的概念。

4. **軟體工程相關的技術**：包括軟體再用（software reuse）、MDA（model-driven architecture）、反向工程（reverse engineering）、設計模式（design patterns）、CMMI、軟體重構（refactoring）等。

5. **軟體工程的新發展**：包括軟體安全（software security）、服務導向的架構（SOA，service-oriented architecture）與觀點導向（aspect-oriented）的開發技術等。

哪些人適合採用或是閱讀本書

1. **學校或是推廣教育的老師**：本書可以做為軟體工程相關課程教科書，內容約對應到 18 週（54 小時）的學期課程。

2. **資訊專業人士**：建立軟體工程方面的專業背景。

3. **對於軟體開發有興趣的技術人員**：軟體工程探討了很多軟體開發方面的原理與策略，可以提昇專業能力與解決問題的技巧。

4. **軟體產品的推廣人員**：有軟體工程的背景會更了解軟體的特性與用途。

本書習題與教用資料

提供用書教師習題解答與教學投影片。

目錄 *contents*

Chapter 01 軟體工程簡介

Chapter 02 認識軟體系統與軟體開發程序

Chapter 03 軟體工程的應用與發展

Chapter 04 軟體系統的需求工程

Chapter 05 系統模型

Chapter 06 從軟體系統的規格到架構設計

Chapter 07 軟體系統設計的實務

Chapter 08　物件導向軟體工程與開發實務

Chapter 09 系統的建置

Chapter 10 系統的測試與部署安裝

Chapter 11　軟體系統的管理與維護

Chapter 12 軟體系統的品質管理

Chapter 13 軟體開發工具與技術的變遷

Chapter 14 軟體元件與再使用

Chapter 15 設計模式與軟體重構

Chapter 16 資料庫系統的開發

Chapter 17 跨平台可移植性軟體開發

Chapter 18 軟體工程的展望

Appendix A 附錄

1

軟體工程簡介

現代的社會中一般人的生活都跟軟體系統息息相關，例如台灣高鐵的運行，除了要有軟體系統來處理營運的各種狀況之外，還要有售票系統方便旅客訂位。一旦軟體系統故障，營運就很難正常地進行。當電腦病毒肆虐的時候，往往造成企業重大的損失。

TIP

可以跟其他人一起分享彼此寫程式的經驗，到底程式要多大才算大？獨力完成會有什麼樣的困難？我們需要什麼來幫助完成大型的軟體系統？

1.1　軟體工程的定義

軟體工程是一種教我們如何寫好一套軟體系統的方法，當電腦科技才剛開始普及的時候，大多數的人大概都還記得在大型電腦上的 COBOL 語言，或是個人電腦上的 BASIC 語言，要寫成一個小程式，似乎還不是太難。等到電腦與通訊科技日新月異，才讓人突然發現光有硬體設備是不夠的，我們需要更多種類與功能更複雜好用，而且品質更高的軟體程式，所以軟體開發逐漸形成了「軟體工業」，小型的軟體程式也變成了大型的「軟體系統」，昔日的程式寫作型態，已經無法支援目前軟體市場的更新速度，就在這些因素之下，促成了軟體工程的發展，讓程式開發者多了一項必備的專業背景。

1. 系統分析與設計（systems analysis and design）是軟體工程中的一環，也是現代大型軟體系統開發過程中無法避免的工作，做好系統分析與設計對於軟體開發專案的成敗有決定性的影響。

2. 「軟體工程」是在西元 1960 年代末提出來的觀念，西元 1968 年一場探討軟體危機（software crisis）的研討會中提出了軟體工程的名詞，主要是由於電腦硬體效能大增，使大型軟體系統得以在一般的平台上作業，市場上對於軟體的需求也因而跟著提昇，需要有更好的軟體開發方法來提昇開發的效率、節省開發的成本，同時得到良好的軟體系統品質。

組織（Organization）與企業（Businesses）對軟體工業的倚賴與日俱增，軟體系統的規模及複雜度也急速成長中。舉個實例來說，美國國內企業使用的電腦程式，估計總數超過數百億行，程式設計的成本暫時不論，就以程式及系統維護所需的費用而言，已超越數千億以上的美元，而公司的運作與電腦及資訊系統息息相關，軟體系統的品質（Quality）及穩定度（Reliability）足以左右公司營運的成敗。

TIP

軟體（software）是什麼？所謂的軟體，在電腦科學的領域裡，可定義為以電腦語言（Computer Language）寫成的程式或程式組（Programs）。這些程式有特定的功能，目的是在解決問題（Program-solving），仔細觀察，我們可以發現軟體被開發時主要的成因與動機。首先，軟體是利用電腦來解決問題的，在了解問題的本質與需求以後，我們必須提供適當的解決方法（Solution），是否要開發軟體取決於所提出的解決方法是否適合由電腦執行，以及是否可用電腦的語言表達。一旦做成決定，即可著手開發軟體。

● 軟體工程的教科書

軟體工程的領域有一本相當受歡迎的教科書，作者是 Ian Sommerville，書名是《Software Engineering》。這本書對於軟體工程的基本知識有很詳盡的介紹，使用了大量的圖表與流程來闡述軟體工程中的程序與方法。

重要觀念

著名的 Google 公司有三位專職人員在 2020 年出版了一本關於 Google 所從事的軟體工程的書，裡頭談到了「程式設計（programming）」與「軟體工程（software engineering）」之間的差異，軟體必須透過程式設計來開發，而軟體工程則是「開發＋修改＋維護」，這中間有一個很重要的差異，就是一個有規模的軟體系統通常會被使用一段不算短的時間，勢必經歷硬體、作業系統、語言版本與引用程序庫（library）的變動，造成所開發的軟體系統需要跟著修改與維護，而光是透過程式設計寫出來的程式可能只是短暫的使用之後就沒有用途了。這也就是 software engineering 與 programming 的差異。所謂軟體的「可維持性（sustainability）」（請參考 Winters, T., et al. 第 4 頁）是指我們在軟體的生命週期中能夠針對軟體所需要的變動進行處理，不過這不代表軟體有需要變更時一定會進行變更，因為還有成本、優先程度等其他的考慮因素。

1.1.1 衡量軟體系統的大小

軟體工程是用來建構軟體系統（Software system）的，軟體系統有各種用途。今日大多數的軟體系統都極為複雜，一般人慣以 Real-World Project 或 Production-Level Project 稱之。**一個軟體系統的複雜度（Complexity），可以用某些標準度量（Metrics）來估測，最簡單的例子是原始程式的行數（SLOC, Source Line of Code）**，一般而言，SLOC 在十萬以上的軟體系統可大略算是具有商業及實際用途的大規模軟體計劃，開發這樣複雜的軟體系統，必須做完整而周密的規劃，開發過程中更要運用各種技術及工具去降低開發成本，並且提升軟體成品的品質。由這個觀點來看，大型軟體系統的開發，是一種勞力及腦力密集的工程（Engineering）。

軟體工程是大型軟體系統開發時所需經歷的過程，目的是系統化地運用軟體開發的各類技巧與工具，以簡御繁，降低開發成本，確保軟體品質，並且有效的使用及管理開發過程中的各種資源。

1.1.2 軟體系統的種類

一般說來，軟體系統的種類很多，購買到的軟體常包括光碟、使用手冊、安裝說明書與保證書（或註冊卡）等，使用者可以自行把軟體安裝到適當的硬體平台上。比較複雜或特殊的軟體則需要廠商的協助安裝，同時有後續的教育訓練及維護工作。**我們可以把軟體產品分成兩大類：**

1. **通用型的軟體**：用途普遍，依大眾化的需求而開發出來的軟體，例如個人電腦上的作業系統、文書處理軟體、試算表等。

2. **個人化或組織化的軟體**：依個人或組織的特定需求所開發出來的軟體，通常無法通用，但對於原使用者而言，有相當大的幫助。

早期依特定需求而開發的情形比較多，相對於收益而言，成本很高，因為所有的開發成本只被少數的使用者吸收。個人電腦普及之後，通用型軟體的市場大幅成長，例如微軟公司（Microsoft Inc.）所生產的各類軟體。通用型軟體或有特殊用途的軟體，都可以運用軟體工程的方法來開發，通用型軟體的規格可由開發者全權決定，**特殊用途軟體的規格則決定於使用者的需求，所以開發的時候要透過系統分析與設計來確定系統的規格能滿足使用者的需求。**

　　隨著智慧型手機與手持裝置的普及，所謂的行動裝置應用「app」的開發也越來越盛行，app 就是智慧型手機或是平板電腦上執行的應用，必須考量顯示螢幕比較小的問題。至於軟體的安裝，智慧型手機幾乎都是透過網路來進行的。

　　雲端技術的發展也影響了軟體的安裝與使用方式，很多軟體現在推出所謂的雲端版本，在雲端設備上執行，使用者端的電腦呈現視窗的使用介面，好處是不再受限於有安裝的電腦才能使用。這種模式未來可能會越來越普及。

 TIP

對於大型的組織或企業來說，雖然可以量身訂做自己所需要的軟體資訊系統，但是隨著大家對於企業程序的了解，已經有很多共通的功能可以萃取出來，所以有的大型軟體開發公司（例如 SAP）可以先做基礎資訊環境的導向，然後再針對企業個別的需求來進行局部的開發或是修改，節省大幅的開發時間與成本。

　　有些軟體可能會綁定硬體，例如網路設備，其功能跟網路相關，通常在採購時就包括在整體的價格裡頭。有的軟體的功能雖然也偏向通用型，但是一般只有比較大型的機構才會採購使用，例如單一登入（SSO，single sign-on）系統，這些軟體也可能經歷客製的開發，因為有的機構需要把部分的資訊系統跟單登系統介接起來。所以軟體系統的樣貌是相當多元化的。

1.1.3　系統工程

　　系統工程（Systems engineering）是比軟體工程更為一般化的觀念，所謂的「系統」包括了軟體與軟體所在的硬體平台及環境，當然系統工程也可泛指電腦領域以外的應用，例如建築工程、冷凍工程等，以電腦為基礎的系統工程中，軟體工程是最重要的，因為電腦必須有軟體才能發揮其功能。

　　系統工程的程序可以用圖 1-1 來表示，任何的系統工程都會有和圖 1-1 類似的流程，軟體系統開發的流程與軟體工程的程序都是從圖 1-1 的架構衍生出來的。總而言之，軟體工程是系統工程的一種，以電腦平台為基礎，軟體系統為產物，在軟體開發過程中所用的方法、產生的文件或是進行的活動，都可算是軟體工程的一部分。

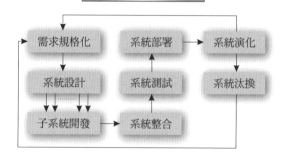

圖 1-1　系統工程的程序

　　大型的軟體系統常由多人一起開發製作，否則光靠一個人的力量，絕對無法在預定的時程內完成。很多人一起做一件事的時候，需要共同遵循的方法來引導合作的方式，尤其是複雜的軟體系統的開發，可能還會分成許多子系統，交由不同的人來負責，經常的溝通是不可少的。我們下面就要來看看有哪些軟體系統開發的方法。

 TIP

沒有開發軟體的經驗嗎？沒關係，上網路找一找，很多大型的軟體公司、顧問公司，或是系統整合的公司，都會公佈一些專業的資源，從裡頭發掘一些寶藏吧！

　　人月神話（The Mythical Man-Month）是軟體工程領域中的一本暢銷書，這本書初次出版的時間距離現在有好幾十年，但是裡頭談的概念卻至今仍讓很多人信服。傳統上在估計軟體系統開發的工時常以「人月（man-month）」為單位，所以 2 個人工作 10 小時相當於 4 個人工作 5 小時，不過人月神話的作者認為這是錯誤的，就像生小孩需要一個人懷胎 10 月，沒有辦法由兩個人或是更多人一起進行來縮短時程。所以在軟體開發的領域中，其實有很多有趣而值得思考的問題，想得越周全，就越能掌握正確的方法與方向，對於大型的軟體開發專案來說，往往會有意想不到的好處。

1.2　軟體開發的內涵

　　軟體開發方法算是一種方法論（methodology），可以看成是系統化的處理事情的方式，所形成的流程是能重複的，方法本身會明確地規範進行的步驟與預期得到的產物。如此一來，再多的人一起參與一項工作，也不會像無頭蒼蠅一樣，亂成一團。

　　軟體開發的方法經過多年的發展以後，已經成為相當成熟的領域，同樣的方法往往都能運用在各種類型的軟體開發專案中，自行發展出來的方法一方面不健全，又不通用，無法達到群策群力的效果。不管是一個團隊或是單一的個人進行軟體的開發，採用開發方法會有一些好處：

1. 提昇開發出來的軟體的品質。

2. 開發過程中什麼時候該做什麼都有明確的規範。

3. 引導開發者寫出結構良好而且容易維護的程式碼。

4. 保存完整的文件紀錄。

5. 良好的時程與預算管控。

6. 提昇參與者之間溝通的效率。

7. 有效的資源運用。

　　既然開發方法有那麼多的好處，我們當然應該要好好地了解並且學習軟體的開發方法。一個好的開發方法可以帶來上述的優勢，而且也會具有表 1-1 所列出來的內涵。這裡要特別強調系統分析與設計是整個軟體開發過程中的一環，所以開發的方法也應該涵蓋系統分析與設計的部分。

表 1-1　開發方法的內涵

內涵	說明
規劃	決定需要完成工作
時程	決定各項工作的完成時間
資源	確定所需要的軟體、硬體與人力等資源
流程	決定整個開發的流程與子流程

內涵	說明
工作	確立流程中的各項工作
角色	確立各參與者在開發過程中扮演的角色
產物	開發流程中各階段產生的結果
訓練	開發者以及未來使用者所需要的訓練

1.2.1　軟體系統開發方法論

方法論（methodology）是各種專業裡非常重要的基礎，方法論是一套方法、步驟及程序，可以運用來使與專業有關的工作進行的有效率且有準則可循。在軟體工程裡，有各類的方法論提出來幫助軟體系統的分析與設計，例如近年來時有耳聞的物件導向方法論（object-oriented methodology）。

在專案及軟體開發的各個階段都有各種方法論提供出來協助階段進展過程中的工作。在系統分析與設計的領域裡，研討的重點在與軟體系統開發有關的方法論，我們可以將這些方法論大致的歸納成下列幾類：

1. **描述資料架構與應用系統涵義的方法論**：應用系統的主要成份包括資料的型式、結構與組織，以及應用系統的涵義等等，要有系統地描述這些成份，必須使用相關的方法論，例如物件導向方法論提供的物件導向資料模型（object-oriented data model），就可以用來描述應用系統的資料架構。

2. **協助系統分析與設計的方法論**：系統的分析與設計是系統開發的重心，對於大型系統而言，分析與設計的階段經常耗費很多時間與成本，主要是由於系統的複雜度（complexity）。協助系統分析與設計的方法論通常會提供一種系統化的表示法，作為溝通的基礎；其次，還包括分析與設計所經的步驟、如何使未來的系統製作（implementation）最適化（optimized）等，都是方法論中所需探討的主題。

3. **指引系統製作的方法論**：系統製作的主要工作是完成程式設計及程式間的串連，這一類的方法論探討如何提高軟體的品質與效率，例如結構化的程式設計（structured programming），將常用的程式片段集合成模組（module），成為程式中可呼叫（call）使用多次的副程式。軟體工程

的實現倚賴各種軟體工具（software development tools），這些軟體工具的基礎就是各類與軟體開發相關的方法論。

雖然各種方法論的運用不見得十分普及，大型軟體系統的開發勢必仰賴一些方法論來讓開發工作更有效，才能在競爭日熾的軟體工業上取得發展的空間，系統的分析與設計是系統開發的重心。

1.2.2　軟體開發的程序

軟體工程開發軟體有固定的程序（process），軟體工程師（Software engineer）要有所需要的專業背景來完成軟體開發的程序，所謂的「電腦輔助軟體工程」工具，即 CASE（Computer-aided software engineering），也可以用來幫助我們進行軟體開發的工作。**所有的軟體開發（Software development）都會包含下面表 1-2 所列的幾項基本的程序。**

表 1-2　軟體開發的程序

軟體開發的各階段	說明
軟體規格的建立	軟體系統的功能以及使用的方式必須有明確的規格與定義。
軟體的開發	軟體系統在規格確定之後，經由開發的過程，變成有用的成品。
軟體的驗收	開發出來的軟體是否滿足預期的需求，要經過詳細的測試與驗證。
軟體的演化	當原始的需求改變，軟體系統也要跟著更新。

軟體開發的程序仍是軟體工程研發中的領域，很難說哪種方式是正確的，但是對於開發者而言，不管採用哪種方式，都會得到一般性的指引，使軟體的開發工作有條不紊。**常見的軟體開發程序可分成四大類：傳統階梯式的程序、漸進式的程序、需求規格化的程序與組合式的程序。**

1.2.2.1　傳統階梯式的軟體開發程序

傳統的軟體工程講求軟體的生命週期（Software life cycle），將軟體發展劃分為明確的階段，圖 1-2 列出主要的階段，由於每個階段的工作都相當的明確，人們習慣把圖 1-2 的模式稱做階梯式的軟體開發模型，或是所謂的瀑布式的模型（Waterfall model），這個模型和一般的工程流程（例如建築工程）最為類似，但是軟體系統開發有其固有的特性，以圖 1-2 的流程來說，在完成真正可用的

軟體系統之前，可能要經過好幾個週期，例如在系統測試階段發現錯誤的系統邏輯，嚴重的或許要重新回到需求分析與規格化的階段，進行大幅度的修改，一般的建築工程則比較不容許類似的變動。

　　雖然階梯式的軟體開發模型清晰明瞭，但是實際的軟體開發過程不見得有那麼清楚的開發階段，因為開發時的變因很多，過於侷限於學理上的規範，不見得適用於實際的情況，但階梯式的軟體開發模式仍是標準的程序，大多數人都接受，有利於軟體專案的管理。當然，和圖 1-2 類似而有所改良的軟體開發程序也不少，各有優劣之處。IEEE 1074（IEEE Standard for Software Life Cycle Processes）訂定軟體開發生命週期的架構，是可以參考的相關標準。

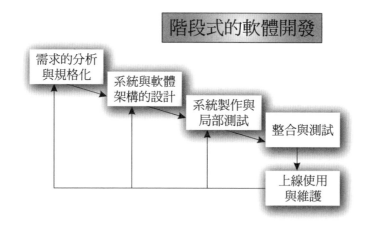

圖 1-2　軟體發展的階段

1.2.2.2　漸進式的軟體開發程序

　　漸進式的軟體開發（Evolutionary software development）在經過初步的系統需求分析之後，會很快地完成一個雛形系統（Prototype），透過這個系統再與使用者溝通，做為修改系統的依據。圖 1-3 為漸進式軟體開發的程序，經過需求分析之後，進入一個類似於階梯式開發程序的步驟，包括系統規格化、開發與測試的工作，這些工作在爭取時效的考量下，幾乎是同時進行的。所開發的軟體系統歷經初版、測試版（可能有數個版本），到最後可用的完成版。

　　漸進式的軟體開發可應用在一些特殊的開發狀況中，例如系統的需求不是很明朗易懂時，透過一個可操作的雛形系統來溝通，可能可以得到很好的效果。假如可先得到一些基本的需求狀況，就能馬上完成一個簡單的系統，然後再經由更多的溝通把其他的功能加進去。

　　漸進式的軟體開發程序似乎有比較高的效率，因為使用者的需求可以更迅速地反應到軟體系統的功能上，但是從管理的角度來看，由於開發程序中沒有很明顯的階段性（因為主要的三個工作項目是並行的），進度不容易掌控，而產生的系統版本多代表成本的提昇，是管理者所不樂見的；從軟體系統架構的角度來看，反覆地和使用者密集溝通，比較不容易保持一個嚴謹的軟體系統架構，不利於軟體本身的維護及更新。

TIP

由於漸進式的軟體開發程序有上述的一些潛在問題，我們可以把它當成一種快速建立雛形系統的方法，至於整個軟體系統的開發程序仍可按照其他的軟體開發模式。通常漸進式的軟體開發程序比較適用於小型系統的開發，尤其是一些臨時性的暫用系統。一般軟體系統的更新，例如從 Windows 3.1、Windows 95、Windows 2000到 Windows Vista 與 Windows 7，並不代表採用漸進式的軟體開發程序，只是軟體系統管理上的一種自然現象。

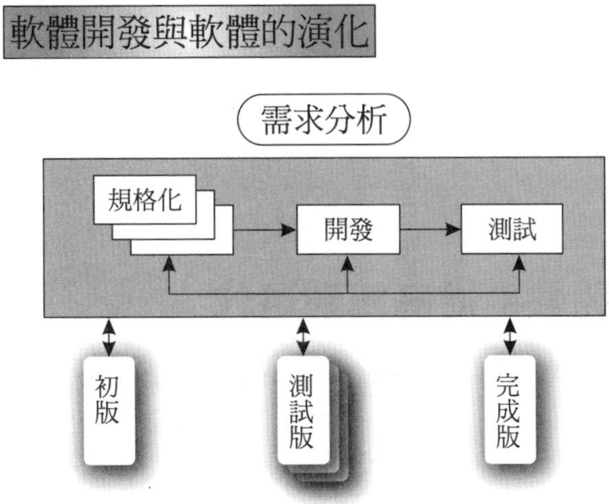

軟體開發與軟體的演化

需求分析

規格化　→　開發　→　測試

初版　　　測試版　　　完成版

圖 1-3　漸進式的軟體開發程序

1.2.2.3　其他種類的軟體開發程序

由於軟體開發的程序仍舊是研發中的領域，未來也有可能出現各種不同的開發程序，前面曾提及的需求規格化程序（Formal transformation）及組合式的程序（System assembly）也都是實際可行的軟體開發程序之一：

1. **需求規格化的軟體開發程序**：將軟體系統的規格（Specification）以適當的數學模型來表示，然後自動轉換成程式碼，由於數學化的規格可直接驗證其正確性，透過這種方式開發出來的軟體系統相當嚴謹。

2. **組合式的軟體開發程序**：假如軟體系統的某些部分已經完成或是有現成的子系統可用，則開發過程中可以直接將這些軟體元件組合起來，成為一個新的軟體系統。

仰賴數學模型的需求規格化的開發方式仍是實驗階段的產物，難以預知其發展。組合式的軟體開發程序則有相當大的潛力，運用現有的軟體元件，能節省大幅的開發成本，也就是所謂的「軟體元件再使用」的開發技術。軟體系統的開發是非常實務性與專業性的工作，由於軟體系統本身的規模日趨擴大，所投注的成本也相對地提高，如何運用工程化的方法來加速軟體系統的開發，並提昇生產力，自然成為眾所關注的問題。

 TIP

個人軟體程序（PSP，personal software process）與團隊軟體程序（TSP，team software process）是大家在軟體開發的領域中常會看到的名詞，所指的是針對個人或是團隊的軟體開發程序，PSP 可以幫助個別的軟體工程師改善自己進行軟體開發的方法、專業與效能，並且建立足夠的技能來參與 TSP。

1.3　軟體開發：從傳統到現代

系統開發的生命週期（systems development life cycle）是幾乎所有資訊系統開發的專案都會經歷的過程，通常包含 4 個階段：規劃（planning）、分析（analysis）、設計（design）與製作（implementation）。有時候會更細分成需求（requirements）、分析、設計、規格（specification）、製作、測試（testing）、部署（deployment）與維護（maintenance）等階段。表 1-3 告訴我們在每個階段中工作的要點，一旦熟悉了某種開發方法以後，就會知道該如何進行這些工作。

表 1-3　每個開發階段中工作的要點

軟體開發的階段	工作的要點
需求	了解需要完成的是什麼樣的軟體？有何功能？
分析	軟體處理的事物有哪些？
系統設計	如何處理需要解決的問題？軟硬體的架構？
子系統設計	考慮設計與實作的關聯，發展出系統的細節。
規格的產生	確認系統的組成與介面，消除模糊的規格
製作	寫出符合規格的程式
測試	程式功能與原來需求的對應，系統的安全與穩定。
部署	系統管理者的工作有哪些？使用者需要什麼訓練？
維護	系統錯誤如何解決？如何改善完成的軟體系統？

1.3.1　軟體開發方法與流程的特性

　　大家應該都已經發現世界上有越來越多雄偉壯觀的建築結構，例如大水壩、超高建築、地形險峻區域的橋隧等，這是因為建築工法越來越進步，克服了各種天然和人為的困難。這些建築工程的完成同樣需要運用系統化的方法與程序，那麼跟大型軟體的建構有什麼差別呢？仔細想一想應該能發覺兩項基本的差異：

1. 軟體程式可以經常修補，甚至於完全重寫，但是建築結構並沒有這樣大的彈性。

2. 建築結構在尺寸大小、形狀與組成等特徵上容許一些誤差，一樣能夠發揮既定的功能，軟體系統卻要求完全精確，一行的錯誤都不行。

　　雖然軟體工程與一般的建築工程有上述的差異，但是軟體工業依然蓬勃發展，大型的軟體越來越多，功能也越來越豐富，我們下面要介紹的就是促成這些發展的各種軟體開發方法。

1.3.2　傳統瀑布模型的改良

　　軟體工程跟軟體開發的領域常提到瀑布式的開發方法（waterfall methodology），把軟體開發的流程明確地分成幾個階段，依照這樣的程序來進行軟體的開發，對於一般人來說，這種方式好像也沒有什麼不好，至少看起來不是漫無頭緒的。但是在實務上至少有下面幾項因素讓這種開發方法變得不可行：

1. 任何一種程序都可能因為某些變因而需要調整,但是瀑布式的開發方法比較沒有這樣的彈性。事實上,每個不同的軟體專案在各階段所花費的時間都可能大不相同。

2. 各階段工作怎樣算完成,有時候並不容易判定,有的人可能要求完美,但是花費太多的時間,耽誤時程;有的人則做的不夠仔細,造成後面的階段無法順利進行。

既然瀑布式的開發方法在實務上碰到不可行的問題,是否有改善的方法呢?基本上,採用開發方法的人或團隊仍然有自行調整的彈性,只不過理論上發展出來的結果往往更有引導的作用,所以了解各種可能的改良方法是有必要的,即使自己要發展出適合的開發方法,最好也還是有一些背景知識的支柱會比較好一點。

● 螺旋式的開發方法(spiral methodology)

既然每個開發階段可能會碰到不易判定是否完成的問題,我們可以試著一回一回地進行,譬如說開發程序是規劃→分析→設計→製作,那麼改良以後就變成(第一回)規劃→分析→設計→製作→(第二回)規劃→分析→設計→製作→……。一直到完成為止。

這樣一來,開發的過程就好像螺旋一樣,會進行好幾回。實際上可能發生的情況是一開始的時候對於軟體的了解比較模糊,慢慢地越來越多的細節浮現,

這表示重複各階段的時候,我們對於同樣的問題有了更深入的了解,甚至於想到了更好的解決辦法,所以不必要求自己在第一回就完成所有的工作或目標。

跟建築工程比較起來,有一個很大的差異,一旦主體結構完成,建築工程能改變的幅度是有限的,對於軟體系統來說,比較沒有這樣的限制。不過螺旋式的開發方法還是有一個問題,假設某個階段有一個錯誤需要更正,我們還是要等到下一回才能修改。

● 反覆式的開發方法(iterative methodology)

反覆式的開發方法可以讓我們隨時回到前一個階段,所以若是發現錯誤需要更正,就不必再等待到下一回,避免讓錯誤影響到更多後續的開發工作。雖

然這樣的改良讓彈性變大了，可是也不免讓人擔心會不會因此失去瀑布式流程的規律，讓開發程序又變得漫無頭緒，這可以從以下幾個方向來加以分析：

1. 傳統的階段特徵還是存在，多少會有引導的作用。

2. 開發過程產生的結果，例如模型圖、程式碼等，會持續改善，而且保持完整的紀錄。

3. 軟體開發的工具、選擇的開發方法、表示法等都會讓開發的結果具有一致性，而且有適當的管理。

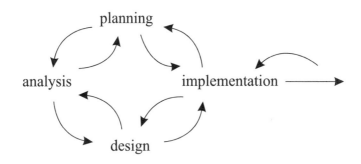

● 漸進式的開發方法（**incremental methodology**）

　　雖然螺旋式與反覆式的開發方法都解決了一些瀑布式開發方法的問題，但是對於大型的軟體系統來說，往往無法在短期內一次完成所有的功能，或者說時程上就是得分期完成，讓部分的功能提前實現。在這種情況下就衍生出漸進式的開發方法，常常看到一些商業軟體的版本推陳出新，其實就可以看成是一種漸進式的軟體開發。

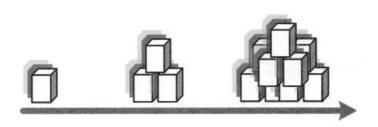

● 混合式的開發方法（combined methodology）

前面介紹的開發方法可以混合在一起使用，軟體系統的開發會搭配專案管理的專業，所以軟體開發方法的採用、實施與管制都會有一定的程序，不會漫無目標，不管使用的是哪一種開發方法，最重要的是要掌握方法的優點，以完成階段的工作為目標。

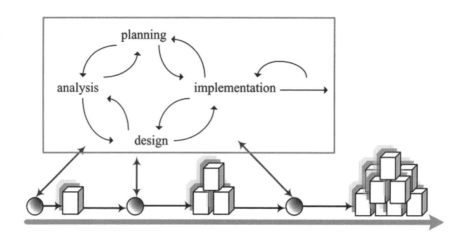

 TIP

軟體在建構的過程中有時候會因應一些不同的需求而調整目標，例如軟體雛形（software prototype）是為了嘗試一些功能而開發的軟體，所以功能可能沒有那麼完整，將來開發正式的軟體時，通常會捨棄軟體雛形已經寫出來的程式碼；產品雛形（production prototype）跟軟體雛形類似，不過程式碼在正式開發時可以沿用；概念商品（proof-of-concept）是用來展示某些技術的可行性而開發的軟體；快速應用開發（RAD，rapid application development）則是運用技巧加速軟體的開發，像 1980 年代的物件導向技術就展現了 RAD 的潛力。

1.3.3 新的軟體開發方法與流程

物件導向的開發方法是近年來在軟體開發方面發展最顯著的技術，尤其是在各種軟體工具的發展上，所以不管是理論或實務都有很多新發現。1990 年代中期最有名的物件導向開發方法出自 Ivar Jacobson、James Rumbaugh 與 Grady

Booch 幾位大師，他們在 1996 年合作發展出 UML（Unified Modeling Language）的表示方法，隨後交由 OMG（Object Management Group）繼續研發。

● RUP（Rational Unified Process）

前面提到的三位大師後來設計出 RUP 的開發方法，結合了螺旋式、反覆式與漸進式的開發方法，RUP 是物件導向分析與設計中常用的開發方法。事實上 RUP 是一種程序架構（process framework），有異於一般的開發程序，RUP 提供的是一些術語與鬆散的結構，採用 RUP 時必須先選擇一種開發模式，確立開發程序，這個過程必須一起考量軟體專案本身的特質與需求，任何一個 RUP 專案都會有下列 4 個階段：

1. **開始階段**（inception）：對專案進行初步的評估，然後決定是否要付出資源進行下一個階段的工作。

2. **細化階段**（elaboration）：確立專案的主要使用案例（use cases），以反覆的方式建置軟體，大致完成系統的架構，在這個階段結束以前，應該對於需求有完整精確的了解，而且已經解決了大部分專案可能遭遇的風險。

3. **建置階段**（construction phase）：繼續進行軟體系統的建置，完成大部分的功能。

4. **轉換階段**（transition phase）：進行一些通常不需要反覆的工作，例如部署、使用者的訓練等。

● 敏捷性的開發方式（agile development）

西元 2001 年時有一群業界的專家想找出能改善軟體開發的方法，期望能加速開發並有效地滿足新需求。後來組成 Agile Alliance，提出 Manifesto for Agile Software Development。所謂的敏捷性的開發程序（Agile Process）有相當高的反覆性與漸增的特性，重視小團隊的密切合作、經常性地與委託開發者溝通，把程式的重要性擺在比文件化更重要的位置上。

敏捷性的開發方式可用來形容一些具有敏捷特徵的開發程序，例如 XP（Extreme Programming）、FDD（Feature Driven Development）與 DSDM（Dynamic

Systems Development Method）等。敏捷性的開發程序有很大的調適能力（adaptive），能迅速對軟體需求的改變產生回應，不過這種開發程序跟開發者有密切的關聯，開發成功與否決定於參與者的素質以及合作關係。有關於敏捷性開發方式的資訊可以參考 agileManifesto.org 的網站。

● XP（extreme programming）

XP 算是一種敏捷式的開發方法，有兩個主要的特徵：成對的程式設計（pair programming）與測試驅動的開發（test-driven development），在成對的程式設計中，所有的開發工作都一定要由兩個人一起進行，目的不是要加速開發的進度，而是要提昇品質。XP 開發方法有 3 個主要的原則：持續的測試、成對的開發者進行程式設計，以及與使用者的密切溝通，快速建置軟體系統。

XP 開發方法建立在 4 個核心價值之上：溝通（communication）、簡化（simplicity）、回饋（feedback）與勇氣（courage）；溝通是指開發者必須持續而快速地回應給使用者，簡化是指開發者要保持 KISS 的原則，KISS 代表 Keep It Simple, Stupid，回饋是指開發者必須隨時接受改變，勇氣是指開發者要有品質第一的心理建設。

從上面的描述可以想像一下 XP 開發過程的經歷，開始的時候使用者描述系統的功能與需求，程式設計者寫出小型簡易的軟體模組來測試與了解實際的需求，使用者隨時澄清或確立需求，在溝通與開發的過程中，開發者盡量讓名稱、描述與程式寫法標準化，使溝通更有效。因此，XP 產生結果的速度甚至於比 RAD 還快。

 知識加油站

軟體開發工具

電腦輔助軟體工程（CASE，Computer-aided Software engineering）的目的在於簡化軟體開發的程序，支援 CASE 的工具本身可以和其他的軟體或工具互通，例如資料庫系統、主從架構系統的開發工具等。早期 CASE 工具出現時，人們的期望很高，認為必可大幅降低軟體開發的成本，但事實上由於當時的 CASE 並不成熟，所以並未達到預期的效果，反而使 CASE 沈寂了很長的一段時間。

後來由於物件導向技術的發展、資料庫的普及，以及主從架構的興起，使 CASE 工具逐漸回到軟體開發的市場中，由於在功能與技術上都比以前成熟，而且價格也大幅降低，目前 CASE 工具的使用已經相當普遍。我們在本章的內容中將介紹 CASE 工具的功能與種類，同時也說明其與軟體開發之間的關係。

由於軟體開發的輔助工具種類日增，我們介紹了 CASE 工具的代表功能，可用來界定某種輔助工具是否算是 CASE 工具；不過由於開發工具的功能越來越豐富，整合性及互通性也大為改善，CASE 已經逐漸變成一種象徵性的涵義，倒是輔助開發工具的選擇顯得更為重要，因為選擇的優劣直接影響所付出的費用、所節省的開發成本、所開發的系統的品質等。表 1-4 列出 CASE 工具預期達到的一些常見的目標。

表 1-4　CASE 工具預期達到的一些常見的目標

預期達到的目標
1.　改善開發出來的軟體系統的品質
2.　加速系統設計與開發工作的進行
3.　運用自動檢查的方式來簡化測試的工作
4.　結合理論上的方法來整合開發的工作
5.　改善開發文件的品質與完整性
6.　幫助開發程序的標準化
7.　改善專案的管理
8.　簡化程式的維護
9.　提昇模組與文件的再用性
10. 改善軟體的可移植性（portability）

1.4　軟體工程的演進

軟體工程的觀念源起於西元 1960 年代時有關於軟體危機（Software crisis）的探討，希望能引入一般工程應用的法則，使軟體系統的開發能有組織與條理，到了 1970 年代，對於軟體工程的各種討論越來越多，人們也發覺有很多軟體系統的開發最終都是失敗的，歸納出來的原因很多：

1. **使用者或應用系統需求的認知**：使用者並不了解電腦系統的優點何在，難以決定哪些工作需要電腦化，系統開發者熟悉電腦的功能，卻不了

解使用者專業領域的需求，假如在溝通上有困難或缺乏效率，就難以描繪出軟體系統的輪廓。

2. **軟體系統的大型化與複雜化**：軟體系統有越來越複雜的趨勢，主要是由於使用者的需求增加，越複雜的軟體越難管理與維護，開發的時候困難也越多。

3. **使用者的滿意度**：軟體系統完成後是交給使用者來運用的，使用者的需求往往會變更或增加，即使是在軟體系統開發的過程中，都有可能變更規格，要建立一個完全滿足使用者需求的軟體系統，需要相當高度的技巧。

4. **合作開發的必要性**：軟體系統複雜化之後，一個軟體系統往往不是一個人所能獨力完成的，由多人合作開發，甚至於多個廠商合作，是不可避免的趨勢，而合作開發與獨自開發在程序上與技巧上自然有很大的不同。

5. **開發環境的變更**：電腦軟硬體的平台隨科技的進展而不斷更新，網路普及之後，軟體系統必須在分散式的環境下作業，這些變化使軟體系統的開發變得更為複雜。平台的異質性，使相同的軟體都部署在不同的硬體上，也成為軟體開發必須面臨的問題之一。

以上的這些問題刺激了軟體工程的發展，階梯式的軟體開發程序在 1970 年代中期被提出來，到了 1980 年代以後，出現了其他的軟體開發程序，軟體系統的正式規格化（Formal Specification）逐漸受到重視。在進入 1990 年代之前，物件導向技術迅速地發展，也影響到軟體工程的領域，很多原來採用的方法，都漸漸引入物件導向的觀念。

從 1970 到 1990 年代，由於關聯式資料庫系統的興起，很多商業資料庫應用系統普遍地使用，使資料庫的領域成為軟體工程運用最廣泛的地方。從 1990 年代開始，網際網路的盛行，使應用系統有移轉到網際網路上的必要，軟體系統的架構也大異於往昔，雖然軟體系統開發的程序大體不變，但很多細節與工具都有很大的變化。

軟體工業的重要性日增，市場也不斷地擴大，軟體工程的運用所涉及的層面更廣，例如既有軟體元件的再使用，可大幅降低開發成本，分散式物件的觀念則將軟體元件物件化，提昇共用的可能性及相容性。未來我們將可預見軟體系統在種類、品質與功能上大幅地改善，軟體工程的技術會更完整地與軟體開發的工具結合，讓開發者在整個軟體系統的開發程序中，都在同一個工作環境中完成。

1.5　軟體工程的重要性

程式設計員（programmer）與軟體工程師（software engineer）的差異在於程式設計員只需知道程式的寫作，對於軟體系統的了解及參與，通常是局部的與片段的。軟體工程師則需對系統有全盤的了解，而且必須規劃與參與軟體開發的各個階段，很明顯的，軟體工程師的工作比較繁忙，且範圍較廣，所負的責任也較大。

至目前為止，軟體工程的實踐還不是十分普及，所謂「土法煉鋼」的系統製作仍十分普遍，只有在大型軟體系統開發及大企業參與的專案，才偶見軟體工程的實際應用。值得注意的是，軟體工程的實踐需要不少成本，在專案開發的初期評估時，必須決定在經濟效益的前提下，是否運用軟體工程。

由於人類對電腦的需求日股，軟體系統的需求，同時有數量的增長和要求日益繁複的情形；換言之，未來多數的軟體系統將是所謂的大型（large-scale 或 production-level）的系統，軟體工程所省下的成本，勢必遠大於其本身實行所需的成本，在那樣的情形下，軟體工程勢在必行，由此可見，軟體工程的重要性將與日俱增。

TIP

由於每個人的背景與目標不同，對於軟體工程的看法自然會有所差異。以組織或企業的大環境來說，資訊應用系統的開發有很多可能採用的管道，例如自行開發（In-house development）、委外諮詢（Out-sourcing）、外銷套裝軟體等，在學習完軟體工程的技術之後，我們應該了解各種開發管道及參與人員必須完成的工作及扮演的角色，只有從實務經驗中才能看得出軟體工程在這些軟體開發的過程裡產生的效益。

　　自行開發對於組織或企業而言是很大的挑戰,主事者必須具有相當雄厚的專業基礎,優點是對於本身的需求相當了解,委外諮詢雖然要先付出一部分成本,但在時程上較容易掌控,外購套裝軟體唯一的考量是軟體本身的功能固定,不見得滿足需求。具有軟體工程的背景,不管在哪一種軟體開發的方式裡,都比較能預知所需,在溝通上能知己知彼,了解軟體開發所需的技術、時程、成本、資源與環境,如此一來,成功的可能性大增。

1.6　軟體工程的課程目標與專業倫理

　　不管是教師在教學上或是學習者在自己專業的規劃上,一定要知道軟體工程領域的專業到底是如何養成的,然後把所需要的知識與技能背景建立起來,另外專業倫理(ethics)是幾乎每一種專業都會探討的議題,在軟體開發的領域中,專業倫理也很重要。

1.6.1　軟體工程的課程目標

　　美國 ACM 出版了一份文件:"Software Engineering 2014: Curriculum Guideline for Undergraduate Degree Programs in Software Engineering."。這份文件針對所謂的 SEEK(Software Engineering Education Knowledge)提供了詳細的資訊,也就是對軟體工程的知識體系做了詳盡的定義。另外也對教學的部分提供了一些準則與建議,例如在學習者的部分,建議完成一個較有規模的軟體開發專案(Capstone project),可以達到與就業接軌的目的。

1.6.2　軟體工程的專業倫理

　　對於軟體工程師來說,在執行自己的工作時必須遵循社會道德與法律的規範,也就是說,軟體工程師除了貢獻自己的專業技術能力之外,也要負起一些社會責任。可以從 4 個方向來觀察:能力(competence)、保密(confidentiality)、智慧財產權(rights of intellectual property)與電腦的不當使用(computer misuse),譬如說求職的時候應該找符合自己能力的工作,不應誇大不實。專業協會 ACM 網站上提供的軟體工程專業倫理守則,可以透過搜尋「The Software Engineering Code of Ethics」來查閱,這是一個不可忽略的重要議題。

1.7　軟體工程師的職涯

　　學習軟體工程的知識與技能對於一個人的職涯有什麼影響呢？在很多國家，軟體工程師的待遇是不錯的，當然，任何工作都跟經驗與自己熟悉的技術有關，入門的工作跟進階的工程師職位在薪資上會有一定範圍的差距。

　　一般說來，剛入門的軟體工程師還是要從寫程式開始，資深的軟體工程師甚至會使用多種程式語言與開發工具，就像網頁應用的開發跟半導體晶片上系統的開發所需要的技能與經驗就有很大的差異。等到參與的開發專案夠多了，對於軟體開發的各階段有較深入的了解，就能開始擔負領導與管理的責任，帶領開發的團隊。

- **技術導向的職涯**：雖然程式語言的基礎是必備的，但是隨著資訊技術的演進，走技術導向的軟體工程師仍須學習新的技術與工具，例如雲端運算環境出現以後，就要了解相關的技術。

- **管理導向的職涯**：軟體工程師磨練久了，假如有良好的溝通技巧與領導特質，也可能適合走管理導向的職涯，甚至往更高的管理層次晉升。

摘要

　　雖然硬體設備的價格大幅滑落，軟體開發的成本卻急速地爬升，傳統的程式設計方式無法因應大型軟體系統的複雜度，新進的技術則需測試與整合。軟體工程（software engineering）的目標在於「**以有效而且節省成本的方式開發出品質良好的軟體系統**」，經過了多年的發展之後，軟體工程已漸漸地變成一個成熟的專業領域，而且成功地將軟體工業推上市場主流的地位，我們可以看到各種套裝軟體的開發與更新，已經有相當完整而固定的流程，特殊應用的軟體也能結合需求與軟體開發的技術。我們在這一章裡的內容探討軟體工程的內涵，幫助大家了解這項專業領域對於軟體工業所產生的影響。

學習評量

1. 「軟體」和「硬體」如何區分？試各列舉三項特徵。

2. 從報紙或網路的求職廣告中，觀察一下有哪些人才需求是與軟體工程相關的。

3. 試從各種與軟體工程相關的書籍或媒體中，整理出軟體工程的定義。

4. 軟體系統的建立和蓋房子有很多類似之處，但也有一些明顯不同的地方，試各列舉三項。

5. 軟體工程師與程式設計師有什麼不同？大家一起來討論吧！Software engineer vs. programmer！

6. 在學習軟體工程之前，自己所認知的軟體開發程序是什麼樣子的？試與所學到的定義做一般的比較。

7. 階梯式的軟體開發程序有哪些優點？

8. 漸進式的軟體開發程序比較適合用在哪些場合中？

9. 選擇軟體的開發程序時，有哪些主要的考量？試列舉三點。

10. 試從網路上尋找一些和軟體專案開發有關的資料。觀察這些軟體開發的案例所採用的開發程序與方法。

11. 在入口網站上輸入「軟體工程」，搜尋相關的資訊。

12. 為什麼軟體工程要加上「工程」的字眼？聽起來似乎有點冷冰冰的，在各種專業認證中，有和軟體工程相關的證照嗎？

13. 智慧型手機上的 app 跟一般電腦上使用的軟體在功能與特徵上有什麼差異？

14. 從《人月神話》這本書的觀點來看軟體開發，似乎人力一向是軟體發展的主要成本，以軟體工程的發展來看，我們應該如何降低人力的成本？

2

認識軟體系統與
軟體開發程序

2.1 認識軟體系統

軟體系統（Software systems）是根據某些功能與用途所開發出來的應用系統，這些功能與用途可以分門別類，形成各種應用領域（Application domain）。一個軟體系統的功能可從規格上來描述，圖 2-1 列出這些規格的由來，在進行軟體的開發之前，會先評估效益與可行性，從多方面來了解軟體的功能與用途，得到的結果產生了各種文件，包括應用系統需求的定義與規格，最後得到完整的需求文件，這些文件就是隨後系統設計工作的基礎。

需求分析產生的系統模型（System model）對於應用系統的作業方式有正式的描述，可由此推演出未來軟體系統的概觀，所以圖 2-1 中的流程代表軟體系統內涵的描述與架構的成形過程。

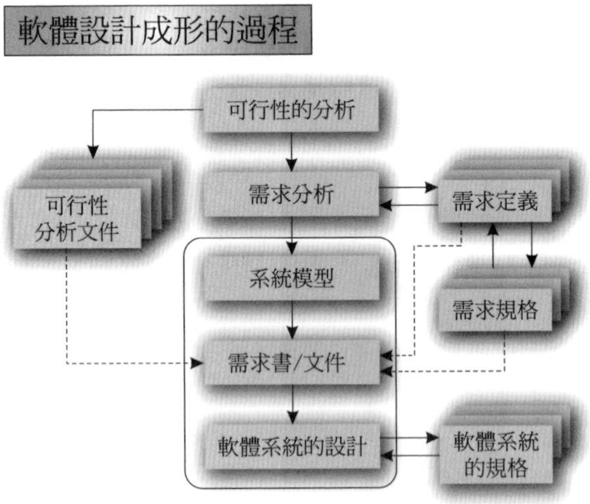

圖 2-1　軟體系統的規格與應用系統的需求

一般人一聽到「軟體」都會聯想到「電腦程式」，不過在軟體工程的領域中通常會對「軟體」一詞採用比較廣泛的定義，「軟體」包括程式、相關的文件，以及使軟體正常作業的相關資料。所以一個「軟體系統」可能包含多個程式、設定程式的組態檔案（configuration files）、說明系統結構的文件，以及說明如何使用系統的手冊。把「軟體」跟「系統」加起來變成「軟體系統」，所指的是多個程式的組合，彼此相關，共同搭配達成軟體系統所被賦與的功能。

2.1.1　電腦系統中軟體的分類

　　通常電腦的軟體可以分成系統軟體（system software）與應用軟體（application software），系統軟體跟電腦系統的一般作業有關，應用軟體則決定於個別使用者的偏好。電腦一開機就執行的作業系統（operating system）屬於系統軟體，一般人寫程式使用的編譯程式（compiler）以及相關的連結程式（linker）、載入程式（loader）則常統稱為系統程式（system program），也算是系統軟體。有人習慣上把系統程式跟作業系統都歸屬於系統軟體或者就叫系統程式，不另外區隔。

　　作業系統比其他的系統程式要複雜多了，對於使用者來說，作業系統讓電腦系統變得更好用，因為作業系統會提供適當的使用介面，作業系統也改善了電腦系統的效能，因為作業系統運用了許多技巧來管理電腦系統的資源。圖2-2 顯示電腦系統中軟體的分類。

圖 2-2　電腦系統中軟體的分類

2.1.2　系統程式

　　系統程式（system program）或是系統軟體（system software）包含很多種程式，主要的功能是支援電腦的作業，這裡的作業多半跟電腦的內部機制有關。一般人都有寫程式的經驗，撰寫程式時會用編輯程式（editor）來輸入程式碼，完成以後用編譯程式（compiler）把程式轉換成機器語言（machine language），執行的時候系統會呼叫連結程式（linker）與載入程式（loader）把程式載入到記憶體中執行，然後使用者可以透過除錯程式（debugger）來偵錯，這些程式都屬於系統程式。每個系統程式都有一些功能與特定電腦的特徵相關（machine-dependent）或是無關的（machine-independent）。

TIP

基本上系統程式和一般的應用程式最大的差異之一就是系統程式常和電腦的架構有密切的關聯，例如組譯程式（assembler）需要將指令（mnemonic instructions）轉換成機器碼（machine code），自然就要考量到電腦的指令格式與定址（addressing）等特性，這都跟電腦的架構直接相關。

2.1.3 作業系統

一般人都是作業系統的使用者，接觸到的是作業系統提供的介面與表現出來的功能，探討作業系統的原理時，我們是從系統程式設計的觀點來看作業系統的特徵。通常一個作業系統的功能包括了表 2-1 所列的幾項。

表 2-1 作業系統的功能

功能	說明
處理器的管理 （processor management）	管理執行的程式，決定哪個處理程序要使用 CPU 的資源。
記憶體的管理 （memory management）	管理電腦的主記憶體，決定哪些程式能得到記憶體的配置以及配置的大小。
檔案的管理 （file management）	管理電腦的檔案，處理針對檔案所進行的各種操作。
裝置的管理 （device management）	管理各種與電腦相關的裝置，例如硬碟、鍵盤與印表機等。

圖 2-3 畫出作業系統的主要成員，我們需要這些軟體成員來負責上述的管理工作，其中使用者指令介面（command user interface）是使用者與作業系統溝通的管道，一般的作業系統都會提供類似的介面給使用者。

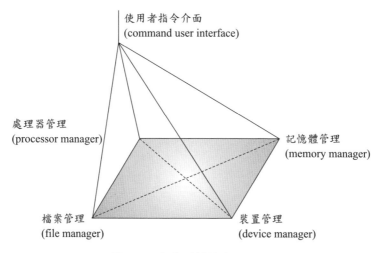

使用者指令介面
(command user interface)

處理器管理
(processor manager)

記憶體管理
(memory manager)

檔案管理
(file manager)

裝置管理
(device manager)

圖 2-3　作業系統的主要成員

　　作業系統的主要成員之間必須合作才能完成整體的功能，假設使用者輸入一個指令，開始執行一個程式：

1.　Device manager 會從鍵盤收到電子訊號，將按鍵轉成指令，把指令送給 command user interface，然後交由 processor manager 處理。

2.　Processor manager 產生一個確認的訊息到螢幕上，讓使用者知道指令在處理中，processor manager 在處理指令的過程中要先確定程式是在記憶體中還是在磁碟上。

3.　若是程式在磁碟上，file manager 先計算檔案的位置，通知 device manager 把檔案送給 memory manager，由 memory manager 分配適當的記憶體空間來放置程式。一旦程式載入到記憶體中，開始由 processor manager 執行以後，memory manager 還是要持續監控記憶體使用的狀況。

4.　程式執行完成後，processor manager 會先得知，透過 device manager 將完成的訊息呈現在螢幕上。從上面這個例子可以大致體驗作業系統主要成員的合作情形。

2.1.4 應用軟體

電腦硬體的功能必須透過軟體來發揮，一般人的電腦裡頭除了作業系統以外，通常還會安裝一些自己常用或是需要用到的軟體，有的軟體雖小，但是使用頻率高，例如檔案壓縮程式，有時候人們習慣把這樣的程式以「軟體工具」稱之。透過軟體除了能幫助我們提昇工作效率之外，對於電腦系統的學習，也常有觸類旁通的效果。

2.2 應用系統簡介

軟體工程是開發大型軟體系統必經的程序，當開發出來的系統正式上線使用後，即可被稱為應用系統（Application System）。一般而言，應用系統是指支持整體作業流程所需要的軟硬體設備，例如常見的會計系統就是一種應用系統，操作上除了需要電腦及周邊設備外，還包括資料庫管理系統（DBMS）及會計資訊系統。若是光提及應用（Applications），一般是指某種可經由電腦及軟體輔助解決的問題，譬如會計業務就是一種應用。

2.2.1 了解應用系統的涵義

對於各種應用的了解，有助於應用系統的組成；換句話說，要解決某種問題，必須先了解問題的本質，對於一般的資訊系統（Information System）而言，我們可依各種應用的特徵加以分類，例如銀行資訊系統，生產管理系統等等不同的應用範疇（Application Domain）。不同的範疇代表不同的專業，軟體工程師必須在了解各種不同的專業的需求後，才有辦法開發軟體系統來輔助各專業正常運作的電腦化。**我們可以從幾個不同的角度來分析一個應用系統。**

● 處理的資料（Data）型態、意義與資料間的關係

應用系統可以用資料模型（Data Model）來做系統化的描述，一般說來，任何應用系統都有最基本的資料處理的需求，例如資料的輸出、輸入、儲存與搜尋。除了這些基本的資料需求外，資料之間的關係，資料的組織架構，資料的涵義等等，必須仰賴一種有系統且被大家認知的方法來描述，在電腦科學裡，我們將這種方法歸類在所謂的資料模型裡。由於各種應用範疇各有不同的資料

描述的需求，因此造成了各種不同的資料模型的形成。例如資料庫系統裡常見的關聯式資料模型（Relational Data Model），或是軟體設計方法中流行的物件導向資料模型（Object-Oriented Data Model）。

● 應用系統的涵義（Semantics of Application Systems）

同樣的資料在不同的應用系統可能會有不同的涵義。譬如說某人的身份證字號，在國稅局所使用的資訊系統中，可能是當成報稅人的代號；但在戶政系統裡，身份證字號是國民的統一編號。換句話說，應用系統會因其本身的需求（Requirements），對資料做各種處理或解釋。通常，應用系統處理資料的流程常被稱為做程序（Process），有時候，一個程序可能代表著一個公司某項業務的流程。軟體專案最終目標就是要輔助各種程序的日常運作。了解了這些程序，等於是了解了應用系統的涵義。

● 應用系統的分類（Taxonomy of Application Systems）

將所有的應用系統加以分類是不太切實際的，因為現有及將有的各種應用系統數目非尚的多，而且很少有人能了解所有的應用系統；但是，我們可以從應用系統的本質做大略的分類，這樣可以幫助建立對既有應用系統的了解及未來應用系統的歸類。例如資料庫應用系統可專指與資料庫應用有關的軟體系統。

2.2.2 以電腦為基礎的資訊系統

所謂的以電腦為基礎的資訊系統（CBIS，Computer-Based Information System）涵蓋了企業資訊化可能涉及的各種資訊系統，圖 2-4 列出這些資訊系統以及他們之間的關係。產業是由組織（Organization）來參與經營的，組織的決策核心仰賴各種營運的狀況來進行各種調適，會計資訊系統是任何一個行業都需要的應用，系統的功能大同小異，不會因為行業性質的差異而有所不同。**管理資訊系統**（MIS，Management Information Systems）也算是 CBIS 的一種。

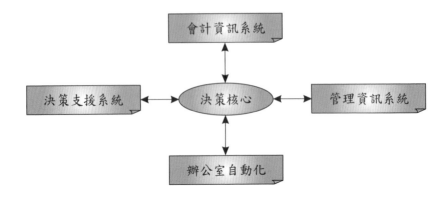

圖 2-4　以電腦為基礎的資訊系統

我們可以從組織的角度來看 MIS，所謂的組織資訊系統（Organizational Information System）是指 MIS 在組織的功能性架構下，所建立的各種子系統，這些子系統可以由圖 2-5 來表示。

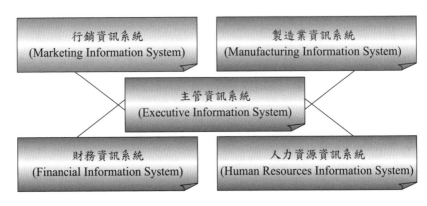

圖 2-5　組織資訊系統

前面介紹的以電腦為基礎的資訊系統（CBIS）包括五大類主要的子系統（Subsystem）：會計資訊系統（Accounting Information System）、管理資訊系統（Management Information System）、決策支援系統（Decision Support System）、辦公室自動化系統（Office Automation System）與專家系統（Expert System）。

圖 2-6 繪出組織資訊系統與這五大類子系統之間的關係，每個組織資訊系統都與 CBIS 的五類子系統相互聯繫，每個資訊系統之間在整合的情況下互相合作，完成企業與組織的整體需求。不同的產業對於資訊系統的需求重點不

一，但是所使用的資訊系統，都可以歸納於圖 2-6 的分類中。我們針對各個資訊系統，做簡單的介紹。

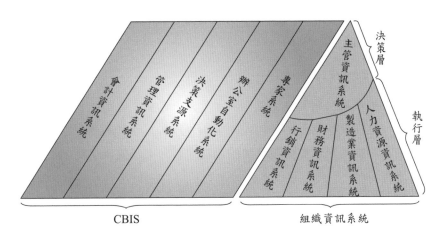

圖 2-6　CBIS 與組織資訊系統

● 以電腦為基礎的資訊系統（CBIS）

會計資訊系統

處理與會計相關的應用，例如傳票的維護、票據的管理、應收應付帳款的記錄，以及各種分析統計報表的產生等。

管理資訊系統

組織與企業依照其營運的特性發展各種資訊系統，也就是組織資訊系統，由於管理資訊系統必須隨著組織需求的變更而調整，所以其涵蓋的範圍大於組織資訊系統，最重的功能是提供管理階層有效的資訊。

決策支援系統

管理資訊系統對大多數的管理者都有不同程度的用途，卻不適合用來支援組織整體決策的分析與確定。由於決策的過程除了需要各種資訊之外，還包括分析協調、評估與設計等活動；決策支援系統就是用來輔助這個過程的進行，讓管理階層能有效地做出決策。

辦公室自動化系統

或稱 OA（Office Automation），最初主要支援辦公室內經常性的工作，節省成員的時間，後來逐漸發展成公司對內與對外溝通或正式往來的工具，而形成完整的 OA 系統。

專家系統（expert system）

和決策支援系統有兩點主要的差異，首先，專家系統可以利用知識庫與自動推理，使決策者能借助其他人的經驗；其次，專家系統可以記載並提供所達成決策的由來，從問題解決的角度來看，不但提供了解答，而且有具體的過程。

● 組織資訊系統

主管資訊系統

提供主管階層進行組織策略性規劃時所需要的資訊與工具。主管資訊產生的方式可以由組織內部自行研發、購買一般性的套裝軟體，或是採購專門的主管資訊軟體，產生出來的資訊，必須以簡潔扼要而且切中所需的方式呈現出來。

行銷資訊系統

蒐集與組織行銷相關的資訊，並且經由整理與分析之後，輸出在行銷上對於組織有用的資訊。行銷資訊系統蒐集的資料包括與客戶相關的資訊、同業競爭的資訊等。所產生的資訊則包括產品、物流與行銷管道、促銷策略、價格等，這些資訊可以讓管理階層發展與制定組織的行銷策略。

財務資訊系統

提供組織的管理者有關於金流（Money Flow）的資訊，組織內部有財物方面稽核的成員，配合組織的會計資訊系統，確保資訊系統提供的財務資訊與營運的實績符合。財務資訊系統也同時蒐集影響金流的環境因素，例如財務往來的對象、政府法則、股東等。財務資訊系統所產生的資訊，包括組織的資金管理狀況、組織預算的分配等。

人力資源資訊系統

輔助組織管理人力資源流入與流出組織的過程中所產生的各種事務,例如
組織成員的聘用、薪資與福利的管理、離職程序等。人力資源資訊系統必
須能提供足夠的資訊讓管理者進行人力資源的規劃,了解人力的來源、薪
資的標準,以及政府相關的法規等。

製造業資訊系統

輔助組織解決和管理有關於生產製造方面的問題。製造資訊系統必須能
描述和組織生產製造程序相關的資料,以便了解如何讓此程序變得更有效
率,同時也要從相關同業與領域中,時時擷取最新的資料,以保持技術上
的競爭力。而製造資訊系統所輸出的結果將有助於管制生產、庫存、品質
與成本。

2.2.3 企業資源規劃

在傳統的管理資訊系統(MIS, Management Information Systems)之中,我
們看到財務資訊系統、製造資訊系統、行銷資訊系統等,企業在電腦化與自動
化的過程中,往往是逐步地建立這些系統,但後來人們逐漸發現企業的資訊資
源具有整體的不可分割性,分別建置傳統的 MIS 系統,到頭來仍會面臨整合的
問題。早期的企業資源以原料為大宗,所以物料(包含成品、半成品與原料)
的管理最先獲得大家的重視,表 2-2 中所列出的物料需求規劃(MRP, Material
Requirement Planning),就是在 1970 年代運用生產設施與資訊處理的自動化,
使物料的管理最適化,達到降低成本的目標。

表 2-2 ERP 發展的過程(資料來源:資策會 MIC ITIS 計畫)

	1970 年代	1980 年代	1990 年代	2000 年代
企業應用軟體	MRP	MRP II	ERP	EERP
應用範圍	部門	工廠	企應	供應鏈
資訊系統架構	Mainframe	Mid-range	Client/Server	Web-based
需求重點	成本	品質	速度	協同規畫
市場特性	大眾市場	區隔市場	利基市場	一對一行銷
生產模式	少樣大量	多樣小量	多樣大量	大量客製
	產品供給導向		客戶需求導向	

TIP

早期的資訊系統最常見的是會計資訊系統，因為幾乎所有的企業都需要使用會計系統，會計的基本資料是科目與傳票（invoice），一旦輸入了這些資料以後，就可以從一些會計報表中了解企業基本的財務狀況。對於製造業來說，很多財務上的資料來自生產的流程，例如原料的採購、委外的加工與成品的出貨。生產作業本身也需要電腦化與自動化，所以生產作業的資訊系統需要和會計資訊系統整合起來，當然，隨著企業管理資訊系統日趨龐大，這一類的整合變得更重要，這也就是 ERP 的主要由來之一。

　　MRP II（Manufacturing Resources Planning II）是由 MRP 進化而來的，一般也俗稱製造資源規劃，兩者在學理上都有深入的探討，但在實務應用上卻沒有所謂的標準可言，事實上，並沒有任何一套系統能應用在大多數的企業中。表 2-2 有一個很有趣的事實，就是資訊系統的架構也隨著資料庫應用系統的變遷而進化，從早期的大型主機（Mainframe）、中型電腦（Mid-range）、主從架構，到近來以 Web 瀏覽器為基礎的環境，其實主客觀的條件，已經使人們具有更精熟的技能來改善我們使用資訊的方式。

　　從 1990 年代以後，出現了企業資源規劃（ERP, Enterprise Resources Planning）與企業程序再造工程（BPR, Business Process Reengineering）的觀念，資訊資源的有效運用是這些觀念的基礎，知識可致富以及知識本身就是財富的事實，使 BPR 與 ERP 逐漸落實於資料庫系統的應用之上。從表 2-2 中可以看到市場特性從 1970 年代的大眾市場變成 2000 年代的一對一行銷，最主要就在於資料庫應用產生的資訊處理自動化的效應，因為光憑人工作業，絕對無法達到多元化的行銷管道。

 新知加油站

軟體開發的程序對於軟體產品的特性影響很大，好的開發程序可以生產好的軟體，這是大家公認的事實，只不過軟體品質的好壞不容易度量，所以比較能做的是從開發程序上來改善，希望能降低成本、掌握開發時程、減少風險，當然軟體品質的改善也是期望中的目標之一。一般的軟體開發者或是團體能做到的方法可以從兩個角度來思考：

1. 看別人怎麼做：軟體工業中有很多大家遵循的經驗法則或是實用的理論，可以試著導入到自己的軟體專案中。

2. 創造出適合自己的內部開發程序：了解自己的組織與團隊，累積經驗以後，往往能建立出一套最適用的開發程序。

軟體開發之所以逐漸發展成為一種工程的學問，是由於實務經驗的累積，並且轉換成系統化的知識，最明顯的事實是各種衍生出來的軟體工程標準，不過由於標準太多了，反而造成使用者的困擾，因此美國有軟體工程標準的委員會（SESC, The Software Engineering Standards Committee），屬於 IEEE（Institute of Electrical and Electronic Engineers）下的 Computer Society，透過委員會本身來綜合整理現有的標準。國際上的主要相關組織是 ISO（International Organization for Standardization）與 IEC（International Electro-technical Commission）籌組的 JTC1/SC7（Subcommittee 7 of Joint Technical Committee 1），SESC 與 SC7 目前在軟體開發的標準上扮演了十分重要的角色。

2.2.4　軟體工程與應用系統

上面介紹的 CBIS、MIS 與 ERP 多半都是大型的軟體應用系統，開發的時候屬於大型的專案，勢必要運用軟體工程的方法與程序來保障專案進行的品質與專業性，不致因為缺乏系統化的方法與理論的基礎而雜亂無章。

2.3　軟體系統開發方法論

方法論（methodology）是各種專業裡非常重要的基礎，方法論是一套方法、步驟及程序，可以運用來使與專業有關的工作進行的有效率且有準則可循。

2.3.1　開發方法論的分類

在軟體工程中都會提到專案及軟體開發的階段，各個階段都有各種方法論提供出來協助階段進展過程中的工作。在軟體工程裡，研討的重點在與軟體系統開發有關的方法論，我們可以將這些方法論大致的歸納成下列幾類：

1. **描述資料架構與應用系統涵義的方法論**：應用系統的主要成份包括資料的型式、結構與組織，以及應用系統的涵義等等，要有系統地描述這些成份，必須使用相關的方法論，例如物件導向方法論提供的物件

導向資料模型（object-oriented data model），就可以用來描述應用系統的資料架構。

2. **協助系統分析與設計的方法論**：系統的分析與設計是系統開發的重心，對於大型系統而言，分析與設計的階段經常耗費很多時間與成本，主要是由於系統的複雜度（complexity）。協助系統分析與設計的方法論通常會提供一種系統化的表示法，作為溝通的基礎；其次，還包括分析與設計所經的步驟、如何使未來的系統製作（implementation）最適化（optimized）等，都是方法論中所需探討的主題。

3. **指引系統製作的方法論**：系統製作的主要工作是完成程式設計及程式間的串連，這一類的方法論探討如何提高軟體的品質與效率，例如結構化的程式設計（structured programming），將常用的程式片段集合成模組（module），成為程式中可呼叫（call）使用多次的副程式。軟體工程的實現倚賴各種軟體工具（software development tools），這些軟體工具的基礎就是各類與軟體開發相關的方法論。雖然目前這些方法論的使用並不是十分普及，將來大型軟體系統的開發，勢必仰賴這些方法論，才能在競爭日熾的軟體工業上取得發展的空間。

2.3.2 好的軟體系統應該具備的特性

軟體系統表現出原來預期的功能是最基本的要求，這是開發與使用該軟體的目的，但是這並不代表這個軟體系統的品質良好，通常有幾項特性是一個品質良好的軟體系統必須具備的：

1. **容易維護（maintainability）**：軟體在開發的時候就要考量到未來是否容易擴充與維護，因為客戶的需求一定會改變的。

2. **可依賴性（dependability）**：一個可被依賴的軟體系統必須在可靠性（reliability）、安全性（security）等方面都滿足一定的要求，在系統運作失敗時不致造成重大損失。

3. **效率（efficiency）**：軟體系統對於電腦資源的運作要有效率，使用時的回應時間要滿足使用者的要求。

4. 好用性（usability）：在使用者介面設計與文件的準備上充分支援軟體系統容易使用的要求。

大家應該都聽過幫軟體抓蟲（debug），品質良好的軟體系統應該不會有太多的蟲（bug）在裡頭，所謂的「bug」所指的就是軟體程式的錯誤。IEEE Standard 729 的標準對於 bug 有特別的描述。有一些術語最好要分清楚，「fault」是指人為的錯誤，也可稱為 error，可能是在軟體開發的過程中發生的，而「failure」是軟體系統表現出與正常預期有明顯差異的行為，一般說來，人為的 error 會產生 fault，而 fault 可能會導致系統的 failure。

2.3.3　軟體程序

軟體程序（Software Process）是指產生一個軟體產品所進行的一連串相關的活動，例如和使用者談需求或是撰寫程式等活動。而軟體程序模型（software process model）則是對軟體程序的一種簡化的表示方式，前面第一章介紹的階梯式的軟體開發程序就是一種軟體程序模型，透過這些模型我們才會知道進行軟體開發時會做什麼，至於該怎麼做則是前面提到的軟體開發的方法論。

2.4　安全軟體發展流程

為了維持資訊安全，軟體系統的開發應導入安全軟體開發生命週期，政府機關在開發軟體系統時，已被要求採用安全軟體發展流程（SSDLC，Secure Software Development Life Cycle），一般的機構也可以採用 SSDLC 來確保自己或是委外開發的軟體系統滿足資安的要求。在實務上，可能有人會認為開發大型軟體系統已經耗費很多人力與成本，多增加確保資安的程序豈不是讓整個開發流程變得更複雜更昂貴了。但是從另外一個觀點來看，假如所開發的軟體系統確實暗藏資安的漏洞，則越晚修補，風險越高，可能面對的損失也更龐大。

傳統的軟體發展流程以功能的開發為主，沒有同時考量安全的問題，安全軟體發展流程必須在軟體開發時也一起考量資安，會加長開發的時程，但是能降低維護的成本與降低被攻擊的風險。著名的安全軟體發展流程有以下兩種：

1. 微軟公司的安全發展生命週期（SDL，Security Development Lifecycle）

2. OWASP 的 CLASP

以微軟公司來說，開發的軟體販售到世界各地，假如出了資安上的問題，影響的層面會很大，最好在軟體開發的時候就先考量到資安的問題，避免可能存在的弱點或是漏洞。

OWASP（The Open Web Application Security Project）是一個全球性的非營利組織，OWASP 發展的 CLASP（Comprehensive, Lightweight Application Security Process）計畫把資安運用在軟體開發的流程中。

安全軟體開發的流程也有國際標準，ISO/IEC 27034:2011 提供了軟體開發安全的流程與框架，為軟體開發商樹立實作的指引。另外也可以參考美國的 NIST SP 800-64，看如何將安全的需求整合到軟體系統發展的生命週期。圖 2-7 顯示安全軟體開發的流程。

圖 2-7　安全軟體開發的流程

TIP

大家可能會很疑惑，到底為什麼軟體一進行開發就要考量資安的問題？連程式都還沒出現，怎麼會有資安問題？我們以軟體的建立（build）為例，一般的軟體系統會包含很多程式，有的甚至來自外部，假如不進行資安的處理，把惡意程式包進系統中，豈不是一開始就引狼入室了！

摘要

　　軟體系統是軟體工程的產物，就像建築工程是用來蓋房子一樣，軟體工程的方法和程序堆砌出人類夢想中或是規劃中的軟體系統。軟體系統有其用途，我們把這些用途稱為應用，假如和某些專業、行業或技術有關，則可歸納成一種應用的領域。我們在本章的內容裡介紹軟體系統的涵義，認識軟體系統與應用領域之間的關係。對於用來解決問題的軟體系統來說，要讓人認識它的特性與功能，必須要有表達和描述的方法，就像人們心目中的理想住屋，必能以各種方式加以形容，假如要將軟體系統真正地開發出來，就得再提出更詳盡的規格，就像蓋房子要有藍圖一樣，在軟體工程中，描述一個軟體系統，並且把結果規格化，是非常重要的問題。

學習評量

1. 請說明作業系統跟一般的應用軟體在功能上有什麼主要的差異？

2. 一個品質良好的軟體系統應該具備什麼樣的特性？

3. 有哪些軟體系統算得上是大型的軟體系統？開發這些系統的成本可能包括哪些項目？

4. 一般人使用的電腦上所安裝的軟體有哪些可能算是比較大型而且複雜的軟體？

5. 有哪些軟體廠商開發 CBIS、MIS 或是 ERP 類型的大型軟體系統？

6. 透過網路查看 SAP 公司在 ERP 領域所扮演的角色。

7. 安全的軟體開發勢必會增加開發的成本，企業或組織委外開發軟體系統時，能否為了省錢而不特別要求廠商遵循 SSDLC 來進行軟體開發？

3

軟體工程的應用與發展

　　大多數的軟體系統，尤其是大型的軟體系統，由於參與人數眾多，投注的費用龐大，需要專案管理（Project Management）的技巧來確保軟體開發的過程與進度能被充分地掌握。軟體開發的專案管理要能把軟體工程的考量融入專案管理的專業中，因為軟體工程主宰軟體開發的程序、品質與效率，專案管理必須確定這些優點能在適當的人、時、地、物的配合下充分地發揮。近年來軟體開發的需求不斷地提昇，原因很多，包括電腦與通訊網路的普及、組織企業的資訊化、商業自動化的趨勢、委外諮詢（Outsourcing）蔚為時尚等因素，從供需平衡的角度來看，目前是供不應求，再加上硬體設備日新月異，軟體系統的生命週期也跟著縮短了。當軟體系統開發的「訂單」確定之後，首要的工作絕非僅是技術上的問題，有很多潛在的管理問題不容忽視。

　　其實軟體工程的法則有很多是來自於過去所累積的失敗經驗，程式設計的小秘訣通常適用範圍不大，適用時效也不長，軟體工程的技術對於軟體開發的影響是整體性的，所以軟體工程的發展有累積性和持續性。我們在這一章的內容裡先以專案管理為主題來探討軟體開發的管理問題，然後再從軟體工業為背景來說明軟體工程的重要性，最後則探討如何建立實踐軟體工程的軟體開發環境。

3.1　專案發展的過程與專案管理

　　專案發展（Project Development）的過程，經常被人通稱為專案生命週期（Project Life Cycle），以後簡稱為 PLC。顧名思義，軟體系統被開發出來以後，經過一段期間的使用，可能無法再輔助隨時間而改變需求的業務流程，在這種情形下，原先的軟體系統必須被更新甚至淘汰；一般說來，PLC 嘗試將軟體開發的過程定義出來，使軟體開發者有準則可循。

● 釐清軟體程序與軟體專案管理的概念

　　軟體程序（Software Process）與軟體專案（Software Project）進行過程中的各種活動有關，通常軟體專案會分成幾個階段，每個階段會有需要執行的活動與產出，軟體程序會訂定這些階段與活動的相關性以及進行的順序。軟體專案管

理是指對於一個軟體專案從開始到結束的規劃組織、與監督。通常軟體專案會有開發的團隊，同時會有專案管理員（Project Manager）扮演帶領的角色。

● 為什麼很多軟體專案最後都失敗了？

這是一個很嚴肅也讓很多人很難理解的問題，但是失敗的實例真的非常多，這也彰顯出軟體工程的重要性。怎樣叫做失敗呢？通常有幾個常見的失敗結果，例如超出原本的預算、超過時間沒有完成、沒有滿足原來提出的需求、品質不佳、效能不好，或是不易使用等。至於造成失敗的原因則有原本設定的目標不實際、專案管理沒做好、資源的預估失準、系統需求不清楚、沒有處理風險、溝通不良、無法掌握專案的複雜程度、軟體設計方法不好、採用的開發工具不恰當、測試不周全與缺乏適當的軟體程序等。

3.1.1 流程化循序專案開發程序

最常見的 PLC 是所謂的流程化循序專案開發程序（Sequential PLC，即 SPLC），在 SPLC 中軟體開發的過程分成幾個階段，各個階段完成一部分的工作，以下就各**主要的 SPLC 階段（Phases）**加以說明。

1. **專案開始（Project Initiation）**：在專案開始進行之前，必須先將軟體開發的需求詳細地定義出來，並且做初期的評估，軟體開發一樣需要可觀的成本，開發系統前，要肯定系統確能俾益業務的運作。

2. **系統分析（Systems Analysis）**：專案開展之後，接著開始的是所謂的軟體開發生命週期（SDLC, Software Development Life Cycle）。SDLC 的目標是製成可運作的應用系統，第一個步驟就是進行系統分析，研討系統須具備的功能、使用者界面的要求、系統的設計與主要成分。

3. **系統設計（Systems Design）與實作（Implementation）**：系統分析定義出系統的需求，軟體工程師必須根據這些需求把系統設計出來，系統設計植基於嚴謹的系統規格設定（Specification），而且與所用的電腦軟體及硬體有極密切的關聯。系統設計通常可分成下列幾個步驟：概念化設計（Conceptual Design），系統架構設計（Architectural Design）及程式設計。概念化設計著重於系統功能的初步設計，對於大型（Large-

scale）的軟體系統來說，直接從系統細部設計開始，往往容易忽略系統整體上的協調，透過概念化的初步設計，就如同撰寫書稿時，先擬定大綱一樣，把整體架構先建立起來。緊接著的系統結構設計，就可以將系統各部分的角色、功能及細部結構，完整的勾劃出來。

3.1.2 軟體架構的確立

軟體架構（software architecture）的確立對於軟體的開發有極為深遠的影響，要確立軟體架構必須透過系統結構的設計，系統結構設計包括下列各類工作：

1. **軟體系統結構的設定**：包括系統各功能性組成（Functional Components）的功能與程式結構。

2. **系統組成模組（Module）的細部設定**：包括輸出入的規格、資料處理的流程、儲存檔案的格式等等。

3. **使用者介面的設計及列印表格的型式**：系統設計的最後一個步驟是程式設計（Program Design），目標是在所使用的軟、硬體環境下，把系統實際地製作出來。

4. **系統測試（Test）**：完成程式設計之後，必須以系統的各部分為單位做測試，單位測試完成以後，再做整合性的測試（Integrated Test），以了解系統各部分是否合作無間。最後對系統做品質測試（Quality Test），以了解軟體成品是否合乎原先系統分析及設計時擬定的規格（Specification）。

5. **系統啟動與運作（System Installation and Operation）**：軟體系統測試完成以後，可以移至正式運作的環境中（Operational Environment），裝置在使用的軟、硬體設備上，進行正常的運作。

6. **系統維護（System Maintenance）**：系統正常運作之後，是否滿足預期的需求，除了須定期觀察之外，系統本身也必須做經常性的維護，以確保系統有效地發揮其應具的功能。系統維護的工作包括系統效率（Performance）的改良、軟體缺陷的移除、系統功能的添加改進等。

7. **系統的淘汰與更新**（System Retirement and Renewal）：當系統無法經正常的維護來保持其功能時，就須遭到淘汰，原因可能是業務流程的大幅改變、科技進步使軟、硬體設備全面更新等。

3.1.3　軟體專案規劃的流程

要管理上述軟體專案發展的過程，必須有一些配合的工作，包括最初專案計畫的起草、成本的預估、專案的規劃、時程的規劃、專案的監控與評核、參與人員的選擇等；一般說來，軟體專案與其他種類的專案有一些基本的差異：

1. **軟體產品缺乏具體可見的實體**：一般的建築工程可由建築的外觀目測進度甚至於品質，軟體系統的檢測需要一些技術性的程序，雖然看不見，仍然要評估其內涵。

2. **軟體系統具有多樣性**：同樣的建築有可能依同樣的程序一再地建造，累積的經驗使進度與時程的掌控容易，而且比較不會出現突發的狀況。同樣的軟體系統只要複製即可使用，之所以要進行軟體的開發，必然是有新的功能與需求，如此一來，每個軟體系統的開發都有可能遭遇到各種不同的狀況，比較沒有現成的經驗可供指引。

3. **軟體系統具有善變的特性**：硬體的改變有時候會引發軟體的變革，由於電腦與通訊技術變化快速，軟體系統也會跟著快速更新，在不同的硬體環境下開發軟體，即使是開發相同的軟體，很可能使用的程序和資源都和以往不同，在這種情況下，就難以依據經驗來掌控軟體專案的進度。

軟體專案管理員（Software project manager）可以依照圖 3-1 中的流程，對軟體專案進行各種配合的工作，對於軟體開發的領導者來說，必須對這個流程相當地熟悉，先界定軟體專案的目標，評估人力、時間與成本的可行性，以及可能隱含的風險，一旦專案確定，就要馬上籌備及安置所需要的開發用的軟硬體資源，集合適當的人力，分配工作，並詳列各項工作的時程，按照時程進行監控、測試與驗收。從圖 3-1 看不到軟體工程的運用，因為專案管理是針對軟體轉案做整體性的規劃與管理，真正的工作細節中，才會用到軟體工程的技術。

缺乏專案的管理,即使有再優良的技術,也無法確保能在合理的成本及時程下完成軟體系統的開發。

專案的定義與發展

建立專案的目標與範圍

進行初步的評估

制定專案的主要階段與成品

修改目標

修改時程

再評估

結束

是

專案取消或完成?

專案工作排程

進行配合的工作

監控進度

圖 3-1　軟體專案規劃的流程

學習活動

假設在一家軟體公司工作時,剛好接到一筆龐大的軟體訂單,而該軟體訂單必須經過軟體開發來完成,這時候既要完成此訂單,又怕會有困難,到底該怎麼辦呢?我們需要什麼來幫助完成大型的軟體系統?

3.2　軟體工程與軟體工業

　　資訊軟體工業的全球市場規模從西元 1993 年起已經超過硬體市場,除了傳統的在電腦上使用的軟體系統之外,在非傳統的硬體平台上執行的軟體系統也逐漸地出現,例如行動電話、消費性電子產品、多媒體娛樂產品等。知識經濟逐漸成型以後,軟體工業的重要性更高,因為軟體本身就是知識蘊釀的溫床。目前軟體工業的發展傾向於多元化,市場的分配包括:

1. **套裝軟體**：個人電腦平台上的套裝軟體是近年來成長快速的項目，例如 Microsoft Office、資料庫管理系統、繪圖軟體等。大多數的套裝軟體普及性都很高，用途大眾化，在市場上的占有率自然就比較高。

2. **系統整合**：依照需求及軟硬體環境進行軟體系統的開發，所經歷的過程與所得的成果統稱為「系統整合」（Systems integration）。系統整合多半是以專案或委外諮詢的方式，在較長的一段時間內完成所需要的軟體系統。系統整合的好處是軟體系統的功能與使用者的需求配合得比較好，但是成本也比較高。

3. **網路服務**：由於網路通訊的成長快速，在軟體市場上已足以自成一類，雖然在占有率上尚不及套裝軟體或系統整合，但是網路服務軟體的成長非常快速，以網際網路的瀏覽器（Web browser）為例，像 Google Chrome 與 Microsoft Edge 等已經成為上網使用網路資源的主要軟體工具，很多現有的資訊系統也逐漸整合到瀏覽中，未來網路服務的普及率將不下於套裝軟體。

4. **轉鑰系統**：需求固定而成熟的應用，尤其是比較大型的複雜系統，可以採用軟硬體搭配在一起的「轉鑰系統」（Turn-key system），例如 IBM 早期的大型主機及 AS400 中型主機，轉鑰系統的軟體通常會依附在某種硬體平台上使用，效率可調整在最佳的狀況，使用者只要一開機就有了作業上所需要的一切。

5. **專業服務**：各行各業都有使用軟體的需求，有些行業所需要的軟體系統比較特別，除了系統本身的功能之外，有關於系統的使用與維護，可能都要有專業的協助才能完成。電腦越普及，專業服務的市場才有擴大的機會。

6. **處理服務**：目前比較常見的處理服務是各種資料處理中心的大型資料庫，將所輸入的大批資料處理後列印各種表單。處理服務的附加價值不高，但是需求穩定，因為只要資料處理中心正常運作，處理服務就不會中斷。

　　上面所列舉的資訊服務市場，和軟體系統開發的關係密切，要有品質優良而穩定的軟體，才能擴大市場上的占有率，所謂的 ISO 9000 軟體品質保證的認證，是很多資訊服務業者努力的目標，軟體工程將是能否達到這個目標的關鍵，通常軟體工業常面臨的一些問題可以透過軟體工程來解決：

1. **軟體開發的品質**：軟體工程著重軟體的品質，以開發程序中的各種規範來確保品質，甚至於有量化的軟體度量（Software metrics）來評估軟體的品質。

2. **軟體產業的分工**：軟體工業的發展千頭萬緒，重複的開發工作延緩發展的進度，假如能有適當的分工，將促成市場上的良性互動。軟體工程的技術可以讓分工後的軟體開發維持良好的溝通介面。

3. **軟體系統的生產力**：軟體系統假如跟不上硬體的進化速度和使用者的需求，必定會很決的被淘汰，軟體工程支援軟體開發生命週期的每一個階段，使軟體系統在固定的程序中隨環境因素的改變而更新，而且工程化的方法適用於大規模的生產，可以加速軟體推陳出新的時程。

4. **行業應用的廣度和深度**：行業別軟體的需求，要有詳細的分析，才能詳細地規格化，深入了解行業運作的原理，行業間的交互作用也是軟體系統需具備的功能，軟體工程支援的需求分析與設計，有完整的理論基礎及實務應用。

5. **軟體系統的大型化與國際化**：軟體系統的設計應該要有擴充的彈性，以因應功能或需求的增加，軟體的國際化也需要類似的彈性。從軟體工程的觀點來看，軟體系統的設計可以依未來擴充的需求加以改善，使軟體系統的大型化與國際化不致造成太多額外的成本。

 學習活動

所謂客製化（customized）的軟體是指特別對客戶需求所量身打造出來的軟體，一般的套裝軟體在開發上則以通用的需求為主，這樣看來，客製化的軟體與套裝軟體在開發時的專案管理上會有什麼差異嗎？

3.3　建立健全的軟體工程環境

專案展開之前，對於專案的目標與要求的了解，是未來成功與否很重要的因素，專案負責人、軟體工程師及相關人員，必須參與各類資訊的蒐集、彙整及討論，做好事前準備。根據研究顯示，因了解不全及準備不周而造成專案預算的增加，隨著專案的進度而增大，換句話說，越晚發生的錯誤，對專案造成的傷害越大。**專案的成敗，取決於下列因素：**

1. **對於問題的了解**：應用系統是解決問題的方法及成品，其功能是否合乎要求，決定於系統製作者對問題各層面的深入了解。

2. **專案的規劃與管理**：包括人員的選擇、軟硬體設施的規劃、採購及設置、開發工具的選擇、應用系統規格的設定。

3. **應用程式的品質**：軟體工程的目的在於提高應用程式的品質，同時也降低成本。應用程式的品質決定於系統的效率、是否容易維護等因素。

第三個因素是軟體工程本身會解決的問題，前兩個因素歸屬於軟體工程的環境，由此可見，建立建全的軟體工程環境，和軟體工程有同等的重要性，要達成此目標，最主要的工作就是專案進展初期相關資訊的蒐集、運用及存檔，在有準備的情況下掌握軟體系統開發的進度。軟體系統不像一般成品一樣具有可見的實體，軟體開發的環境隱含的問題也往往是難以立即預見的，軟體工程師與專案管理員要有足夠的專業素養，知所為，知所不為，才能真正的應用軟體工程的技術。軟體工程本身也需要市場的刺激，才能提供更好的技術，像物件導向技術、人機介面開發工具、元件化的軟體開發技術、再生工程與反向工程等，都對軟體開發的環境產生了很大的影響。

新知加油站

物件導向軟體工程（object-oriented software engineering）是近年來相當受矚目的發展，其中 UML（Unified Modeling Language）更是逐漸為人們採用的一種物件導向分析與設計的表示法，UML 結合了著名的 OMT（Object Modeling Technique）、BOOCH 與 OOSE（Object-Oriented Software Engineering）等物件導向的分析與設計方法，同時也綜合了 Shlaer/Mellor、Coad/Yourdon、Wirf-Brock 與 Martin/Odell 等人提出來的表示法，嘗試建立一個標準化的模型，使物件導向分析與設計的結果能用一致的表示法來呈現。

3.4　各種資訊新科技對於軟體工程產生的影響

從行動裝置、雲端運算、物聯網到大數據，資訊科技一直不斷地創新，而且每一次的改變都造成深遠的影響，對於軟體開發來說，同樣受到衝擊，現在的軟體系統開發考量的問題比以前複雜多了，就以使用者端的裝置為例，桌上型電腦或是行動載具都要支援，還要跨不同的瀏覽程式（browser）都能使用。

雲端運算讓軟體系統的架構更具有彈性，所謂的伺服器對於雲端運算來說，就像一個檔案一樣，要複製、備份或是重新建置都很方便。虛擬化技術更是讓使用者不必再投注於硬體設施的建置，可專注於軟體應用環境的規劃。

3.5　海勒姆定律

在 Software Engineering at Google 的書裡頭有介紹所謂的海勒姆定律（Hyrum's Law），是 Google 的工程師在實務上的實際體驗所得，原本的描述如下：

「With a sufficient number of users of an API, it does not matter what you promise in the contract: all observable behaviors of your system will be depended on by somebody.」

　　這是指當一個比較大型的系統使用一段時間以後，會有人開始倚賴一些並非軟體系統明確定義或設定的細節，當我們去變更系統的程式時，就有可能改變這些被倚賴的細節，造成某些使用者無法使用特定的程式。一段程式可以使用並不代表這一段程式一定是正確的，假設一段錯誤的程式剛好符合某甲的需求，使他的程式得以正確地執行，當我們把錯誤的程式修正時，可能反而讓某甲的程式無法正確使用，若是有更多其他的程式倚賴這個錯誤的程式，則造成的影響更大。

　　海勒姆定律描述的情況會發生通常是軟體系統規模比較龐大、使用者夠多，系統存在的時間也比較長，這剛好是多數軟體工程專案會符合的特徵，所以當軟體工程師寫了程式之後發現他的程式造成很多其他的程式無法運作時，會相當傷腦筋。這也表示軟體工程要解決的問題，已經漸漸從傳統的程序與理論方法，走向實務領域會遇到的實際問題。

摘要

　　軟體工程用來開發大型的軟體系統時，常隱含龐大的成本以及嚴謹的開發時程，假如缺乏適當的管理，將造成極大的損失，而管理的方法也是軟體工程的重要問題之一。以營業銷售的金額來看，軟體工業絲毫不遜於成長快速的硬體工業，主要是因為人類對於電腦及資訊科技的使用源自各種需求，這些需求直接經由軟體提供支援，而且需求的空間無限，象徵軟體工業的成長是不受限制的。龐大的利潤促使軟體系統的發展在精確的專案管理下進行，自成其特有的軟體市場與軟體工業，就像硬體工業一樣，市場的競爭將反應到技術的變革，所以軟體工程的技術近年來也有相當大的改變，包括各種開發工具的普及、標準化的努力、軟體元件再使用的技術等，再加上網際網路的盛行，讓人目不暇接，但我們仍然可以整理出一些重要發展的脈絡。

學習評量

1. 軟體開發的專案管理和一般的專案管理有哪些主要的差異？

2. 專案計劃的申請必須有詳細的說明，最好具備說服力，以軟體專案而言，專案計劃書中應該包括哪些項目與內容？

3. 專案管理員和軟體工程師所扮演的角色有哪些主要的差異？

4. 專案的排程（Project scheduling）對於專案進度的掌控有很大的影響，請從直覺上思考軟體專案的排程有哪些依據？

5. 第 3.2 節中列出軟體與資訊服務市場的分配，試從網路或文獻上的資料查閱目前國內外軟體與資訊服務市場的現況。

6. 試找尋有關於「轉鑰系統」（Turn-key System）的資訊。

7. 海勒姆定律（Hyrum's Law）所描述的問題，可以運用什麼方法來解決？

軟體系統的需求工程

軟體系統是軟體工程的產物，就像建築工程是用來蓋房子一樣，軟體工程的方法和程序堆砌出人類夢想中或是規劃中的軟體系統。軟體系統有其用途，我們把這些用途稱為應用，假如和某些專業、行業或技術有關，則可歸納成一種應用的領域。

對於用來解決問題的軟體系統來說，要讓人認識它的特性與功能，必須要有表達和描述的方法，就像人們心目中的理想住屋，必能以各種方式加以形容，假如要將軟體系統真正地開發出來，就得再提出更詳盡的規格，就像蓋房子要有藍圖一樣，在軟體開發的過程中，描述一個軟體系統，並且把結果規格化，是非常重要的問題。

4.1　軟體開發專案的確立

近年來企業資訊系統的發展往往會特別談到企業架構（enterprise architecture）與商業程序（business process），原因是考慮到資訊系統運用的範圍，早期資訊的使用往往是片段、瑣碎，而且毫無組織，所以看起來好像已經電腦化了，卻沒有真正幫到什麼忙。現代的資訊應用強調整合，資訊的運用要考量到整個企業的運作，換句話說，**企業的資訊系統或許是由很多軟體系統所組成、或是經由多次專案開發而建立的，但是這些資訊系統彼此之間應該是互相搭配支援的，跟企業架構相符。**

4.1.1　確立與選擇系統開發的專案

企業內部有很多地方可能會有系統開發的需求，管理階層、作業人員、系統管理者等都會因為各種不同的理由要求新開發或是修改原本的系統，對於小型的企業來說，可能會大略評估一下就決定是否開發，大型的企業比較會有正式的規劃程序，了解有哪些需求、優先順序如何，然後決定是否開發。評估的過程中通常會考慮下列的因素：

1. **價值鏈分析（value chain analysis）**：由於組織的生產或服務提供的活動來評估價值所在，以及成本的所在，能提供或增加價值的資訊系統應該優先開發。

2. **策略目標的考量**：資訊系統應該幫助組織達成策略上的目標與長期的目標。

3. **潛在效益**：資訊系統對於組織獲利、客戶服務的改善的影響程度，效益能持續多久。

4. **需要的資源**：專案開發所需要的資源的種類與數量，組織是否能提供。

5. **專案大小與時程**：參與人力有多少、完成專案需要的時間。

6. **技術與風險**：在預期的資源與時程下，完成專案在技術上的困難程度。

評估專案的結果有很多可能，包括同意進行、否定專案、延期或是重新評估等，即使已經同意進行，在策略上還是可以在開發的每個階段中進行評估，然後做一些必要的調整。這個階段把各種對於資訊系統開發的需求都拿來評估過，對於一個組織或企業來說，還需要對可能開發的資訊系統做進一步的規劃。

4.1.2　資訊系統的規劃

資訊系統的規劃包括 3 個主要的步驟：第 1 個步驟是了解目前的狀況、第 2 個步驟是規劃未來的藍圖，第 3 個步驟則是排定開發的時程。一開始必須先組成規劃的團隊，前面提到的企業架構與商業程序都是規劃時參考的基礎。通常規劃的方式可以採用由上而下（top-down）或是由下而上（bottom-up）的策略。

1. **由上而下（top-down）**：從企業整體的資訊系統需求來規劃，整合各部門的需求，也一併考量整體的發展。

2. **由下而上（bottom-up）**：從作業層次與部門的觀點來規劃，成效快成本低，但是很容易忽略了資訊系統的整合性。

不管採用的是哪一種規劃方式，都要進行詳細的資料蒐集，包括組織的部門與部門所在的位置、部門的成員、部門的主要功能、組織內的程序、作業使用的資料、以及已經存在的資訊系統等。來了這一堆資料，可以試著建立一些對照表，進行交錯的比對與分析，得到值得參考的結論，常見的矩陣（matrix）式的對照表包括：

1. 組織的部門對照所執行的功能。

2. 執行的功能對照組織或部門的營運目標。

3. 執行的功能對照程序。

4. 執行的功能對照所使用的資料。

5. 程序對照資訊系統。

6. 所使用的資料對照資訊系統。

7. 資訊系統對照組織或部門的營運目標。

上面這些對照表偏向於現狀的描述，對於未來的描述同樣可以建立類似的對照表，現狀與未來的差異代表組織必須擬定轉變的計畫（transition plan），等到這些資訊都完成蒐集與分析以後，要有一份完整的規劃報告，通常會包含下列的項目：

1. 組織的使命、目標與策略。

2. 相關資訊的匯集。

3. 資訊系統的使命與目標。

4. 資訊系統開發的已知限制。

5. 整體的系統需求與長程的資訊策略。

6. 短程規劃。

7. 結論。

軟體系統開發的專案應該出自資訊系統的規劃，唯有經過縝密的規劃，才能為系統的開發建立良好的基礎。由於規劃階段處理的資料繁多，一般在這個階段已經可以開始運用 CASE 工具來輔助規劃工作的進行。

延伸思考

一旦確定了軟體開發的專案，則該軟體在整體企業架構中應該發揮的功能會很明確，因為整個評估與規劃的過程都是以清楚的企業架構為基礎的。所以開發軟體的時候對於使用這個軟體系統的組織或企業也要有充分的了解才行喔！

4.2　軟體開發專案的啟動

軟體專案確立以後，第 1 個步驟就是進行開發專案的啟動，把一開始需要建立的規則與工作做好，對於後面各階段工作的進行會有很大的幫助，專案的啟動包括下列的工作項目：

1. 組成專案啟動的團隊。

2. 建立與客戶之間的關係。

3. 建立專案啟動計畫。

4. 建立管理的程序。

5. 建立專案管理的環境與專案工作紀錄。

增廣見聞

英文有一句 bounded rationality，可以翻譯成有限的理性，在很多實際的場合裡頭，並不是每一件事都會依照規矩完美地進行著。當我們進行系統分析與設計的時候，目的是為了幫組織或企業的運作找一個解決辦法，最後找到的解答不見得是最佳的，因為解決的方法有很多種，在有限的時間與思考下，只能從想到的方法裡頭選擇最合適的。

有了專案啟動的團隊以後，可以開始進行專案規劃（project planning），得到**基準的專案計畫**（baseline project plan），記載專案規劃得到的結果，表 4-1 列出專案規劃的主要項目。基準的專案規劃是很重要的文件，就好像是一個基礎的藍圖，後面的工作都要以這個計畫為依歸。

表 4-1　專案規劃的主要項目

項目
描述專案的範圍（scope）、選項與可行性
將專案分割成適合管理的工作項目
預估所需的資源並建立資源運用的計畫
訂定初步的時程
訂定溝通的計畫
決定專案的標準與程序
確立並評估風險
建立初步的預算表
列出專案工作的目標與限制
建立基準的專案計畫

4.3　軟體系統的規格

　　前面第 2 章曾經提到需求分析產生的系統模型（System model）對於應用系統的作業方式有正式的描述，可由此推演出未來軟體系統的概觀。這裡有一個有趣的問題：一開始的時候，所謂的「需求」是怎麼來的？下面列出幾個例子：

1. 假設公司要讓客戶能隨時隨地下單（order），而且不增加營運成本，要如何達成這樣的目標？

2. 廠房空間有限，在產品的生產組合上應該如何調整，使空間的使用能最有效？

3. 快遞公司需要隨時追蹤車隊的位置，同時安排駕駛順利地從一個地點前往另一個地點，要如何達到這樣的目標？

4. 網路書店要與內容業者服務合作，在網站經營上需要做什麼樣的搭配才能得到比較好的效果？

4.3.1 資訊部門的成員

一個軟體系統專案的建立往往需要突破一些瓶頸與困難,從專案的開始、規劃、執行到結案,隨時都可能遇到突發的狀況需要解決。不過不管什麼事都需要起了頭才能開始,軟體專案也是一樣,一般會先從企業架構與商業程序來了解一個組織或企業的結構與運作,然後再試著了解如何為這樣的企業開發資訊系統,進行初期的規劃與分析。

圖 4-1 畫出一個比較大型的企業中資訊部門的成員,假如企業要進行內部自行開發,這些成員將扮演重要的角色,即使要委外進行,資訊部門還是要大力協助。除此之外,其他的相關部門的成員也需要以使用者及規劃者的角色一起參與。

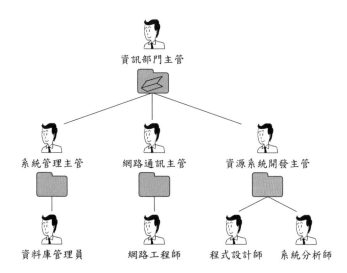

圖 4-1　資訊部門的成員

4.3.2 認識應用系統

軟體工程是開發大型軟體系統必經的程序,當開發出來的系統正式上線使用後,即可被稱為應用系統(Application System)。一般而言,應用系統是指支持整體作業流程所需要的軟硬體設備,例如常見的會計系統就是一種應用系統,操作上除了需要電腦及周邊設備外,還包括資料庫管理系統(DBMS)及會

計資訊系統。若是光提及應用（Applications），一般是指某種可經由電腦及軟體輔助解決的問題，譬如會計業務就是一種應用。

4.3.3 需求工程

一個專案發起時，系統分析師最先要進行的工作就是「需求的分析」，英文字中的「requirement」就代表「需求」，需求的分析在專業上有特定的流程、技巧，以及可資運用的策略，最後完成的則是一份詳實的需求分析文件。在實務上該如何進行需求分析？會遇到什麼困難？該如何整合專業技術？如何發揮溝通的技巧？都是需求分析的過程中要體驗與思考的問題，換句話說，理論上的觀念還是要透過實踐才能真正成為自己的專業能力。

對於軟體系統的描述其實也就是從應用系統的需求而來的，軟體開發程序中第一個步驟就是需求的建立，或稱「需求工程」（Requirements engineering），在這個階段中最主要的工作在於描述應用系統所要提供的功能，或是在使用上有哪些限制的條件。需求工程產生的結果就是軟體系統的規格：

1. **需求的定義**：以最直覺的方式來描述系統的需求，可用來與使用者溝通，也可用來告訴系統開發者哪些功能必須由開發出來的軟體系統提供。

2. **需求的規格**：可做為使用者與開發者之間的約定，必須兩方都了解而且接受，需求的規格（Requirements specification）也就是系統的功能性規格（Functional specification）。

3. **軟體系統的規格**：屬於比較技術性的規格，可做為後續設計及製作程序的基礎，通常軟體系統的規格與需求的規格有對應的關係，不過軟體系統的規格必須涵蓋絕大部分的細節。

看到軟體系統或應用系統的各種定義及規格之後，可以幫助我們了解系統的功能，這些定義與規格還要經過驗證（Validation），確定完整、可行而且不互相矛盾後才定案。

應用系統的需求也有可能隨時間或作業上的變更而改變，需求改變會造成軟體系統設計及製作上的變更，這些改變必須反映到相關的文件上，也就是

說，當應用系統的需求改變時，需求的定義與規格會跟著改變，然後再依照設計與製作的程序，進行相關的修改或擴充。

　　軟體工程所定義的軟體開發程序就是用來引導開發過程時應遵循的流程與原則，使軟體系統在開發完成之後，不但有良好的品質，而且能被有效地管理與維護。

 學習活動

想一想假如要把軟體系統或應用系統的各種定義及規格以文件來描述，需要記錄哪些東西？這一類的文件要不要遵循什麼格式？有哪些必須記載的項目？

4.4　軟體開發的需求分析

　　一般來說，大型的應用系統，都是以專案（project）的方式來製作，專案負責人（project manager），統籌專案的規劃、開發和最後的驗收，應用系統有三個主要成份：支援應用系統的電腦環境（包含軟硬體）、應用程式與使用者；應用程式是在電腦環境提供的軟硬體上發展出來的，使用者可透過應用程式的介面，有效的應用電腦資源來達成應用系統被期許的功能。

　　在應用系統專案的推行過程中，軟體工程師負責應用程式的製作，換句話說，在應用程式之上之下的使用者與電腦軟硬體加上應用系統專案的規劃與管理，組成了軟體工程的環境，軟體工程師必須瞭解可使用的工具，例如所使用的電腦種類、作業系統、程式編譯器（compiler）等，並熟悉使用者的需求，例如使用者界面的設計，同時也要知道應用程式的製作，在整個應用系統專案中的位置，以配合專案負責人的規劃，由此看來，軟體工程是應用系統開發時的重要環節，但在進行軟體工程之前，必須對其環境有透澈的了解。

　　在整個軟體工程環節中首要的工作就是前面曾提到的需求工程，而需求工程裡的主要工作為需求分析（Requirements analysis），圖4-2畫出需求分析的流程，通常每個應用領域都有某些知識與經驗的背景，例如行業或專業，往往要親身經歷才能真正深入了解，所以需求分析的過程中，一定要有領域內的專家參與。需求分析的正常程序是進行需求的收集，分類之後建立相關的文件，

最好輔以資料庫來管理，各種需求經優先順序的比較之後，消除互相衝突的需求，剩下來的就是完整的系統需求規格。

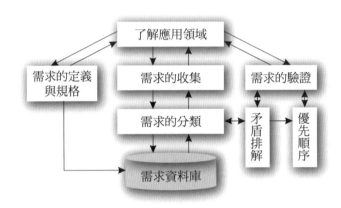

圖 4-2　需求分析的流程

　　通常需求分析會以某種系統化與結構化的方法來進行，藉助於各種工具與表示法，使分析的結果容易整理與表示，分析方法（Analysis method）包含下面幾個成份：

1. **分析方法的程序**：分析的項目及順序可以引導我們依照一定的步驟來進行需求分析，例如資料流程的分析（Data-flow analysis）等。

2. **分析結果的表示法**：所謂的「系統模型化」（System modeling）就是以完整的表示方式來描述分析所得到的結果，例如資料流程圖（Data-flow diagram）。我們把所得到的結果稱為系統模型，亦即軟體系統模型，或稱應用系統模型。

3. **系統模型的規範**：系統模型的表示法有既定的規範，使系統分析者之間有比較統一的溝通方式，可交換彼此分析的結果。

4. **分析設計的規範**：分析方法可以提供一些指引來防止不良的分析與設計，這些一般性的指引來自於分析與設計的理論發展與過去的開發經驗。

　　經過需求分析之後，我們就可以一窺應用系統的全貌，預期該應用系統的功能與用途，需求分析的方法也是軟體工程領域的重要研發項目，有了需求分析的結果，才能進一步地設計及製作軟體系統。

　　我們下面將探討進行需求工程時，如何把所得到的結果記載下來。學過以後可以和之前想過的表示方法比較一下，跟別人交換一下心得。

4.4.1　需求分析的結果

　　需求分析的結果就是一連串的系統模型，其實模型並不代表深奧的數學理論，只是一種有系統的表示法，通常系統模型已經考慮到系統設計的一些問題，所以一方面記載了系統的需求，另一方面也簡潔地表明了系統的功能。**系統模型的表示法有抽象化（Abstraction）的功能，將系統的主要特徵整理出來，由於表示的方法有很多種，不同的表示法可能擷取到的特點也互有差異。**我們就以兩種表示法為例來說明。

1.　**資料流程模型（Data-flow model）**：資料流程模型主要用來描述資料在軟體系統中被處理的過程，圖 4-3 畫出訂單處理資料流程的例子，從訂單資料的輸入開始，就是一系列的資料處理步驟，雖然我們沒看到詳細的處理過程，但是資料的流向清晰，對於使用者來說等於是訂單作業的縮影，對於系統開發者來說，則相當於各軟體模組輸入與輸出的資料項目。

2.　**語意資料模型（Semantic data model）**：語意資料模型主要用來描述資料的型態與資料之間的關係，圖 4-4 中有訂單處理的各種資料描述，矩形代表所描述的資料項目，相連的橢圓形代表該資料項目的資料屬性，菱形則代表所連接的資料項目之間的關係，例如 1：M 代表訂單和製造單之間有一對多的關係，因為一張訂單可能會產生多筆製造單。

軟體設計實例

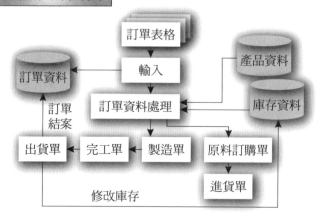

圖 4-3　訂單處理的資料流程圖

軟體設計實例

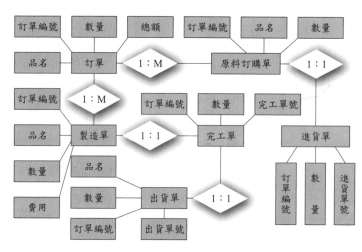

圖 4-4　訂單處理的語意資料模型圖

 學習活動

若是用你自己的表達方式來描述圖 4-3 與圖 4-4 的資料，會有什麼不一樣的地方？
你覺得哪一種方式比較好？

4.4.2　需求的定義與規格

　　需求（requirement）是指一個系統的功能與特性，以通俗的方式來描述。有時候我們會從不同的觀點來探討需求，所以有所謂的商業需求（business requirement）、使用者需求（user requirement），或是系統需求（system requirement）。定義一個大型系統需求的困難在於不容易窺見全貌，也就是過去瞎子摸象的道理。下面的圖顯示系統發展的程序（system development process），目前的系統代表現在使用者所接觸的環境，新系統代表需要建置起來的環境，兩者的差異需要從需求的分析開始，慢慢把細節釐清。

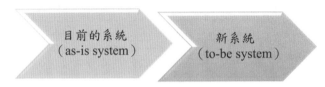

目前的系統（as-is system）　　新系統（to-be system）

系統發展的程序（system development process）

　　軟體系統的需求可以分成功能性的需求（Functional requirements）與非功能性的需求（Non-functional requirements），前者與軟體系統必須提供的功能相關，後者則涵蓋了與功能無關的其他需求，功能性的需求也常被稱為行為式的需求（behavioral requirements），因為會描述軟體系統須提供的服務，例如使用者透過系統能完成的工作。圖 4-5 列出非功能性需求的種類，通常與軟體的品質要求及維護有關，功能性的需求因應用系統的種類而異。需求的定義必須使用適當的表達方式，既要有觀念性的描述，又要有技術性的細節，**需求的規格含有更詳細的資訊，為了避免誤解與混淆，最好使用比較正規的方式來描述需求的規格**，常見的方法包括：

1. **需求規格語言**：提供特定的語法及語意來描述需求的規格，可配合工具的使用簡化描述的工作。

2. **圖型表示法**：利用圖型的方式來描述需求規格。

3. **結構化的自然語言**：自然語言無法很精確地描述需求的規格，結構化的自然語言加入了結構化的定義來加強自然語言的描述能力。

4. **數學表示法**：正規化的數學表示法也可以用來描述需求的規格，不過由於數學表示法不是大多數人都能接受的方法。

5. **類程式語言的表示法**：使用類似於程式語言的語法與語意，但是描述的方式比較抽象，以定義系統的作業方式為主要目的。所謂的類程式碼（pseudo-code）就是典型的例子。

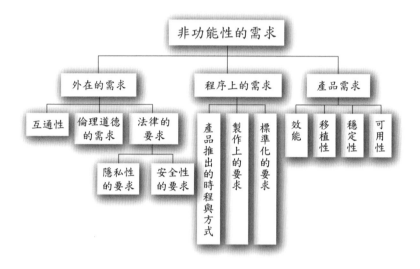

圖 4-5　非功能性需求的種類

學習活動

聽過 UML 嗎？上網查一查資料，看看 UML 屬於哪一種表達方式？除了 UML 之外，還有哪些工具或方法可以用來描述需求的規格？

4.4.3　正式規格化

需求分析得到的結果對於後續的軟體開發工作有很大的影響，圖 4-6 整理出從需求分析到系統設計所經歷的主要程序，雖然軟體的規格來自於需求的定義與規格，但是有些潛在的問題往往不是一般的需求分析與規格化所能發掘和描述的，正式規格式（Formal Specification）以數學理論為基礎，對於系統的規

格有嚴謹的規範，把正式規格化的程序加入軟體開發的程序之後，我們可以得到如圖 4-7 的流程。

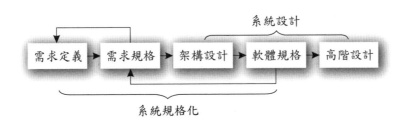

圖 4-6　需求規格與系統設計

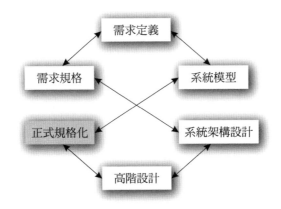

圖 4-7　加入正式規格化的開發程序

　　目前對於正式規格化是否應採用，有正反面的看法。持正面看法者認為正式規格化有數學理論為基礎，可以用數學方法來加以分析，進而利用軟體工具對所得到的規格進行自動的處理。持反面看法的人發現有些軟體系統無法以目前的正式規格化方法來描述，現有的方法也忽略了實務面的需求。理論上，正式規格化可以轉換成可執行的程式，這種方式所得到的程式與原先的規格有嚴格的對應關係，可說完全符合需求，對於大型的軟體系統來說，這種轉換尚不可行。

正式規格化的語言（Formal specification language）有兩種常見的例子，一種是以代數的方法來描述規格（Algebraic specification），另一種則是以已發展成熟的數學模型來描述規格（Model-based specification）；未來正式規格化會面臨兩個主要的問題，一個是未來的軟體系統強調互動性，正式規格化對於互動介面的描述能力較弱，另一個問題則是目前實務性的軟體工程對於軟體開發程序的助益很大，又被大多數人所接受，相對地，以數學理論為基礎的正式規格化就比較沒有立足的空間。

4.4.4　需求分析的方法

專案啟動以後，接著就進入分析的階段，第 1 個工作是需求的分析，主要的目標是決定系統的需求、將需求結構化，然後列出後續開發階段的可能選項。需求分析的過程就好像是在進行調查一樣，或是像拼圖，必須把相關的資料逼出來，讓接下來的開發工作有足夠而精確的資訊。表 4-2 列出需求的決定可能得到的結果，所以不要輕忽這些傳統的方法。

表 4-2　需求的決定得到的結果

得到的結果	說明
與使用者溝通或觀察的結果	透過面談、問卷、觀察紀錄與會議得到的結果。
現有的書面資料	由組織現有的文件得到的結果，例如表單、報表、手冊、流程圖、系統文件等。
電腦產生的資訊	CASE 工具提供的資料、系統雛形產生的畫面等。

● 傳統的需求決定的方法

系統分析工作的核心是資料的蒐集，蒐集的方法很多，有的需要溝通、有的要設計問卷、有的則是透過觀察或是閱讀來了解。表 4-3 列出一些傳統的需求決定的方法，雖然沒有運用什麼科技，但是進行時需要一些特別的技巧，得到的結果經常是豐富而且有效的。

表 4-3　傳統的需求決定的方法

需求決定的方法	說明
面談	跟實際的作業人員或是熟悉目前系統的人面談。
問卷	透過問卷的設計來蒐集需求發現問題。
群體面談	跟一群人面談，發現彼此相異甚至相斥的需求。
觀察	觀察實際的作業人員，了解資料的處理與使用方式。
閱讀文件	閱讀組織現有的文件，了解現有的問題、政策與實況。

需求的蒐集需要一些溝通的技巧，溝通是一種藝術，所以如何溝通最有效往往因人而異，而且有很多不同的狀況。進行面談的時候，可以注意一些技巧，讓面談更有效率：

1. **進行面談的預先規劃**：約定時間、準備問題、排定面談的議程。

2. **聆聽的技巧**：仔細聽取面談者的描述，並且加以記錄。

3. **檢視面談結果**：在 48 小時以內檢視面談結果。

4. **審視面談紀錄的態度**：盡量以中立客觀的態度來看面談紀錄，注意不同的觀點。

● 各種決定需求的方法

前述的傳統方法其實在現代的需求分析過程中還是很有用，可以視需要與實際的情況選擇運用。下面所列的是近代出現的需求決定的方法，可以有效地取得資訊，而且加速分析的過程：

1. **聯合的應用設計**（JAD，joint application design）：JAD 在 1970 年代末期就存在了，主要的方式是把跟專案相關的分析師、使用者、管理者等都找來，由系統分析師來主導溝通與互動，這樣可以很有效地在短時間內得到很大的進展。

2. **群組支援系統**（group support system）：JAD 是一種群體的會議，由於參與的人多，平均美個人發言的機會比較少、敢發言的可能會傾向某一類的意見、有人完全不發言、或是有人因為情面而不願意表達不同的意見，這些都是 JAD 潛在的問題。群組支援系統可以適度地克服以上的缺點，例如讓 JAD 參與者能透過電腦匿名地輸入自己的意見。

3. **CASE 工具**：這一類的 CASE 工具多半屬於高層次的 CASE 工具，運用在系統開發的初期，通常包括規劃的工具、繪圖的工具與雛形化的工具。

4. **雛形化（prototyping）**：雛形化是透過一個簡易系統雛形的建立，讓人早一點體驗系統的初步功能與輪廓。在某些需求無法確定或是可能發生爭議的項目，有時候可以透過雛形的呈現來化解或是評估。

● 企業程序再造工程

前面提到的這些需求決定的方式是以現有的組織程序為基礎，把未來系統的功能規劃出來，所以現況會影響未來的發展。假如有某些程序需要徹底的改變，採用全新的方法，有可能要完全拋棄舊有的作業方式，這種情況稱為企業程序再造工程（BPR，business process reengineering）。

主張企業程序再造的人認為改善現有的程序無法大幅改善企業的效能，一定要完全顛覆現有的做法，而且資訊科技的運用可以很有效地改善企業的程序。表 4-4 列出從過去以來科技對組織成規發生的影響，往往驟變的科技一出現就會有革命性的改變。

表 4-4　科技對組織發生的影響

原來的成規	被科技改變以後的情況
資訊只能存在於同一個地點	分散式資料庫可以讓資料隨地隨時地分享
只有專家能處理複雜的事物	專家系統可以幫助一般人處理複雜的事物
商業只能完全集中進行或是完全分散	近代的電信服務可以支援動態的商業與組織結構
管理階段需要做所有的決定	決策支援系統可以提供幫助決策的資訊
派外人員需要辦公室來進行某些任務	無線通訊可以讓派外人員享有一般辦公室的功能
大量物品的管理需要大量的人工參與	自動辨識技術可以取代人工的處理
計畫需要定時修訂	電腦系統可以隨時修訂計畫內容
要多進行親身的拜訪	互動式的溝通技術可以更有彈性的讓人進行互動

企業程序再造的第 1 個步驟是先找出哪些程序需要再造，最好先找出企業主要的關鍵程序，需求決定的方法可以用來找出這些程序，接下來即可針對這些程序中的工作進行了解，提出改變的方向或是做法。

4.4.5　需求資訊搜集方法的實例

　　右圖顯示一段有關於軟體系統需求的敘述，可以搭配本書第 8 章的內容閱讀，當我們跟使用者或客戶進行面談的時候，這些文字很可能就是當時的紀錄。從字裡行間可以發現一些蛛絲馬跡，例如文法分析就是一個好辦法：

> - The system shall match up **actual cashflows** with **forecasted cashflows**.
> - The **system** shall automatically generate appropriate **postings** to the **General Ledger**.
> - The **system** shall allow an **Assistant Trader** to modify **trade data** and propagate the **results** appropriately.

有關於軟體系統需求的敘述

1. 名詞與名詞片語通常會成為物件（objects）或是屬性（attributes）。

2. 動詞與動詞片語通常會成為方法（method）與關聯（association）。

3. 所有格通常表示所形容的名詞是屬性而不是物件。

　　經過文法分析以後會慢慢得到一些跟應用領域相關的資訊，通常可以從中得到類別與物件的資訊。在溝通需求的過程中，使用者會提到軟體系統的各種用途，可以從中找出使用案例。

4.4.6　需求分析的品質與驗證

　　在實務上，對於需求分析結果的描述是很重要的，因為這是軟體系統開發期間一切溝通的依據，該如何描述就需要軟體工程的專業了。另外一個重要的問題是，我們怎麼知道需求分析的結果很清楚確實地反映了原本的需求，由於需求分析的階段處於系統開發的初期，假如到了後期才去更改需求分析，勢必造成中間的設計與製作白費功夫，所以可以在需求分析完成時進行一個驗證（validation）的程序，確認需求分析有達到一定的品質。下面列出常見的需求分析驗證工作，通常需要檢視需求分析的文件。

- **有效性（validity）的檢查**：需求分析是否有效決定於系統所執行的功能是否為使用者所預期的，由於使用者可能很多，必須確認才知道。

- **完整性（completeness）的檢查**：需求分析是否完整決定於系統所執行的功能是否沒有缺漏。

- **可行性的評估**：並不是任何功能都能做出來的，要考量現有的技術、預算與時程等實際因素。

- **一致性（consistency）的檢查**：需求的文件內容不應該有不一致的地方，尤其要避免互相牴觸的描述。

- **可驗證性（verifiability）**：為了避免委託開發者與開發者之間的爭議，需求要能驗證，也就是要有對應的測試來證明開發出來的系統確實滿足原來的哪一個需求。

在實務上可以請專家審閱需求文件，也可透過雛型化（prototyping）以小型的系統展示未來將完成的主要功能，對應於需求的測試也可以先設計出來，這樣會讓需求更為具體。

4.5 連續性的整合

前面談到軟體系統的需求偏向從開發全新軟體的角度，其實對於現有的軟體來說，一樣會有新的需求，需要進行軟體的需求工程。所謂的連續性的整合（CI，continuous integration）是指一種軟體開發的實務，團隊的成員需要經常性的將變更或新增整合到系統中，整合時要迅速地進行自動的建置（automated build）與測試，找出可能發生的錯誤。

以現在的軟體系統來說，會經常出現需要進行 CI 的狀況，不只是軟體系統原本的程式碼，有的程式碼可能是遠端程序呼叫（RPC，remote procedure calls），一旦有變更，必須進行連帶的測試。

一套大型的軟體系統在一開始的需求分析過程中，就應該導入需求管理的策略，因為系統的需求會一直有變化。有的需求比較不會變，有的需求則可能會經常改變，不同的人對於系統需求的觀察角度也會不一樣，企業的主管會從預算的層面進行考量，基層的員工可能最關心系統是否好用。所以系統完成以後，勢必還是會持續地經歷修改，這會引發一定的成本，企業會需要決定要內部有專業人員維護系統，還是要委外進行維護與開發。

摘要

　　軟體系統的需求與規格必須透過軟體系統的分析與設計來建立，系統分析與設計其實也是一種解決問題的方法，在需求分析的過程中就是在了解問題，當一個系統分析師在跟客戶面談的時候，就好像醫生在看病人一樣，病人會訴說症狀，醫生必須對症下藥，結果可能是無效、症狀消失，或是病情痊癒，最理想的結果當然是病情痊癒，症狀消失並不表示把病醫好了，軟體系統的需求分析也是一樣，真正解決組織或企業的問題根本才是主要的目的。理論上有 Ishikawa 在西元 1943 年提出的魚骨圖（fishbone diagram）或是所謂的 PIECES framework，PIECES 是 performance、information、economics、control、efficiency 與 service 的縮寫，這些系統化的方法可以幫助我們找到問題的根本。

學習評量

1. 系統需求改變之後,原來的軟體系統必須重新製作以因應變更的需求,圖 4-8 中的 A 與 B 兩種流程都是在需求改變之後的軟體開發流程,哪個流程比較好?試說明理由。(提示:圖 4-8A 將新需求加入原來製作的系統中,圖 4-8 B 重新製作,但有考慮到原製作系統的特性)。

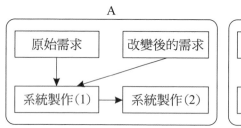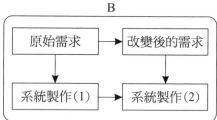

圖 4-8　需求改變產生軟體製作的變化

2. 描述應用系統的需求時,應該要包含哪些內容?試從不同的角度來思考需求的用途。

3. 試仿照圖 4-3 的表示法來描述一個自己熟悉的應用系統。

4. 試仿照圖 4-4 的表示法來描述一個自己熟悉的應用系統。

5. 圖 4-3 與圖 4-4 的表示法有哪些主要的差異。

6. 正式規格化有哪些優點?試列舉三項。

7. 用來描述需求定義及規格的語言,應該有哪些特徵?這類的語言和程式語言有何異同?

8. 需求規格與軟體規格有何異同?

9. 需求分析做得不好,可能會產生什麼樣的後遺症?

10. 假如一個企業花了 5000 萬台幣開發了一套資訊系統,啟用之後平均每年要花 300 萬台幣維護此系統,以因應新的需求與改變,這種維護透過內部專職人員負責還是完全委外,該如何考量與抉擇?

系統模型

在軟體開發的過程中，經常會碰到需要繪製所謂的系統模型（system models）的情況，問題是系統模型到底是什麼？該如何產生與繪製呢？我們下面會解釋系統模型，然後介紹系統塑模（system modeling）中的兩大工作：程序塑模（process modeling）與資料塑模（data modeling）。

絕大多數的資訊系統都要倚賴資料庫系統來儲存與處理大量的資料，在系統分析的過程中有很多的時間花在資料塑模上，我們必須了解組織的資訊系統使用哪些資料、資料之間有什麼樣的關係，以及資料本身具有什麼樣的特徵與結構，然後用適當的方式表達出來。

5.1　資訊系統開發的架構

圖 5-1 顯示資訊系統開發的架構，裡頭的每個方格都會產生各種模型，代表參與者在開發環境中運用某些方法，針對系統特性所發展出來的模型。雖然有很多方格，但這並不代表內容雜亂，因為整個系統開發的過程有開發的方法論來引導，每一種模型出現的階段、提供的功能與扮演的角色，都已經有明確的規範。

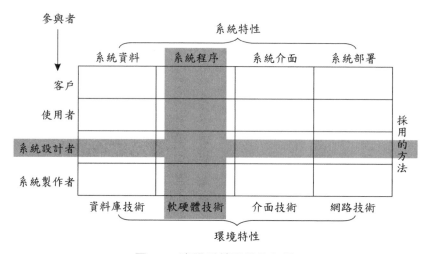

圖 5-1　資訊系統開發的架構

通常客戶與使用者在資訊系統開發的過程中常扮演關鍵的角色，提出主要的需求，系統設計者往往要為了特定的需求絞盡腦汁，畢竟同一個問題解決的方法很多，客戶通常都希望功能齊全，但是花費的成本不高。因此，光是描述使用者的需求或許還不是難事，最難的還是在於如何找到滿足需求的最有效的

設計方式。舉一個簡單的例子，客戶可能在為員工加保時，可選擇月保或是日保，但是對某些員工來說，因特殊的原因只能月保，不能日保，對於客戶來說，一般都會要求系統設計者在加保的介面中設計成由使用者選擇日保或是月保，對於系統設計而言，這個問題沒有那麼單純，因為使用者未必能記住所有只能月保的員工，由使用者自行選擇容易出錯，但是若是每次系統都要檢查，則會影響系統的效能，這時候就要花點時間想出一個好的解決方法，跟客戶討論。

 延伸思考

對於同樣的一件事，不同的人往往會有不同的看法，有時候思考的角度不一樣，看法也會不一樣。資訊系統那麼複雜，參與的人那麼多，衍生出來的想法當然更多了，這也是系統分析與設計工作難度的所在。不過，複雜的事物經過抽絲剝繭以後，也可以變得很單純，這就要靠系統分析師清楚的判斷與思考，再加上專業背景與豐富的經驗技巧，才能勝任。

5.1.1　系統模型的定義

模型反映事實，是事實的一種表示方式，建立模型就是在描述這個現實世界的某一部分，建立模型的過程也常稱為塑模（modeling），對現有的系統模型（system models）來說，可以讓我們更深入地了解這些系統，對於尚未建立的系統模型而言，等於是為未來的系統進行規劃。現代人常為自己的住家裝潢，在裝潢以前做的思考、規劃與設計就是一種塑模的過程，塑模做的好壞跟未來裝潢的成敗有密切的關係。從另外一個觀點來看，系統模型把原來取得的需求資訊結構化，更清楚地描述一個軟體系統的特徵。

文獻裡頭常把系統模型分成幾大類，「環境模型（context model）」描述系統的環境特徵，要決定系統該提供的功能以及所在的環境。「互動模型（interaction model）」描述系統與環境，或是系統成員之間的互動。「結構模型（structural model）」描述系統的組成架構與所處理的資料的結構。「行為模型（behavioral model）」描述系統的動態行為，執行時如何回應各種事件。回到實務的層面來看，一旦我們決定使用了特定的工具或是開發環境，就會在軟體開發的過程中產出這些模型。換句話說，在系統開發程序的各階段會產生各種系統模型，或是為這些系統模型增添了一些細節。

5.1.2 邏輯模型與實體模型

在系統分析與設計的領域中，常會把各種模型區分為邏輯模型（logical model）與實體模型（physical model）；邏輯模型描述一個系統本身以及系統的功能，跟系統是如何製作出來的是無關的，換句話說，有了邏輯模型以後，系統用什麼方式製作都可以。邏輯模型也常稱為概念模型（conceptual model）或商業模型（business model），所以當我們在想像室內的裝潢時，並不需要先確定要找哪一家裝潢公司。

實體模型所描述的可能會包括邏輯模型的內容，再加上系統實際上製作的方法與技術，所以實體模型會跟製作的方法與技術有關，必須考量技術上的限制，因此實體模型也常稱為實作模型（implementation model）或是技術模型（technical model）。真正要確定裝潢時，同樣需要考量到各種實際的因素，例如屋齡、材料、預算等。

系統分析師很早就發現邏輯模型跟實體模型應該要分開，所以在實務上邏輯模型會用來描述商業與營運上的需求，而實體模型則專注於技術上的設計與考量；系統分析師的工作偏向於邏輯模型的建立，原因如下：

1. 純粹邏輯模型的思考重視概念、需求與功能的了解，不受製作方法與技術的干擾或誤導，邏輯模型鼓勵創意思考與腦力激盪。

2. 邏輯模型讓我們更專注於需求的了解，降低了忽略或誤解實際需求的風險，讓需求的分析更完整、精確與一致。

3. 邏輯模型可以用來跟真正的使用者或客戶進行溝通，這種溝通會排除技術性的細節，更容易掌握使用者的需求，提昇溝通的效率。

追根究底

到底邏輯模型跟實體模型有什麼實質的差異呢？在設計學生成績系統的時候，我們會談到 60 分為及格的標準，成績的範圍是 0 到 100，50 分或 50 分以上才能補考，這些都是邏輯模型探討的內容。實體模型當然要把這些概念也描述出來，不過實體模型還要考慮到成績的資料要如何表示，例如到小數底下第幾位，或是成績單的格式如何等問題。

5.2 程序塑模

程序塑模（process modeling）是針對系統程序（system process）的結構、資料流程（data flow）、邏輯（logic）與步驟加以組織與記錄的技巧，不同的系統開發方法也衍生出不一樣的程序塑模的方式。

5.2.1 程序的概念

程序（process）可以看成是一個資訊系統的基本組成，所以把描述一個資訊系統的程序都找出來，就能把資訊系統給拼湊出來。程序本身會針對原始的需求來描述商業事件（business events）應該產生的回應，把資料轉變成有用的資訊。在程序塑模的過程中，除了要了解程序本身的特性與功能以外，還要確立程序與周圍環境、其他系統，以及其他程序的關係。

一個系統（system）本身其實就是一個程序（process），圖 5-2 以一個長方形框出一個系統的範圍，這個範圍之外的是系統的環境，系統與環境之間可以透過輸入（input）與輸出（output）來進行溝通，由於環境持續在變化中，所以系統要透過回饋與控制來調整自己，適應環境。

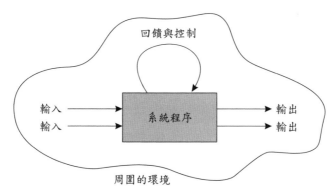

圖 5-2　系統（system）與程序（process）的概念

程序（process）代表因應輸入或發生的事件而完成的一段工作，在程序塑模中同樣有邏輯程序塑模（logical process modeling）與實體程序塑模（physical process modeling）之分，邏輯程序強調完成的是什麼工作，實體程序則會更進一步地說明完成的方法（即如何完成），以及由誰完成。

5.2.2　程序的分解

一個複雜的系統是很難用少數的程序來描述的，通常需要分解（decomposition）成組成系統的子系統（component subsystem），甚至於要把子系統再進一步地分解成更小的子系統，一直到子系統本身在表示上沒有困難，不會因為太複雜而難以處理。

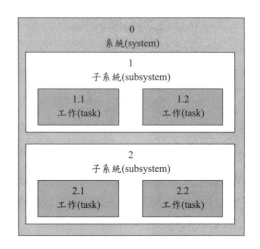

5.2.3　資料流程圖

程序塑模來自傳統的軟體工程方法，多年來衍生出各式各樣的表示方法，包括程式結構圖（program structure charts）、資料流程圖（data flow diagram）、邏輯流程圖（logic flowcharts）與決策表格（decision table）等。以資料流程圖來說，主要是用來描述系統裡頭資料的流動，以及系統所進行的工作。一般的資料流程圖常使用以下的表示方式，如圖 5-3 所示：

1.　圓角的方形代表程序（process），程序會對資料進行處理。

2.　方形代表外部程式（external agents），可能是資料的來源（source）或是接受資料的地方（sink）。

3.　開放式的區域代表資料儲存區（data store），表示檔案與資料庫。

4.　帶箭頭的線段表示程序的資料流（data flow）、輸入，或輸出。

圖 5-3 的 DFD 表示法採用的是 Gane & Sarson 的表達方式，DeMarco & Yourdon 也有提出類似的表達方式，雖然略有不同，但是畫出來的 DFD 大同小異，基本的原則是一樣的。

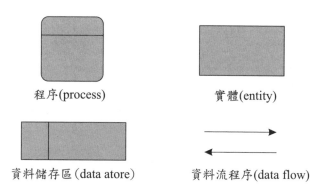

程序(process)　　　　　　實體(entity)

資料儲存區(data atore)　　資料流程序(data flow)

圖 5-3　資料流程圖的表示法

　　資料流程圖的繪製必須遵循一些規則，圖 5-4 顯示的是其中的一個規則，
這些規則的訂定是為了保持資料流程圖的正確性，但是完全遵循規則並不保證
資料流程圖是絕對正確的。圖 5-5 顯示一個資料流程圖的實例。

圖 5-4　資料流程圖繪製的規則

追根究底

資料流程圖與系統流程圖（system flowchart）有什麼差異呢？在資料流程圖流行以
前，很多分析師使用系統流程圖，但是在表示法上並沒有統一，而且系統流程圖描
述太多實體的細節，超出系統分析階段希望專注的重點，所以後來就比較少人再使
用系統流程圖。

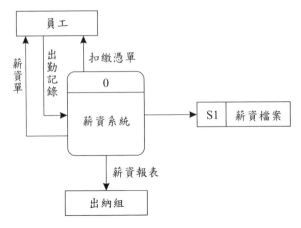

圖 5-5　資料流程圖的實例

5.2.4　描述程序的邏輯

　　資料流程圖明確地找出系統的程序，也標示出程序之間的關係，但是每個程序內部詳細運作的狀況並沒有記錄，這一部分要靠程序的邏輯塑模（logic modeling）來發掘，有一些工具可以運用，這些工具通常不必跟任何的程式語言有關，主要用來當成分析者與使用者之間的一種溝通方法，常見的工具包括：純粹結構化的語言描述、決策表格（decision table）、決策樹（decision tree）與狀態變化圖（state-transition diagram）等。

5.3　結構化的資料流程圖

　　資料流程圖算是一種結構化分析的技巧，進行系統分析的時候，可以配合分析的工作把資訊系統的資料流的邏輯畫出來，由粗略到詳細，形成一種類似於階層式的結構。圖 5-6 顯示的是一個環境圖（context diagram），代表一個組織資訊系統的概觀，只有單一的程序，這個程序代表整個系統。環境圖裡頭沒有資料儲存區，因為我們假設資料儲存區包含在系統中，代表 source/sink 的實體描述系統與所在環境之間的關係。

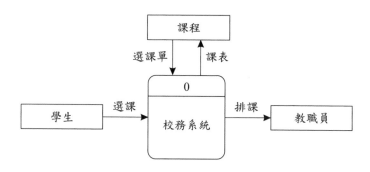

圖 5-6　環境圖（context diagram）

　　接下來系統分析師要了解 process 0 是由哪些其他的程序所組成的，圖 5-7 顯示第 0 層的資料流程圖（level-0 DFD），原來的 source/sink 都維持一樣，但是原來的 process 0 現在變成了 3 個程序，這表示我們以這 3 個程序來表達原來 process 0 的功能，等於有更多的細節。

　　Level-0 DFD 算是系統最頂層的程序表示圖，從圖 5-7 可以看到 data store 也出現了。接下來系統分析師可以進一步地深入了解資訊系統，畫出 level-1、level-2、…、level-n 的 DFD，產生詳細的系統程序模型，這就是一種系統化與結構化的系統分析方法。這裡要特別注意 DFD 中所描述的資料流並沒有說明發生的時間、資料量或是資料流發生的頻率，所以有很多實際的細節沒有包含在裡頭，這是因為 DFD 描述的是邏輯的資料流程，強調的重點不同。

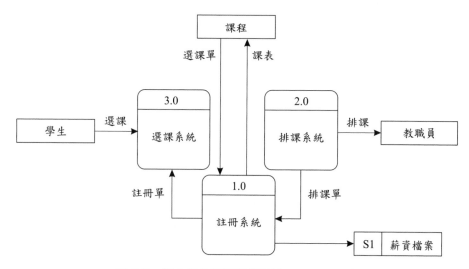

圖 5-7　第 0 層的資料流程圖（level-0 DFD）

5.4 商業程序塑模

商業程序塑模（BPM，business process modeling）的目的在於描述企業現在與未來的程序，讓目前進行中的程序能夠被分析與改善。BPM 通常由商業的分析師與管理階層負責，試著改善程序的效率與品質，這種改善不見得需要資訊科技，不過資訊科技常在 BPM 中扮演重要的角色。商業程序管理（BPM，business process management）的縮寫也是 BPM，可以看成是涵蓋商業程序塑模的領域。

UML 可以用來描述描述 BPM 的結果，MDA（model-driven architecture）與 SOA（service-oriented architecture）也都是跟 BPM 相關的資訊技術，BPM 強調的是企業架構中跟程序相關的部分，當企業有大的變動時，BPM 扮演重要的角色；例如兩個企業合併時，兩者的程序都需要經過審慎的評估，這樣管理階層才能有效地避免一些重複的作業。一個商業程序有下列的特徵：

1. 有一個目標。

2. 有特定的輸入。

3. 有特定的輸出。

4. 有使用的資源。

5. 包含一些工作或活動，而且是按照某種順序執行的。

6. 可能對組織內部多個部門產生影響。

7. 對於組織內部或外部的參與者產生某種價值。

簡單地說，一個商業程序包括一些活動，目的在於為客戶與市場產生特定的輸出，強調的是工作在組織內完成的方式，對於得到的產品不見得需要詳細的描述，主要關心的是工作執行的時間、地點與順序，開始與結束的時機，以及輸入與輸出。

商業程序其實是整個企業架構的一部分，但是商業程序的層次比較高，企業的應用、技術與資料的存在是為了支援商業程序的進行，當企業要更新再造

時，關鍵也在於商業程序的再造，不是多花錢改善硬體設備就能解決問題的，所以軟體專案的開發一定要跟商業程序的目標結合。

TIP

OMG 有發展一個商業程序的表示法，叫做 BPMN（Business Process Model and Notation），可參考網站（bpmn.org）上的介紹，也有一些相關的工具支援 BPMN 的繪製。

5.5　資料塑模

資料塑模（data modeling）是針對系統資料的特性進行組織與記錄的技巧，也常稱為資料庫塑模（database modeling），因為資料模型在實作上通常都會選擇資料庫的技術。資料塑模也常被稱為資訊塑模（information modeling）。有很多人認為資料塑模是各種塑模技術中最重要的，原因如下：

1. 資料是很多資訊系統的核心，由多個程序共用，反映出商業系統的主要需求。

2. 資料的定義在整個資訊系統中是比較穩定而少有改變的，會比系統的程序快確認，而且規模也比其他的模型要小。

3. 資料塑模建立了後續溝通的共同術語與規則，一旦完成了資料模型以後，系統分析者會更容易進一步地了解系統的各種需求。

在不同的方法論中採用的資料塑模的方法也會不一樣，早期資訊系統的開發常用 ER 模型（entity-relationship model）來進行資料塑模，而 ER 模型正是一般資料庫系統中常用來進行概念塑模的工具，以實體（entity）與關係（relationship）的觀念為基礎；假如採用的是物件導向的分析與設計，則以類別（class）與物件（object）的觀念為基礎，跟 ER 模型有顯著的差異。不過一般說來，**有一些資料塑模的觀念與技巧是不會因為資料模型的差異而不同的，例如溝通的技巧、取得資訊的方式、分析的方式等。**

5.5.1 資料塑模的策略

在系統分析階段，通常會以邏輯資料塑模為主（logic data modeling），集中在使用者端需求的了解與分析，建立所謂的應用資料模型（application data model）。對於某些人來說，可能還是習慣先畫出系統的程序模型，但是這個階段的資料塑模會有以下幾個好處：

1. 系統分析者可以從資料模型快速而完整地了解商業模型與簡單的需求。

2. 資料模型的建立通常會比程序模型要來的快。

3. 資料模型的規模與篇幅遠比程序模型要小。

4. 程序模型的建立容易碰到一些瓶頸。

5. 資料模型的變動比較小，後面的階段可以沿用。

資料塑模的過程中有一些策略與技巧，一開始了解的時候，可以先針對資料模型中的主要實體進行探索，還不用一下子找出實體的屬性來，此時得到的是所謂的情境資料模型（context data model）。這樣的資料模型可以再經過修改，慢慢地把細節勾勒出來：

1. **建立鍵值資料模型（key-based data model）**：以關聯式資料模型來說，資料表格之間的關聯是透過鍵值來建立的，必須確立主鍵（primary key）與外鍵（foreign key）。

2. **建立完整屬性的資料模型（fully attributed data model）**：各實體的屬性、屬性的資料型態、屬性值的範圍（domain）、屬性的預設值（default）等，都必須確立，才能建立完整屬性的資料模型。

系統分析階段得到的資料模型純粹用來描述需求，在系統設計的階段必須將邏輯資料模型轉變為實體資料模型，有時候也叫做資料庫定義（database schema），是依據選定的資料庫管理系統將資料模型定義出來。在關聯式資料庫系統中，實體資料模型還可以經過正規化（normalization）來改善原來的資料模型。

5.5.2 資料塑模的方法

不同的資料模型通常都會有特定的資料模型的表示法,熟悉這些表示法可以讓我們看得懂別人畫的資料模型圖,或是自己也可以繪製這些圖形,但是資料塑模的關鍵在於要去找出資料模型的內涵來!在物件導向的分析與設計方法中,常透過情節(scenarios)與使用案例(use case)來了解一個系統的需求,我們要試著找出系統的資料有哪些,以 ER 模型來說,實體(entity)是第一個需要找的,以物件導向模型來說,則是要找出類別(class),有一些常用的方法:

1. 跟系統的使用者面談,從溝通裡頭找出關鍵的詞彙,了解各名稱與術語代表的涵義。

2. 在面談中直接詢問使用者有哪些資料需要使用、儲存或產生的。

3. 從現有的表單與報表中找出可能需要定義與使用的資料。

4. 透過找到的資料,運用一些技巧或活動來確立實體或類別,例如 CRC、腦力激盪等。

5. 運用 CASE 工具,利用反向工程(reverse engineering)的技術來從已經存在的系統或資料庫推演出資料庫定義。

 動手動腦

塑模(modeling)是非常實務導向的工作,人際溝通的技巧是關鍵,系統分析師不可能對每個應用領域都熟悉,更何況使用者的需求差異性很大。理論上教條式的原則的確有一些引導的作用,但是一個成功的系統分析師絕對需要真正參與系統分析才能得到成長。

5.6 資料模型簡介

資料庫提供資料的服務與資料的儲存方式隱含在資料庫系統的功能裡。我們可以把這種資料的處理模式稱為資料抽象化(data abstraction),因為使用者所看到的資料已經處理過,簡化了很多細節。**資料模型(data model)是資料抽象化的基礎**,我們可以把資料模型定義成描述資料庫結構的各種觀念,而資料庫的結構則包括資料的型式、資料之間的關係,以及資料的限制(constraints)。

除此之外，資料模型多半也會包含一些基本的操作，對資料庫進行資料的擷取與更新。（Ullman 1988）對於資料庫使用的資料模型所下的定義是：一種正式的數學表示法（mathematical formalism），包括兩大組成。

1. 描述資料的表示法。

2. 處理資料的一組操作（operations）。

一般人會想知道的是到底有沒有一種資料模型是最好的，因為這樣我們只要學會使用一種資料模型就好了。但是事實上並不是如此，各種資料模型都有一些特長與不足，可能可以說某些資料模型比較完善一點，但是很難說哪種資料模型是最好的。下面幾項資料模型的特徵也是 Ullman 提出來的，可以用來比較資料模型之間的差異：

1. 目的與用途。

2. 以物件（object）還是以值（value）為主。

3. 資料重複（redundancy）問題的處理。

4. 多對多（many-many）關係的處理。

5.6.1　資料模型的分類

資料模型用來描述資料庫結構的觀念有時候差異蠻大的，因此產生了很多種資料模型，暫且不論哪一種資料模型比較好，我們可以利用資料模型描述的方式來進行各種資料模型的分類：

1. **概念式的資料模型**（conceptual data model）：與使用者對於資料了解的方式很相似，也稱為高階的資料模型（high-level data model）。我們可以使用個體（entity）來表示現實世界中的物件或觀念，個體的特徵則用屬性（attribute）來描述，個體之間的關係（relationship）代表個體之間的互動。

2. **實體資料模型**（physical data model）：可以描述資料在電腦中如何儲存的細節，也稱為低階的資料模型（low-level data model）。以記錄（record）的儲存方式為例，實體資料模型會記載記錄格式、記錄的順序與存取路徑（access path）等資訊。

3. **實作資料模型**（implementation data model）：描述的方式可能可以讓一般的使用者了解，但是也包含了一些有關於資料儲存的細節，因此，在實作上有很大的功用與彈性。

從以上的分類來看，關聯式的資料模型、網路式的資料模型與階層的資料模型都算是實作資料模型，在傳統的商業 DBMS 的產品中使用的最廣泛。由於實作資料模型通常都使用記錄（record）的結構來表示資料，所以也稱為 record-based data model。Entity-Relationship model 屬於概念式的資料模型，物件導向資料模型比較接近概念式的資料模型，但具有實作資料模型的特性。這裡要注意上面的分類只是文獻一般的探討，方便說明，我們不必太在意到底某一種資料模型該歸屬於哪一類。

5.6.2　資料獨立性觀念

three-schema architecture 可以用來解釋**資料獨立性**（data independence）的觀念，主要的關鍵在於我們能在不同的層次（level）上改變對應的 schema，而不會影響其他層次上的 schema。問題是資料獨立性有什麼好處呢？我們先來看看所謂的 schema 的定義：

1. internal schema：描述資料庫的實體儲存結構（physical storage structure），使用 physical data model 來描述資料儲存的細節與資料庫存取的路徑。

2. conceptual schema：描述資料的屬性（entities）、資料型式（data types）、關聯（relationships）、限制條件（constraints）與使用者的操作，使用 high-level data model。所定義的資料針對所有使用者的需求。

3. external schema：描述資料庫的一部分，可能只對某些使用者有用。

圖 5-8 畫出 three-schema architecture，我們可以把這樣的架構看成是一種 DBMS 的架構，不過顯然這樣的看法比較偏向資料的角度，與系統的功能似乎關係不大。three-schema architecture 的主要目的是要把應用系統與實體的資料庫分開，這種分隔是要讓資料的使用更簡化。我們可以在實際的 DBMS 中看到這樣的架構存在。

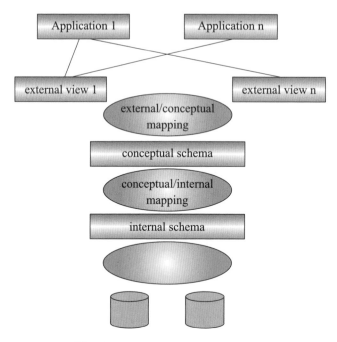

圖 5-8　three-schema architecture

　　軟體開發工具也支援 three-schema architecture，所以運用資料模型建立的 conceptual schema 通常可以運用軟體開發工具自動轉換成某種 DBMS 接受的 internal schema，例如 PowerDesigner 把 CDM 轉成 PDM。這裡要注意 3 種 schema 都是用來描述資料的，所以說起來是資料的定義，真正的資料是儲存在實體的儲存層次中，要把資料送到應用程式裡還要經過一些轉換與對應（mapping）的程序，這些過程會花費額外的時間與處理。當然，這樣的架構主要的精神還是在於讓所得到的好處遠超過必須付出的成本。

　　資料獨立性（data independence）是資料庫系統中相當重要的觀念，我們可以用 three-schema architecture 來解釋，也就是當下層的 schema 改變時不會影響到上層的 schema，有兩種資料獨立性的定義：

1. logical data independence：當 conceptual schema 改變時不需要牽動 external schema 或 application program。例如我們改變了資料記錄中的欄位定義，沒引用到相關資料的資料集（view）不受影響，用到改變欄位的資料集需要重新定義，但是不會影響到使用該資料集的應用。

2. physical data independence：internal schema 改變時不需要牽動 conceptual schema 或 external schema。例如我們對資料庫檔案進行了一些整理，建立新的存取架構，而上層的 conceptual schema 並沒有改變。

思考問題

這裡有幾個值得思考的問題，首先是有關於 three-schema architecture，這種層次化的分類有其優點，可是那是純粹以資料模型的觀點來看的，假如以系統的功能來看，會有類似的層次嗎？另外一個問題是有關於資料模型的建立，假如從早期 relational database design 的觀點來看，似乎可以從作業中的表單與報表資料配合溝通來了解問題領域的資料特徵，然後進入資料庫設計，而 relational database design 又有傷腦筋的正規化（normalization）檢查，理論上有嚴謹的定義，但卻缺乏簡易可循的方法來驗證，在物件導向的分析與設計方法中能避免這些麻煩嗎？要如何滿足正規化的要求？由於大多數的應用系統底下採用的還是 relational database，在物件導向的分析與設計的開發過程中，relational database 的部分是如何產生出來的？

5.6.3 傳統的資料模型

從資料庫發展的歷史來看，Network Data Model 與 Hierarchical Data Model 在 1960 年代就出現了，等於早期在資料庫的領域中，大家對於資料的描述與看法都圍繞在這些資料模型中，1970 年 relational data model 的出現對於資料庫系統產生了很大的影響。我們把這些出現較早的資料模型歸類於傳統的資料模型。一般說來，早期的資料模型不像近代的資料模型那麼複雜，但是以資料模型的特徵來說，都是五臟俱全。

各種資料模型的差異在什麼地方呢？基本上，資料模型賦與我們描述資料的能力，是否能很清楚地描述資料決定於資料模型所提供的描述方法，進階的資料模型在描述能力上通常會比較好一些，至少會比較完整。以 semantic data model 為例，裡頭就引入了類別（class）與次類別（subclass）的觀念，成為物件導向資料模型中沿用的特性。關聯式資料模型（relational data model）的地位有稍微特殊一點，因為關聯式資料模型也出現得很早，但是模型本身具有簡易的觀念與完整的理論基礎，所以在商業市場上大受歡迎。

5.6.3.1 個體 - 關係模型

個體 - 關係模型（ER model, Entity-Relationship model）是資料庫應用在開發時經常使用的資料建模（data modeling）方法，許多資料庫的設計工具就是使用 ER model 為基礎。其實 ER 模型有再被擴充為 EER（enhanced ER），不過 ER 原本的描述能力已經相當完整。在資料庫系統的領域中，ER model 有相當重要的地位，一般認為它的 modeling 能力很強。

● 個體與屬性

ER 模型利用個體（entity）、屬性（attributes）與關係（relationship）來表示資料，entity 代表現實世界上的事物，有獨立存在的特性，因此一個 entity 可以用來代表一個人、一輛車等事物，或是代表一種存在的觀念，例如一個課程、一家公司等。至於 entity 的詳細特徵則使用 attributes 來描述，譬如員工是 entity，則該員工的姓名、性別、出生日期等資料就是 attributes，attributes 的值就是儲存在資料庫裡的資料。到目前為止，ER model 跟一般的資料模型都蠻相似的。不過 ER model 對於 attributes types 做了以下的分類：

- Simple attributes 與 composite attributes：假如一個 attribute 需要再由幾個 attributes 來描述，則該 attribute 就是一種 composite attribute，至於單純的 attribute 就不需要再由其他的 attributes 來描述。

- Single-valued attributes 與 multivalued attributes：有的 attribute 只有單一的值，但是有的 attribute 卻有多個值，例如某人的學歷可能就由多個值所組成，這樣的 attribute 就是 multivalued attributes。

- Stored attributes 與 derived attributes：當我們知道某位員工的出生年月日以後，可以直接計算其年齡。因此年齡可以看成是一種 derived attribute，出生年月日則是 stored attribute。

ER model 也支援空值（null value）的觀念，null 是一種很特別的值，假如某位員工最高學歷是高中，則其大學學歷的欄位無法填入，這並不代表資料是空的，這時候就可以填入 null，所以 null value 跟沒有值是不同的。

擁有相同的 attributes 的 entity 可以說屬於同一種 entity type，在 ER diagram 中，entity type 用方形（rectangular box）來表示，裡頭有 entity type 的名稱，其

attributes 則以橢圓形來表示，裡頭有 attributes 的名稱，而且以直線連到所屬的 entity type。

注意 entity 與 entity type 的差別，entity 是實際的資料，代表 entity type 的一個 instance，就好像程式語言中的 data type 與 variable，data type 是型式，variable 代表實際的資料。Relationship 表示 entity types 之間的關係，relationship 本身也可以有 attributes。從資料庫的觀點來看，屬於某種 entity type 的 entities 的集合也稱為 entity set，代表資料庫目前的內容。

名稱急轉彎

ER model 中屬於相同的 entity type 的 entities 組成 entity set，我們說 entity type 是這些 entity 的定義（schema），也稱為其 intension，而 entity set entity set 則是該 entity type 的 extension。試著記得這些名稱，讀原文書或是 paper 時會有幫助的。

Entity type 的 attributes 中有一個或多個 attributes 組成 key attribute，其值在 entity set 中是唯一的，就像 relational table 中的 primary key 一樣。在 ER diagram 中，key attribute 會加底線來表示。不要小看 key attribute，我們知道物件導向系統中的物件通常會有 unique identifier，所以可以區分不同的物件。

ER model 中的 entity 假如所含的 attribute values 都一樣的話，其實是無法區分不同的 entities，只是有了 key attribute 的觀念的話，倒是可以比照 relational database 的情況，以集合的 no duplicate 與 key 的 uniqueness 來區分不同的 entities。自己沒有 key attributes 的 entity type 也稱為 weak entity types，一般的 entity type，即 regular entity type，有 key attributes，也稱為 strong entity types。

● 關係（relationship）

entity types 之間的關係叫做 relationship types，一個 relationship type 定義兩個或多個 entity types 之間的關係，像圖 5-9 中的供貨就是一個 relationship type，定義供貨商、訂單與商品之間的關係，R1 是一個 relationship instance，建立 S1、O1 與 P1 的關聯。由於參與這個關聯的 entity type 有 3 個，所以算是一種 ternary relationship。一個 entity type 參與的 relationship instance 的數目稱為 cardinality ratio。像供貨商與商品之間的關聯的 cardinality ratio 為 M:N。

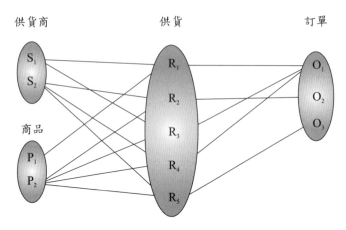

圖 5-9　三重關聯（ternary relationship）

在遞迴關聯（recursive relationship）中，一種 entity type 參與同一種 relationship type 兩次，例如圖 5-10 中的員工 entity type 與管理 relationship type，這時候要引入所謂的角色（role）的觀念，以圖 5-10 的例子來說，一個經理級的員工會管理其他的員工，所以在管理的關聯中扮演第 1 種角色，被管理的員工則扮演第 2 種角色，這樣圖 5-10 就可以很清楚地表示管理上的階層關係。

這裡要注意 entity type 與 relationship type 都是指類型（type），不是實際的資料，而 entity 指實際的資料，relationship 代表實際資料之間的關係。

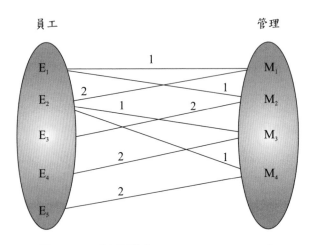

圖 5-10　遞迴關聯（recursive relationship）

表示法

　　圖 5-11 顯示 ER diagram 的基本表示法（notation），用這樣的表示法可以畫出資料模型圖，讓人了解資料的定義與資料之間的關聯。這跟其他的資料模型都有一些相當類似的地方，假如需要真正地使用 ER model，就要熟悉這樣的表示法。

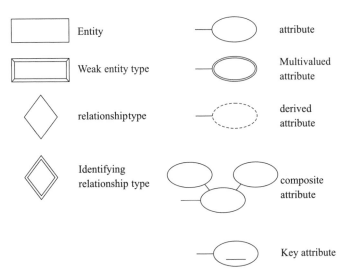

圖 5-11　ER diagram 的表示法

　　圖 5-12 列出 ER diagram 中 relationship 的表示法，E2 在 R 中是 total participation 的意思是 E2 中的每個 entity 都透過 R 與 E1 中的 entity 關聯在一起。有的 entity type 沒有 key attribute，這樣的 entity type 也稱為 weak entity type，通常 weak entity type 中的 entity 會與其他的 entity type 中的 entity 關聯起來，這種關聯特別稱為 identifying relationship type。圖 5-12 中的 structural constraint 是指 E 裡頭的每個 entity 至少參與 min 個 R relationship instance，最多參與 max 個 R relationship instance。

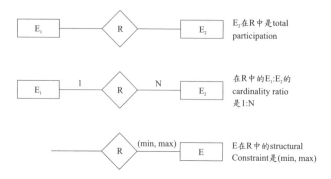

圖 5-12　ER diagram 中 relationship 的表示法

　　我們來看比較完整的 ER 模型圖，圖 5-13 中有 3 個 entity sets，即 EMPS、DEPTS 與 MANAGERS，EMPS 與 DEPTS 之間的關係由 ASSIGNED_TO 定義，DEPTS 與 MANAGERS 的關係則由 MANAGES 定義。假設員工最多被分配到一個部門，那麼 EMPS 對 DEPTS 的關係是 many-to-one，所以可以看到 ASSIGNED_TO 兩邊箭頭的指向。DEPTS 與 MANAGERS 之間的關係是 one-to-one，所以箭頭由 MANAGES 指向 DEPTS 與 MANAGERS。

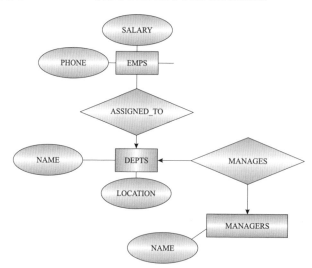

圖 5-13　比較完整的 ER 模型圖

　　圖 5-14 顯示的是一種遞迴關係（recursive relationship），因為一個人的父母也是人，因此 PERSONS 在 PARENT_OF 的關係中扮演了兩種角色（role），即 parent 與 child。在 PARENT_OF relationship 兩邊線條上的數字就代表角色（role）。

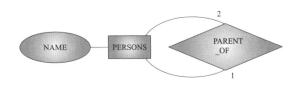

圖 5-14　遞迴關係（recursive relationship）

圖 5-15 顯示一個比較完整的例子，ITEMS 與 SUPPLIER 之間的關係是 many-to-many。比較特別的地方是 PRICES，也包含在 SUPPLIES 的關係中，由於供應商所提供的產品會有定價，這裡很適合用 3 方關係來描述，但是 PRICES 當成 entity set 的話則只有 1 個 attribute，所以圖 5-15 就把 PRICES 畫成是 1 個 attribute，這裡要注意 SUPPLIER 與 PRICES 之間有 many-to-one 的關係，ITEMS 與 PRICES 之間同樣有 many-to-one 的關係。有興趣的話可以從實際的資料來驗證看看這樣的資料模型是否恰當。假如所用的開發程序可以利用工具的自動轉換來產生資料模型，觀察一下跟圖 5-15 的 ER diagram 有什麼相似與相異之處。

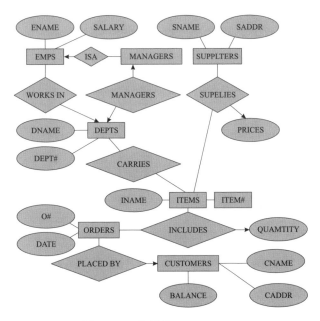

圖 5-15　複雜的 ER diagram

● 限制條件

　　entities、relationships 與 attributes 在 ER model 中建立了資訊系統的基礎模型，這個基礎模型還需要有一些限制條件（constraints），例如一個員工只能在一個部門中工作，像這一類的規則就可以用 constraints 來表示。下面是一些 ER model 中常見的 constraints 的類型：

1. **基數（cardinality）**：entity 之間可能會存在某種 relationship，例如員工 entity 與部門 entity 之間有員工在部門工作的關係，由於要求一個員工只能在一個部門中工作，所以兩個 entity 在這個 relationship 上的基數都為 1。在指定一個 entity 參與一個 relationship 的 cardinality 時通常會使用一個數對來代表範圍，例如（0,1）、（M,N）或（1,*）等，* 表示沒有上限。

2. **依存性（dependency）**：表示某個 entity 的存在必須要求另外一個 entity 也存在，這種 dependency 可以用 relationship 來定義，也稱為 dependency relationship。舉例來說，結婚證書 entity 跟人物 entity 之間應該存在一種依存關係，因為一張結婚證書的產生一定要有結婚的兩方存在。

3. **通化（generalization）與特化（specialization）**：通化與特化可以讓我們再用（reuse）entity types 的 attributes 與 behaviors。特化讓一個 entity type 繼承 parent entity type 的特性再加上個別的特性，通化讓一個 entity type 集合數個 entity types 的共同特性。

5.6.3.2 其他的資料模型

　　資料模型指描述系統跟資料相關的部分，系統本身的組成或是系統與使用者之間的互動都沒有在資料模型描述的範圍內。UML（unified modeling language）是一種描述軟體系統的標準化建模語言，UML 也具有一般資料模型的描述能力，但是除了描述應用系統的資料特性之外，還可以從其他方面來描述一個應用系統，而且描述的結果就是很嚴謹的規格。所以跟前面介紹的資料模型比較起來，UML 算是一種功能更多元化的模型，可以應用在一般軟體應用的開發工作中。

資料庫系統專用的資料模型很多，除了 hierarchical data model、network data model 與 ER model 之外，關聯式資料模型（relational data model）、物件導向資料模型（object-oriented data model）與 object-relational data model 等都是很重要的資料庫系統的資料模型。

書本裡談的資料模型經常會給人一種抽象的感覺，好像十分地理論，也看不到真正的用途。其實有很多軟體工具能幫助我們為資料庫應用系統建立資料模型，例如 Oracle Designer 或是 Sybase PowerDesigner，有時候網路上會有這些軟體的試用版本，可以下載安裝，體驗一下資料模型的實務面。一般的程式語言也有資料模型，通常跟資料庫的資料模型不太一樣。我們習慣上會說程式語言的表達能力具有運算上的完整性（computational completeness），但是資料庫系統就沒人敢說了，不過大多數的 DBMS 都會與某種或某些程式語言結合起來，使資料庫系統也擁有完整的表達能力。

這一類的觀念是比較深入的，需要一點時間來了解透徹，最好配合一些實務上的經驗才更容易澈悟。**對於 ER model、relational data model 與 object-oriented data model 的深入了解是一般資訊專業人員必須具備的背景，至於其他的資料模型則可以當做參考。**當然，在開發工具中可能還會遇到一些描述系統的模型，要注意它們跟資料模型的關係。

5.7 資料塑模 vs. 特徵工程

資料科學與機器學習的領域常需要進行特徵工程（feature engineering），對資料進行探索，看資料的哪些特徵適合用來建立模型，對資料進行分析，達到預測或是其他數據分析的結果。機器學習的建模通常跟採用的演算法有關，確定了要使用的資料特徵之後，就可以使用訓練資料來建模，完成以後，以建立的模型來對新的資料進行預測。

資料塑模的目的就不太一樣了，資料建模所得到的模型用來描述軟體系統所處理的資料，跟應用領域有關，一旦完成資料建模，得到的模型可以建立資料庫，供軟體應用系統使用。

摘要

程序塑模（process modeling）以圖形化的方式來描述軟體系統的功能與程序，這些功能或程序會擷取、處理、儲存與傳送軟體系統與外部之間交換的資料，或是軟體系統內部各成員之間交換的資料。最常用來表達程序塑模結果的工具是資料流程圖（DFD，data flow diagram）。資料流程圖算是一種結構化分析（structured analysis）的技巧。

資料塑模（data modeling）會影響後面設計階段的資料庫設計，分析跟設計階段強調的技巧與背景是不同的，沒有真正參與過資料分析工作可能比較難有切身的體驗，表 5-1 列出一些我們在分析過程中可以問的問題，以及從解答中能試著找出的一些跟資料塑模相關的資訊。

表 5-1　在分析過程中可以問的跟資料塑模相關的問題

問題	與資料塑模相關的資訊
企業營運時的主要項目、產品、參與者	資料實體（data entities）
與企業相關的資料項目有什麼樣的主要特徵？	主鍵（primary key）
描述每個資料項目的特徵？	資料屬性（data attributes）
資料項目的用途與使用者？	資料的涵義與使用者的權限
資料項目使用的期間？過期資料的處理？	資料使用的時限
同類資料之間的差異？資料的組合？	資料型態與聚集
多種資料同時使用的時機與場合？	資料的關聯
資料處理時資料之間必須維持的關聯？	資料完整性規則

學習評量

1. 試說明系統模型有什麼樣的功能。

2. 試說明資料流程圖描述的是什麼。

3. 資料流程圖對於後續的軟體系統開發程序有什麼影響？

4. 試說明程序的邏輯塑模（logic modeling）會得到的結果。

5. 為什麼資料流程圖算是一種結構化分析的技巧？

6. 試描述資料塑模（data modeling）的工作。

7. 試由一些企業使用的表單中描述裡頭使用的資料的特徵。

8. ER model 跟關聯式的資料模型（relational data model）有什麼差異？

9. 在系統分析的過程中，有哪些問題可以幫助我們了解一個資訊系統的資料特徵？

10. 請參考 ER model 的表示法，試著畫出一個自己熟悉的系統的 ER 模型圖。思考一下，模型裡頭的內容對於系統開發提供了什麼樣的有用訊息。

6

從軟體系統的規格
到架構設計

　　經過**需求分析**以後會對軟體系統的規格發展出具體的文件，軟體系統的設計是進行實際的系統製作之前的步驟，必須要有效地將規格化之後的需求轉換成具體可行的系統藍圖。設計程序（Design process）可再細分成各種不同階段的細部設計，也可依系統特性或是設計方法區分成不同的設計方式。設計的優劣對於軟體系統的品質影響很大，但是設計程序本身並不像需求規格化那樣地嚴謹，常會因系統開發者的技能、偏好與背景而異。

　　軟體系統的設計是具有創造性的，很難將設計的工作正規化，通常從實際的開發經驗中可以獲得不少設計的技巧。一般說來，軟體系統的設計可以非正式地分成三個階段：

1. **了解問題**：規格化之後的使用者需求告訴我們系統的主要功能與用途，通常這些資訊都和某個應用領域相關，必須對該領域具備基本的背景知識，才能澈底了解需求。

2. **尋找解答**：將需求的規格轉化成設計上的問題，找尋任何可能的解決方法，開發者需要設計的經驗、設計方法的背景與可利用的工具。

3. **將設計的結果記錄下來**：各種設計方法提供了表示設計結果的方式，開發者也可以使用非正式的方法把設計的結果記錄下來，方便未來的檢查與修改。

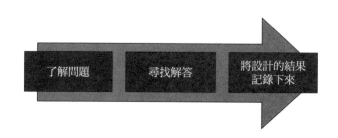

　　在傳統的軟體程式設計過程中，往往沒有很明顯的設計步驟，事實上，各種資料模型、資料流程圖、程式結構圖等，就是系統設計的產物，只是系統的分析與設計的步驟之間沒有很明確的分野。

　　既然設計的工作具有創造性，顯然同一個應用系統會有各種可行的設計，在這種情況下，需求分析與系統設計的分野是有必要的，因為同樣的需求規格

可用來得到不同的系統設計，對於系統的修改與維護有利，要從一種系統設計轉換成另一種系統設計，反而要花更大的功夫；不過，需求分析的方法與設計的方法如果能有越密切的關連，則開發的過程會越順利。

6.1　軟體系統設計的程序

　　軟體系統設計的程序雖然有固定的步驟可循，但是最後的設計結果通常是反覆進行這些步驟逐步得到的成品，圖 6-1 畫出系統設計程序反覆的特性，從非正式的設計開始，逐漸加入細節與正式的描述，直到沒有修改或增添的必要，才算得到最後的設計結果。

新知加油站

軟體需求規格的確立是軟體開發過程中相當重要的一環，IEEE Standard 830（Software Requirements Specifications）定義了一些和軟體需求規格相關的項目，包括軟體產品的一般功能描述、特殊需求、外界的介面需求、功能性需求、效能需求、設計上的限制與軟體的特徵等。

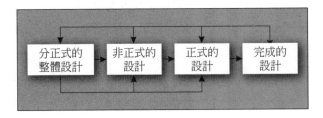

圖 6-1　系統設計程序的特性

6.1.1　不同層面的系統設計

　　通常系統的設計可以從不同的層面來描述，因此在設計程序中有很多步驟，圖 6-2 依序列出這些步驟，各步驟都會以之前的步驟得到的結果為基礎，產生更詳細的規格，最後得到的資料結構與演算法規格，其實就是程式的化身。圖 6-2 中的每個步驟都有其特殊的功能：

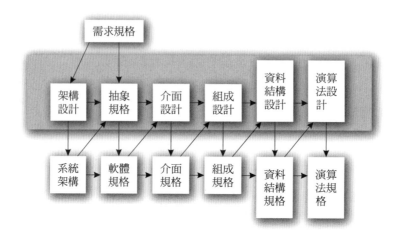

圖 6-2　設計程序中的步驟

1. **架構設計**（Architectural design）：訂出軟體系統所含有的子系統，以及子系統之間的關係。通常從這個架構中可以大致解釋系統作業的方式。

2. **抽象規格**（Abstract specification）：建立各個子系統的抽象規格，所謂的「抽象」（Abstract）是指這種規格的表示方式不受限於未來採用的工具或製作方式，而且屬於比較高層次的設計。

3. **軟體規格**（Software specification）：軟體系統的規格已經把系統各部分的功能確定，而且也針對作業環境及開發環境的現況做了必要的調整。

4. **介面設計**（Interface design）：子系統之間介面的設計，由於各子系統的功能都已經確定，介面設計可以直接呼叫這些功能，假設各子系統能正常完成所賦予的功能。介面規格（Interface specification）描述介面設計的結果，介面規格可看成是軟體規格的一部分，但提供的內容更為詳細。

5. **組成設計**（Component design）：子系統內各組成的設計，包括組成之間的交互作用。組成規格（Component specification）描述組成設計的結果，也是軟體規格的一部分，但對於子系統的描述更為詳細。

6. **資料結構設計**（Data structure design）：資料結構定義系統所用的各種資料，是系統製作時需要的資訊。資料結構設計所產生的資料結構規格（Data structure specification）是系統製作所依據的基礎之一。

7. **演算法設計**（Algorithm design）：演算法描述系統的邏輯（System logic），其實也就是系統執行的過程，演算法設計所產生的演算法規格（Algorithm specification），也是系統製作依據的基礎。

6.1.2　軟體設計與軟體的架構

通常在建立系統的架構時，會有一些必須克服的困難，因為從需求規格中雖可清楚地了解系統應有的功能，卻未提及這些功能該由哪些子系統（subsystem）來完成，而子系統間又該有什麼樣的關係。所謂的「由上而下」（Top-down）或是「由下而上」（Bottom-up）的設計，是一般人可參考的方式，因為子系統的結構如果用圖型（Graph）來表示的話，可能會像圖 6-3 一樣，子系統可按照某種次序分成不同的層次。

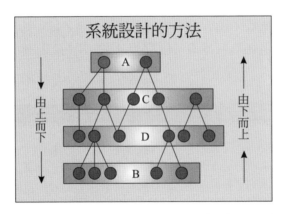

圖 6-3　以圖型（Graph）來表示系統架構的設計

在設計的時候，我們先完成某一層次內所有子系統的設計，再進入下一層次，所以 A → C → D → B 的順序就代表由上而下的設計，而 B → D → C → A 的順序則代表由下而上的設計，採用哪種方式會和設計的方法有關，只要得到了系統的初步架構，就可以依循圖 6-2 的程序進行更詳細的設計。設計所得的結果將記載於各種規格文件中，這些結果代表從各種角度來看系統的特徵，也可稱之為「系統模型」（System model），常見的系統模型包括：

1. **資料流程模型**（Data flow model）：描述資料的流程，可看到資料在各子系統的進出狀況。

2. **實體與關係模型**（Entity-relationship model）：資料庫領域中有名的資料模型，描述應用系統裡的實體（Entity）及實體間的關係，而實體的涵義很廣，只要是應用系統用到的人、事、物，甚至於抽象的觀念，都可用實體來表示。

3. **結構化模型**（Structural model）：描述軟體系統內的各組成，以及這些組成之間的交互作用。

所產生的系統模型也和所用的設計方法有關，以物件導向的設計方法為例，會產生物件的結構圖，顯示物件本身的定義與物件之間的關係，同時也會產生類別結構圖，顯示類別之間的繼承關係。

用來描述系統模型的表示法包括圖型的表示法、以語言來表示的方法，或是以非正式的方式加以說明，不管用哪一種表示法，所得到的都是系統設計的結果，除了能告訴我們系統的詳細組成及功能之外，最好也能記錄一些和設計方式相關的資料，例如為何採用某種設計方法、潛在的設計問題、未來系統維護的考量等。

 學習活動

假如寫軟體和蓋房子真的是很像，那麼蓋房子的時候考慮的一些問題是不是在寫軟體時也有類似的情況？例如地基穩固與否、鋼筋骨架牢不牢，是否有偷工減料等，只是在軟體工程中，要怎麼樣來描述比較恰當？

6.2　軟體系統的架構與軟體設計

通常比較大型的軟體系統可以依功能分成較小的子系統，子系統之間有各種交互作用，一起達成原先軟體系統所被賦予的任務。所謂「軟體架構設計」（Software architectural design），主要的工作就在於建立子系統所形成的結構，描述子系統的功能以及子系統間的交互作用。架構設計最好在進行系統細部設計之前完成，從架構設計中可以看到軟體系統的主要結構，使隨後的設計工作不致像瞎子摸象一般不知系統的整體性。系統架構設計包括下面幾項主要的工作：

1. **系統結構化**（System structuring）：找出系統如何分成子系統的組合，子系統間的交互作用形成系統的結構。

2. 控制模型化（Control modeling）：了解軟體系統如何啟動與結束，以及運作過程當中系統各部分的控制關係（Control relationships），例如某個子系統的功能由系統的哪一部分來觸發。

3. 模組式的分解（Modular decomposition）：將子系統更進一步地分解成模組（Module），子系統可看成是一個功能完整而獨立的軟體組成，模組則與其他模組之間有各種關係，不是獨立的軟體組成。

　　很多軟體系統在運作上會被要求保持高可用性（HA，High Availability），有時也稱為「備援」，簡單地說，就是希望軟體系統發生問題時，能很快地有一個一模一樣的系統開始運作，降低因為系統停擺造成的影響。要做到 HA 的方法很多，在進行軟體架構設計時可以把這一部分的需求一併考慮進來。

6.2.1　系統結構化

　　最簡單的系統結構表示法是用所謂的「方塊圖」（Block diagram），每個方塊代表一個子系統，方塊之間的連線則表示子系統間資料或控制的轉移。方塊圖所能提供的資訊有限，有各種其他的表示法來形容系統的結構：

1. **依照資料共享的方式來描述系統結構**：各子系統可將共享的資料放在同一個資料庫中，也可以讓子系統各自擁有資料庫，須共享資料時再以交換訊息的方式共享。不管是哪一種方式，系統結構圖必須釐清資料共享的程序。

2. **依照資料所在的位置與資料處理的分配來描述系統的結構**：在分散式系統中，不管資料分享與否，其儲存的地點、管轄與處理的權責等，都將影響系統的結構。例如主從架構型的分散式系統，軟體程式將在分成不同的部分在不同的電腦上執行，資料也有可能分散在幾個地方。

3. **依照子系統之間的介面來描述系統的結構**：子系統之間存在的介面關係代表系統堆疊的方式，**最顯著的例子是所謂的「層次化結構」**（Layered structure），上層的子系統依賴下層子系統的功能。

6.2.2　控制模型化

從軟體的結構可看到各軟體成分組成系統的方式，但看不到系統控制的模式，所謂的「控制」（Control）指系統在執行時各子系統的功能被啟動或停止的控制，屬於執行期間的行為。例如主從架構中，伺服程式（Server）一定要比客戶端程式（Client）先執行，否則 Client 找不到能提供服務的 Server。常見的控制模型（Control model）包括：

1. **集中式的控制（Centralized Control）**：由一個子系統掌管控制的大權，類似傳統程式設計中的主程式，可呼叫副程式，轉移控制權，等副程式完成之後，再重掌控制權。圖 6-4 畫出兩種控制移轉的情形，第一種方式類似於主程式與副程式的關係，第二種方式可見於平行執行的父程序（Parent process）與子程序（child process）。圖 6-4 中的虛線顯示控制的轉移與產生。

2. **事件導向（Event-driven）的控制**：在集中式的控制模型中，控制的變化決定於系統的變數值，在事件導向的控制模型中，控制的變化決定於外來的事件（Event），視窗應用系統就是最好的例子，滑鼠指標與滑鼠按鈕的狀態可產生事件，觸發系統的功能。通常事件發生後，會有訊息送往子系統，讓子系統針對訊息的內容做適當的處理，訊息的發送有各種方式，例如以廣播（broadcast）的方式，或是依子系統的種類決定是否轉送訊息。

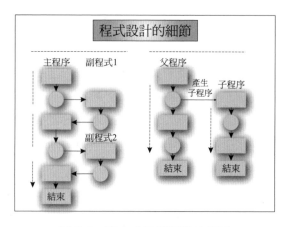

圖 6-4　集中式控制模型的例子

6.2.3　模組式的分解

把子系統進一步地分解成較小的模組，可以逐漸地強化軟體系統的細節，分散的方法很多，例如採用物件導向技術的話，子系統就可分解成互相溝通合作的物件，若是採用資料流程的模型，分解後看到的就是接受資料輸入與產生資料輸出的模組。至於該採用哪一種分解的方法，與軟體應用系統的特性有關，例如互動式的系統（Interactive system）就不宜採用資料流程的模型，因為資料輸出入的格式、時間與處理相當複雜，以圖型化的使用者介面來說，主要還是由事件（Event）來決定系統的行為。

除了上面提到的各種軟體架構的設計方法之外，有些系統的架構與其應用領域相關，故也稱為 Domain-specific architectural model，主要有兩大類：

1. **原生性的模型（Generic model）**：從現有的軟體系統中萃取共通的特性，使該模型能成為同一應用領域中其他軟體設計時的基礎，通常原生性的模型在設計的程序中可直接使用。

2. **參考模型（Reference model）**：以比較正式而抽象的方式來描述同一類的軟體應用系統，對於系統開發者來說，可以當做一種溝通的基礎。參考模型重視觀念的傳承，不見得能直接用在系統的設計上，例如網路方面的 OSI（Open System Interconnection）模型，就是一種參考模型，有助於釐清網路應用系統的各種問題。

6.2.4　軟體架構的類別

有些軟體工程的文獻會對軟體架構進行分類，其實在檢視一套軟體系統的架構時，可以從程式的層面來看，英文也稱為「architecture in the small」，所以會探討資料在不同程式間的流動，或是程式如何再分割成更小的程式。假如從比較大的系統之間的關聯的叫度來看，英文也稱為「architecture in the large」，就會著重在複雜的系統關係，例如分散式系統（distributed system），會有系統在不同的電腦上執行。下面列出幾種常見的軟體架構。

- **資料流的架構（data flow architecture）**：資料流程圖（DFD）就是從資料流的架構來看軟體的架構，描述各資料處理單位之間資料的流動。

- **獨立組成（independent components）的架構**：把軟體系統中同時運行的各獨立組成拿出來詮釋軟體的架構，這些組成之間會進行溝通。例如主從架構（client-server architecture）就是這一種類型的架構，伺服端程式（server）與客戶端程式（client）之間會互相溝通。網際網路瀏覽程式（Web）就是一種主從架構的系統。

通常建立在資料庫之上的應用也常被歸類為儲存架構（repository architecture），在同一個資料庫系統之上建立各種軟體系統協同運作。軟體架構的種類很多，也隨著資訊技術的變化而改變，像雲端運算（cloud computing）普及以後同樣也改變了人類對於軟體架構的思維，所以學習軟體工程的知識時需要時時了解創新資訊科技的發展。

6.3　軟體系統的各種設計方法

有了像圖 6-2 中的設計程序以後，要有設計方法的配合來進行軟體系統的設計，前面曾提到過建立系統架構時的困難，設計者必須從所選的設計方法中，尋求一種設計的策略，由簡而繁、由淺入深、由下而上或由上而下等方式，都各有優劣，必須看實際系統的性質而定。一般較常用的方法是從功能性的設計（Functional design）開始，從程式設計的觀點來看，函數（Function）或副程式（Subroutine）都具有特定的功能，所以進行系統設計時，可以從大體的功能架構開始，得到主要的幾個子系統，建立子系統之間的關係，然後再一一的進行各子系統的細部設計。

近年來物件導向的設計方法逐漸成熟和普及，軟體系統可看成是物件的組合，物件具有功能和資料，和函數類似，但是物件組合的方式和函數使用的方式不同，可利用物件導向的特性來簡化設計。不過物件導向的設計方法本身有很多選擇，目前有開發工具的輔助，可引導使用者進行系統的設計。

軟體設計的方法以產生品質良好的軟體系統設計為目的，有各種品質度量（Quality metrics）可用來評估系統設計的品質，通常一個良好的系統設計必須易懂、易維護、具有彈性，各子系統間要能合作密切，但相依性最好越少越佳。

我們下面所介紹的各種設計方法，提供系統設計的表示法與技巧，但不見得能確保設計的品質，設計者的經驗與技能對於設計品質的影響不可忽略。

6.3.1　函數導向的設計方法

函數導向（Function-oriented）的設計方法將軟體系統看成一群共享資料而有交互作用的函數（Function）。早期的程式設計就已經應用函數的觀念，或是所謂的副程式（Subroutine），基本上我們可以把一個系統的功能分解成各種細部的功能，每個功能對應到程式中的某個函數，圖 6-9 畫出函數導向設計的基本觀念，由於各函數執行時共用資料，設計時必須注意是否會因此而造成一些副作用。

通常函數導向的設計比較適用於共用資料少的應用系統，最好系統對於資料的處理方式不受之前一段期間所輸入資料的影響，因為在函數導向的設計中，共用資料是分享的，但是各 函數的內部演算方式是獨立的，假如共用的資料很多，而且資料在處理上會互相牽制，則軟體系統的維護會變得很複雜。

例如圖 6-5 中的 f_1 計算銷貨毛利，以銷貨所得扣除成本，銷貨所得不含稅，f_3 計算毛利率，以銷貨毛利除以不含稅的銷貨所得再乘以 100，f_1 和 f_3 共用銷貨毛利與銷貨所得的資料；假設為了方便使用者輸入資料，f_1 接受含稅的銷貨所得輸入，自動扣除稅額再計算銷貨毛利，而 f_3 也接受同樣的含稅銷貨所得輸入，計算毛利率時卻未扣除稅額，如此一來就造成帳面上的差異。在這個例子中，f_1 與 f_3 共用資料，當 f_1 對所用的資料做不同的詮釋改變內部運算時，沒有同時改變 f_3，因而造成問題。

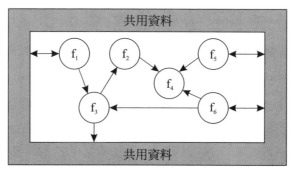

圖 6-5　函數導向設計的基本觀念

所幸多數的交易處理（Transaction processing）與商業資料處理應用中，系統要維護的共用資料不多，各函數在資料處理上的相依性不大，因此早期有很多軟體系統是在函數導向的設計下完成的。以自動櫃銀機（ATM, Automatic teller machine）的控制軟體為例，使用者透過 ATM 來查詢帳戶餘額或接受存提款的服務，圖 6-6 描述 ATM 系統的功能性設計，有點像程式設計時畫的流程圖，可以看到每個步驟所執行的功能。函數導向的設計有幾個主要的步驟：

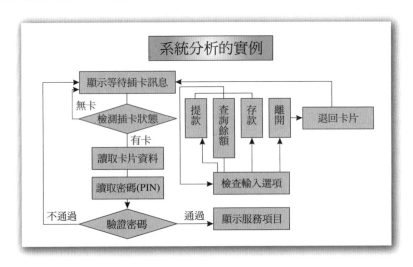

圖 6-6　ATM 系統的功能性設計

1. **資料流程（Data-flow）設計**：利用資料流程圖來描述資料在軟體系統中處理的過程，以及負責處理的函數。系統分析時所得到的資料流程模型可做為資料流程設計的基礎。

2. **結構化的分解（Structural decomposition）**：描述各函數如何分解成副函數（Sub-function），以圖型結構來表示。

3. **細部設計**：描述設計的細節，包括資料的定義與程式的控制結構（Program control structure）。

圖 6-7 畫出前面 ATM 系統的資料流程設計，我們以橢圓代表函數，長方塊代表資料來源，小圓形表示從使用者得到的輸入，或來自統的輸出，箭頭表示資料流程。圖 6-7 和圖 6-6 很類似，但多了資料的流程，程式設計時就可以很清楚地看到函數的資料輸入（Input）與輸出（Output）。完成資料流程圖之後，

我們可根據結構化分解的方法，把資料流程圖轉換成函數與副函數的結構圖，通常可從以下三方面著手：

1. **資料輸入的轉換**：資料的輸入、檢查、比較等處理，在功能性設計及資料流程圖中只是同一個步驟，在結構圖中要分解成各細部的副函數。

2. **資料輸出的轉換**：資料輸出的格式化與準備等處理。

3. **系統對於資料處理的轉換**：除了資料輸入與輸出的處理之外的任何處理，例如對資料庫的處理、數值的計算與排序等。在 ATM 系統的例子中，提款的函數實際上可分解成數個副函數，包括帳戶餘額的檢查、扣除提款數額、更新資料庫等功能。

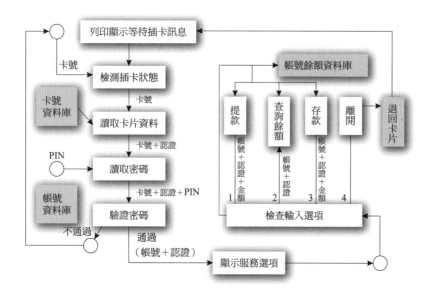

圖 6-7　ATM 系統的資料流程設計

　　完成結構性分解之後會得到更完整的系統所含有的函數種類，接下來的工作就是把各函數的功能設計出來，其實和程式設計的工作類似，可以用程式流程圖來表示各種控制結構，例如 if-then-else、while、case-of、do-until 等。從以上的介紹我們可以發現函數導向的設計和一般人進行程式設計與撰寫的過程類似，雖然函數共享資料的特徵會造成一些限制，但是這種設計的方式簡易，也是很多傳統系統（Legacy system）採用的設計方法，資料流程圖與程式流程圖仍是一般常用的設計圖示。

學習活動

以上所介紹的 ATM 系統的設計若是換成用物件導向式的方法來進行，會有什麼不同？試著自己描述一下物件導向設計會得到哪些結果？

6.3.2 即時系統的設計方法

即時系統（Real-time system）和一般的軟體系統不同，通常軟體系統有一定的運算邏輯，產生預期的結果，即時系統產生的結果必須在某段時間間隔內完成，才算成功。所以即時系統是否正常運作決定於兩個因素：產生的結果是否正確，以及結果是否能在時限內完成。**所謂的「即時」又有兩大類：**

1. **軟性即時（Soft real-time）：** 如果結果未能在時限內完成，會造成作業上的拖延或品質的降低。

2. **硬性即時（Hard real-time）：** 如果結果未能在時限內完成，代表系統作業上的錯誤或失敗。

圖 6-8 畫出即時系統的架構，感應器（Sensor）感測的資料送往即時系統處理，然後即時系統觸發反應器（Actuator）針對感應的資料做適當的回應，在控制系統（Control System）中有很多類似的應用。圖 6-9 畫出即時系統的控制程序，這一部分必須結合軟體與硬體功能，處理器上執行的程式就是即時系統的靈魂所在，從系統設計的觀點來看，即時系統必須考量下列幾個重要的因素：

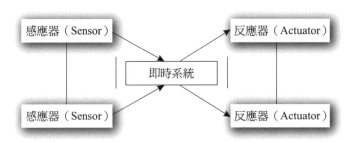

圖 6-8　即時系統的架構

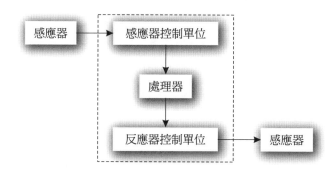

圖 6-9　即時系統的控制程序

1. 系統應該對哪些感應到的刺激產生反應，相關的處理包括哪些項目。

2. 對於應處理的感應及反應，有什麼樣的時控條件（Timing Constraint）。

3. 哪些感應及反應可合併處理或同時進行處理。

4. 設計處理反應及感應的演算法，同時預估處理演算法的時間是否能滿足時控條件。

5. 設計排程系統，確定即時系統下的每個程序（Process）都能在預定的時限內完成。

6. 所設計的系統必須能整合在一個管理與執行核心之下，也就是即時系統中管理資源分配與掌控程序執行順序的程式。

　　圖 6-10 畫出即時系統中軟體與硬體設計並行的現象，主要就是因為即時系統的功能與所用的硬體架構關係密切。圖 6-11 畫出即時系統管理與執行核心（或稱 Real-time executive）的架構，這個核心相當於即時系統的作業中樞，分配資源的使用，同時掌控程序執行的順序，所以圖 6-11 的陰影部分代表核心中的兩個主要成分，即排程程式（Scheduler）與資源管理核心（Resource manager），排程與資源分配是相當複雜的問題，

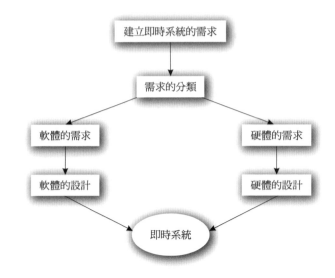

圖 6-10　即時系統的軟體與硬體設計

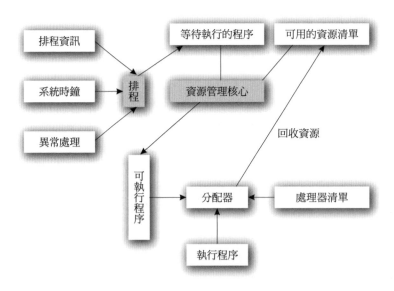

圖 6-11　即時系統的管理與執行核心

　　一般的電腦作業系統就必須處理這兩大類的問題。對於即時系統來說，傳統的軟體工程開發程序仍派得上用場，只是重點將在於與即時條件相關的特性，和一般的軟體開發不太相同。

6.4　軟體設計方法的實務

　　我們可以從開發工具所提供的開發環境來了解軟體設計方法的用途，**請大家以觀念上的了解為學習的主軸**，不見得一定要用過特定的軟體工具。整合性開發環境（IDE，integrated development environment）包括一般的功能選單，可容納多個視窗的工作空間，專案中的程式在編譯時發生錯誤，透過視窗中可以看到錯誤的訊息，以及發生錯誤的原始程式碼。編譯（Compile）、連結（Link）及產生可執行碼的工作是在製作及測試階段進行的，軟體系統開發初期，最主要的工作在於了解系統的需求。

　　雖然小型程式的在功能上十分簡單，但在類別的架構上，已經具有一個小型系統的規模，物件導向設計方法透過類別之間的繼承關係來提升程式碼與設計的再使用，對於程式設計者而言，必須了解這一層關係，才能看得懂原始程式碼，不過一旦類別的設計和定義完成以後，系統的結構就十分清楚，而且可以透過工具的輔助來進行管理。

　　有時候軟體開發工具實是層出不窮，讓學習者或是求職者十分為難，但是軟體開發的工作已經越來越專業，分工也趨向細膩，所以具有穩固的觀念加上豐富的開發經驗將是最大的本錢，熟悉新的開發工具時所花的時間也會比較短。尤其是物件導向的設計方法，其實在很多軟體工具中都有用到，而基本的觀念也是大同小異的。

6.5　安全軟體設計

　　前面曾經在第 2 章介紹了安全軟體發展的流程，其中安全軟體設計是這個流程中的一個重要的階段。假如本身的工作是在軟體開發的部門，一定要建議機構導入安全軟體設計，要導入就必須了解相關的標準、方法論與實務。

　　美國的國家弱點資料庫（NVD，National Vulnerability Database）的統計資料顯示 93% 的弱點是應用程式層面的弱點，一般的軟體系統開發都把重要放在功能面的達成，忽略了軟體本身的安全問題。在設計階段運用安全軟體設計的方法可以提高軟體品質，在設計階段排除問題的成本只有維護階段的百分之一，

這是 IBM Systems Sciences Institute 的研究結果，所以最好在設計階段先顧好資訊安全的問題。

微軟公司在西元 2004 年就開始發展 SDL（Security Development Lifecycle），是一種軟體開發的安全發展生命週期，包括 7 個階段、16 項必要實務活動與 3 項選擇性實務活動，圖 6-12 顯示 SDL 設計階段中的 3 個主要活動，可供一般安全軟體設計參考運用。

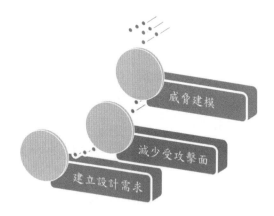

圖 6-12　SDL 設計階段中的 3 個主要活動

摘要

軟體系統的設計位於需求分析與系統製作的程序之間，有承先啟後的地位，要能有效地利用分析的結果，又要提對系統的製作有幫助，有些設計方法，例如物件導向的技術，對於軟體開發的程序有一貫的方法，開發者能有效地運用各開發程序產生的結果。有些設計方法特別針對某些系統的特質，例如人機介面的設計或是即時系統的設計。這些設計方法對於開發者而言，都具有引導的功能。

學習評量

1. 軟體系統的設計和一般的程式設計之間有何關係？

2. 程式設計中可以用資料流程圖（Data-flow diagram）或程式控制結構圖（Program control structure chart）來描述程式的內容，試從相關的書籍中找尋這些圖的表示法與實例。

3. 以軟體程式控制的方式而言，集中式的控制和事件導向的控制有何差異？

4. 人機介面設計和一般的軟體系統設計之間有何關係？

5. 即時系統的設計和一般軟體系統的設計比較起來，有哪些異同？

7

軟體系統設計的實務

使用者介面（user interface）的設計是非常重要的，因為不管軟體系統的功能有多麼強大，若是沒有好用的使用者介面，依然無法把功能發揮出來。使用者透過使用者介面來和資訊系統溝通、輸入資料、取得輸出，達到使用資訊系統的目的。俗話說：「garbage in, garbage out.」，字面上的意義是垃圾進垃圾出，對於資訊系統的設計來說，資訊是主要的輸入與輸出的項目，所以不應該是垃圾進垃圾出，應該說資訊系統要求精確與完整的輸入，得到的是品質高而有用的輸出，或者說輸出的品質會受到輸入品質的影響。要達到這樣的目標就必須做好資訊系統的輸入與輸出設計。

7.1　程序設計

在系統設計的過程中，我們對輸入、輸出、使用者介面、資料庫、互動等系統的組成都進行了設計，但是系統內部到底做什麼，反而沒有談到，這一部分的設計叫做系統的程序設計（process design），得到的是系統的內涵（system internals）。換句話說，輸入的資料在輸出之前經過的處理、使用者透過介面下的指令、資料庫的管理、平時的作業等執行的步驟，都應該在系統設計中詳細地描述，讓後面程式碼的撰寫能有所依據。

本書最後一章會稍微介紹一下大數據的導入對於軟體系統開發的影響，以數據分析來說，輸入的資料真的會包含一些 garbage，要經過適當的清理，否則不只是會影響輸出的結果，還有可能會影響系統運作的效能。

7.1.1　該進行設計還是該寫程式

系統分析與設計是軟體開發技術的一大變革，對於平常只管寫程式的人來說，一聽到要先進行分析與設計，寫一堆文件，肯定會先打退堂鼓。不過，我們知道系統分析與設計的精神在於讓軟體的開發系統化，有一些無法避免的要求，近年來有更多軟體開發的理論與技術出現，有可能讓系統分析與設計的結果跟最後完成的程式碼之間有更精確的對應，其中 MDA 就是一個相當另人注目的進展。MDA（model-driven architecture）代表軟體技術上的一種革命性的改變，在過去的經驗中，每一次軟體技術的重大變革都會帶來巨大的潛在影響與利益。

首先，我們可以從圖 7-1 來了解建模（modeling）與程式碼的兩極觀念，假如光有程式碼的話，整個軟體系統的設計會比較難以維護，正規的軟體開發程

序通常都會有分析與設計的過程，自然地為所要開發的軟體系統建立模型，相反地，若是光有模型而沒有程式碼，表示系統沒有真正寫出來，也不是好事。

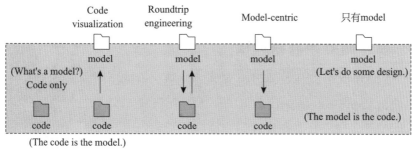

圖 7-1　建模與程式碼的兩極觀念

　　假如是在已經有程式碼的情況下試著去建立模型，則是為了讓軟體系統變得更好維護，再生工程（re-engineering）、重構（refactoring）與反向工程（reverse engineering）都有一點這樣的味道，至於有了模型再寫程式則是一般開發軟體系統的正常程序。

　　若是模型本身可以用來自動產生程式碼，節省大幅的軟體撰寫成本，就代表 MDA 技術的精神了，那麼是否有可能把現有的自動產生的程式碼改變以後，要求系統自動產生模型呢？這一部分就很困難了，以目前的發展來看，只要有辦法做到從模型自動產生程式碼，就已經是一種革命性的突破了。

　　不管是寫程式或是進行設計，都需要所謂的運算思維（computational thinking），這是解決問題的方法，其特點在於將問題以及解決的辦法以電腦能夠執行的方式來表達，所以運算思維包括設計電腦能夠接受的運算邏輯，以及把現實世界的問題對應到資訊處理的程序，運算思維包含了四大特徵。

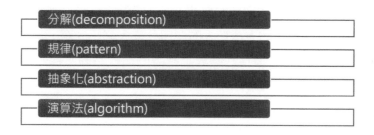

遇到問題時要有能力對複雜的問題進行拆解，嘗試找出規律，然後歸納出解決問題的方法，最後設計成電腦能接受並執行的演算法，這就是運算思維的主要特徵。

7.1.2 程序設計與開發流程

圖 7-2 顯示程序設計在開發流程中的位置，也就是實體設計（physical design）的地方，這時候已經有一些系統設計完成了，例如檔案與資料庫的設計，準備開始了解系統的細節與程式的結構。

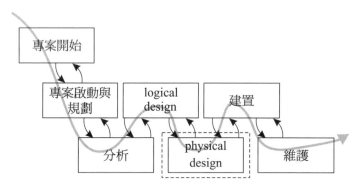

圖 7-2　程序設計在開發流程中的位置

7.2　系統的程序設計

之前在系統分析的階段中繪製的資料流程圖（data flow diagram）讓我們了解一個系統裡頭的程序，資料流程圖可以轉變成所謂的結構圖（structure chart），描述系統的程序設計（process design）。結構圖會成為系統結構的基礎，設計階段的結果會影響整個系統的建置，好的設計讓系統容易被了解與維護，通常一般人會透過模組化的方法把大的問題分成多個小問題，讓系統由多個小模組（module）所構成，撰寫程式碼或是維護時比較容易處理。通常這個階段的設計會考量一些相關的問題：

1. **如何得到好的設計**：例如結構化系統設計可以採用的模組化方法（modularization）。

2. **結合度（cohesion）**：要求系統的每一個組成能專注於一種功能，表示這個組成結合程度越高，裡頭的內容適合放在一起。執行單一功能的模組容易撰寫與維護。

3. **連結性（coupling）**：表示系統中不同組成之間的相依性，相依性越高表示連結程度越大。好的設計會要求連結性越低越好。

一般說來，軟體系統設計的原則是盡量讓結合度最大化，同時促使連結性最小化。這會影響所完成的軟體系統日後管理上的難易。

7.2.1 系統內部設計的產出

系統內部實體設計的結果通常會包括一些結構圖，以及系統組成的實體設計規格，表 7-1 列出系統內部設計的產出結果。除了系統功能的描述以外，還要記載每個程式的輸入與輸出、以及處理的邏輯。有了這些資料以後，寫程式就有了足夠的依據。反過來想，若沒有這些資訊，可能程式設計師想寫程式也找不到頭緒，因為沒有足夠的基本資訊，當程式變大的時候，設計的資料還可以幫助我們管理程式的結構。

表 7-1　系統內部設計的產出結果

項目	細項		
Structure charts	含有細分的階層（fully factored）		
	包括 data couples 與 flags 的詳細描述		
Module specification	輸入（input）		
	資料庫的規格		
	其他輸入（input）	online/batch	
		檔案（files）	
		其他模組（modules）	
	處理（Processing）		
	Pseudocode		
	Nassi-Shneiderman charts		
	輸出（Output）		
	檔案與資料庫的更新（Database and file update）		
	列印（Print）		
	其他模組（modules）		

7.2.2 結構圖

結構圖（structure charts）以階層的方式（hierarchy）來表示一個系統的組成，結構圖要描述的是系統或其組成的程式之間的關係，包括資料的傳遞，以及程式的結構。所以**結構圖裡頭可以看到系統如何分成多個組成的程式，以及程式的內部結構**，一般物件導向式的程式語言寫的程式則適合用狀態變化圖（state transition diagram）來表示。圖 7-3 顯示一個典型的結構圖。

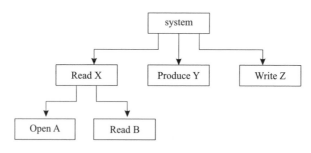

圖 7-3　結構圖裡頭的階層關係

結構圖中的模組之間會透過參數的傳遞來溝通，參數具有資料的型式，以資料鍵（data couple）或旗標（flag）來表示，資料鍵代表兩個模組之間交換的資料，用帶有箭頭線段的空心小圓圈來表示，箭頭的方向就是資料的流向。旗標代表兩個模組之間交換的控制類型的資料或是訊息，用帶有箭頭線段的實心小圓圈來表示。圖 7-4 顯示結構圖的慣用表示圖案。

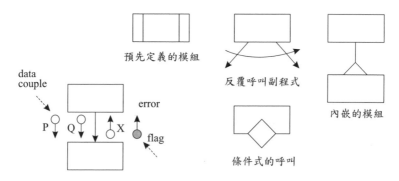

圖 7-4　結構圖的慣用表示圖案

模組（module）是形成結構圖的基本單元，一個模組代表一個完整的系統組成，有明確的功能。通常一個結構圖會以一個模組為開始的根基，下一曾的

模組則是這個根模組呼叫的模組。例如我們長用的一些軟體中的主選單畫面就像是一個根模組，子選單則是根模組呼叫的模組。

7.3 從資料流程圖到結構圖

結構圖是我們用來闡述系統設計的例子，在實務上未必真的會用到，通常會搭配所選擇的開發環境與平台，採用相關的設計方式與表示法，譬如後面章節會介紹的物件導向設計方法與 UML。結構圖可以從資料流程圖轉換過來，常見的轉換方式有兩種：轉換分析（transform analysis）與交易分析（transaction analysis），這跟資訊系統的類型有關，下面列出兩種資訊系統的類型：

1. **以交易為主的資訊系統**（transaction-centered system）：系統的主要功能在於將資料送往適當的目的地，進入系統的資料會先到交易中心，然後依照資料的型式送往系統內的其他地方處理。

2. **以轉換為主的資訊系統**（transform-centered system）：系統的主要功能在於從現有的資料產生新的資料，例如從學生各科成績可以得到平均成績。

我們可以從資料流程圖的結構大致判定所描述的系統是以交易為主的還是以轉換為主的，圖 7-5 顯示的是以轉換為主的資訊系統，通常會有一個程序接受多個資料來源，將資料轉換之後輸出一個或多個資料流。

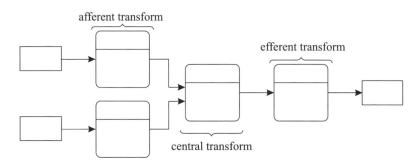

圖 7-5　以轉換為主的資訊系統（transform-centered system）

圖 7-6 顯示的是以交易為主的資訊系統，多個資料流集中到交易中心（transaction center），完成處理後再流向多個程序。當然在一個資訊系統裡頭還是可能同時有圖 7-5 與圖 7-6 的情況存在。

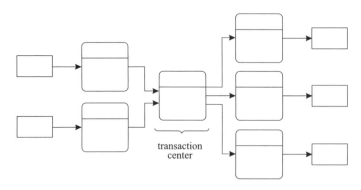

圖 7-6　以交易為主的資訊系統（transform-centered system）

7.3.1　轉換分析

　　轉換分析（transform analysis）可以在比較高的層次上進行，也可以在詳細設計的層次上做。以圖 7-5 的資料流程圖為例，先找到轉換中心（central transform），**這裡要注意資料流程圖中的程序與結構圖中的模組不一定會有一對一的關係**。圖 7-7 中的 boss 模組是所謂的協調模組（coordinating module），可以從 central transform 來思考，因為這個程序是轉換分析的核心。

　　確定了協調模組以後，可以針對原來資料流程圖中的其他資訊，用結構圖的表示方法來描述，例如資料的流向可以用 data couple 來表示。這樣得到的系統上層結構可以進一步地細化，把下層的細節也發展出來。

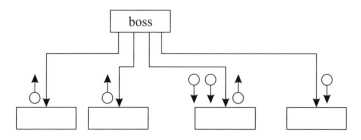

圖 7-7　轉換分析（transform analysis）

7.3.2　交易分析

　　交易分析（transaction analysis）跟轉換分析很類似，也是從資料流程圖開始，當成發展結構圖的基礎，不過現在的分析以交易中心為核心，圖 7-8 顯示的結構圖以資料流程圖的交易中心對應到一個交易中心的模組，這個模組可以分辨不同的交易型態，送交下一個層次的交易模組來處理。而實際的處理則在更下一層的模組中描述。

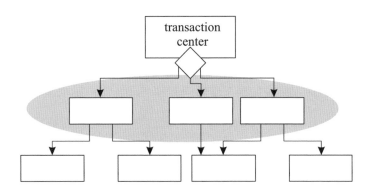

圖 7-8　交易分析（transaction analysis）

7.4　程序設計的指引

　　怎樣才算是好的程序設計呢？這是進行系統程序設計時必須思考的問題，基本的要求是讓完成的系統容易了解、容易撰寫與修改，所以在系統分析與設計的專業訓練中經常可以看到一些程序設計方面的指引：

1. **系統要有組織（factored）**：系統應該要有適度的分割，使模組大小合宜，同時維持高度的結合性。

2. **模組控制範圍（span of control）**：父模組最好不要有太多的子模組，增加系統的複雜度。

3. **模組的大小**：通常一個模組的程式行數目約在 50 到 100 行。

4. **模組的結合性（cohesion）**：模組內的指令應該只跟模組的功能有關，而模組本身的功能應該是單純的，而非包括多種功能。

5. **模組的共用**：子模組的功能應該盡量能夠讓多個其他的父模組共用。

● 連結的種類

連結性（coupling）代表系統模組之間相關的程度，通常在設計上希望這種相關性越低越好，因為若是連結性太高，則一個模組發生錯誤時，也會連帶其他相關的模組發生錯誤，修改模組時則造成相關的模組也需要修改。下面列出一些常見的連結：

1. **資料連結（data coupling）**：模組之間因為交換資料而產生連結，這種連結不是壞事，因為把資料當成模組的溝通方式造成模組的連動性不高。

2. **代印連結（stamp coupling）**：模組之間因為交換資料結構而產生連結，這樣的連結的壞處是讓系統變複雜了，因為資料結構有可能相當複雜。

3. **控制連結（control coupling）**：模組之間交換控制資訊而產生連結，如此一來，模組必須了解彼此內部的作業情況，這種相關性太高了。

4. **共用連結（common coupling）**：模組使用全域資料（global data），很多程式語言都支援這種用法，這種連結的問題是很多模組都可以對全域資料進行更動與讀取，一旦發生錯誤，會很快地擴散。

5. **內容連結（content coupling）**：這是最糟的連結，讓模組可以直接引用其他模組內部的內容。所幸多數的程式語言並不支援這種用法。

● 結合性的種類

模組內的執行指令與模組功能的相關性稱為該模組的結合性（cohesion），結合性高的模組中，所以的指令都跟模組賦與的功能有關，而且這種功能通常是單一的。下面列出常見的一些結合性：

1. **功能結合性（functional cohesion）**：功能結合性是指模組具有單一的功能，這是最理想的狀況。

2. **順序結合性（sequential cohesion）**：在順序結合中，指令之間的關係建立在資料上，不是建立在指令完成的工作上。前一個指令輸出的資料成為下一個指令使用的資料。

3. **溝通結合性**（communicational cohesion）：模組內指令的關聯同樣建立在資料上，不過不見得有順序的關係，所以前一個指令輸出的資料不見得會成為下一個指令使用的資料。

4. **程序結合性**（procedural cohesion）：模組內的指令因為執行順序的關係而結合在模組內。

5. **時間結合性**（temporal cohesion）：模組內的指令並不是因為執行順序的關係而結合在模組內，而是因為大約同時間執行才一起在同一個模組內。

6. **邏輯結合性**（logical cohesion）：跟資料或執行流程無關，只是指令有一些類同性或是屬於同一種類別。

7. **偶然結合性**（coincidental cohesion）：跟資料或執行流程無關，而且連其他關係都沒有，這種結合性是最糟的。

7.5　模組內涵的設定

結構圖記載了系統中模組形成的階層架構，並沒有描述模組內部的細節，尤其是模組內指令的執行細節，這一部分的內容可以採用下面幾種方式來描述：

1. **類程式碼**（pseudocode）：跟程式碼類似，但沒有像程式語言那麼嚴謹的語法要求。

2. **那西史奈德門圖**（Nassi-Shneiderman diagram）：以慣用的圖示來表達程式的執行流程。

7.5.1　類程式碼

「類程式碼」（Pseudo-code），它是一種介於程式語言與一般口語間的演算法敘述，假如能把一個問題的解決方式用類程式碼來表達，就可以很容易的轉換成電腦能處理的指令。下面就是一個類程式碼的範例。

```
Count=0;                    // 記錄不及格的人數
Red_flag=0;                 // 超過50人不及格則令紅旗為1
```

```
Open Student_record file;    // 打開學生紀錄檔案
Read Student_score;
repeat
    if Student_score>59
     Pass=true               // 及格的情況
    else { if Count>50       // 不及格的情況
      Red_flag=1
      else
         Red_flag=0;
      Count=Count+1;
    }
until EOF=true;
```

7.5.2　那西史奈德門圖

　　一般人對於程式的流程圖應該都有一些印象，在寫程式之前先把流程圖畫出來，可以幫助我們思考程式的邏輯，比直接讀程式碼要容易。那西史奈德門圖（Nassi-Shneiderman diagram）針對程式的流程圖畫法做了一些改良，同樣是用來描述程式執行的流程，圖 7-9 顯示那西史奈德門圖的表示方式，圖 7-10 則是那西史奈德門圖的表示範例，我們把原來前面看到的類程式碼範例用那西史奈德門圖來表示。

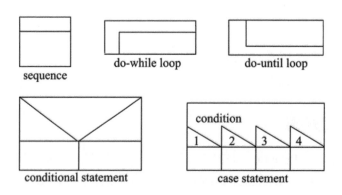

圖 7-9　那西史奈德門圖的表示方式

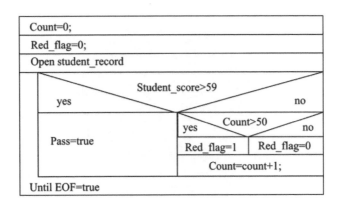

圖 7-10　那西史奈德門圖的表示範例

　　前面介紹的各種程序設計的表示法都可以找到一些 CASE 工具來幫助我們畫圖，這些工具提供慣用的圖示，使用者不必自己繪製，通常軟體還會做一些格式上的檢查，提醒可能發生的錯誤，當然這裡的錯誤是指圖示上的錯誤，不是程式執行上的錯誤。

7.6　使用者介面設計

　　廣義的說，使用者介面包括使用者與系統互動的螢幕畫面、使用者輸入資料的表單，以及系統產生的報表。在輸入與輸出的設計中，通常會考量資料輸入表單與輸出報表的設計，所以一般使用者介面的設計會比較強調螢幕互動的畫面。近年來資訊科技的發展對於使用者介面的設計產生了很大的影響，包括網頁瀏覽技術、行動裝置，以及雲端運算。網頁瀏覽技術與 HTML、CSS 等標準有關，由於越來越多的軟體應用系統以網頁瀏覽程式的環境為基礎，使用者介面的設計也連帶受到影響。

　　行動裝置普及以後，有專門在行動裝置上使用的軟體應用，也有一些軟體系統透過「響應式網頁（RWD，Responsive Web Design）」的技術讓系統可以在多元化的裝置上使用。雲端運算的影響是很特別的，以桌面虛擬化技術為例，使用者面對的是一個虛擬的環境介面，軟體系統在遠端執行。當然，下面介紹的各種原則、方法或是程序，在現在的軟體開發環境中依然有用，只是身為一個系統分析師或是軟體工程師，還是要熟悉資訊技術的變化，才知道該運用哪些合適的工具來進行開發。

7.6.1　使用者介面設計的程序與結果

　　使用者介面的設計是一種以使用者為中心的設計活動,因為成敗幾乎完全決定於使用者是否能接受設計出來的介面。在設計的過程中可能需要採用反覆設計的方法:蒐集資訊、建立雛形、評估是否好用,然後進一步地改進,必要時可能要反覆進行這些步驟。

　　圖 7-11 列出使用者介面設計的程序,一開始先了解使用者與系統互動的案例,然後從案例把介面的結構設計出來,包括所有的螢幕畫面、表單與報表,以及這些介面之間的關係;介面標準的設計(interface standards design)是為了讓介面的設計能具有一致性,系統多個地方用到的介面元件最好要有統一的設計。完成設計以後可以建立雛形,當做初步評估的基礎。

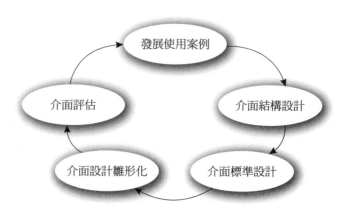

圖 7-11　使用者介面設計的程序

在設計的過程中,必須試著了解哪些人是使用者(who)?介面的用途(what)?使用的時機(when)?以及使用的方式(how)?設計的結果當然就是一個可以接受的規格,這個規格裡頭應該包括表 7-2 所列出來的資訊。

表 7-2　使用者介面設計的規格

規格的種類	規格的項目
一般的了解	介面的名稱
	使用者的特性
	介面的功能
	系統的特徵
	環境的特徵
介面與對話設計 (dialogue design)	表單與報表的設計
	對話順序(dialogue sequence)的設計
測試與好用性的評估 (usability assessment)	測試目標
	測試程序
	測試結果

一般的輸出與輸入設計也可以得到類似於表 7-2 的結果,不過對於使用者介面的設計來說,比較特別的項目是對話設計(dialogue design)的部分,因為當使用者與系統產生互動的時候,會從一個畫面跑到另外一個畫面,形成一種對話的順序,必須特別考量。

使用者介面的設計既然要以使用者為中心,當然要了解使用者是否滿意介面的設計,而且越早發現問題越好,因此使用者介面設計的程序中有一個評估的步驟,有下列幾種常見的評估方式:

1. **直覺式的評估**(heuristic evaluation):以使用者介面設計的原則為基礎列出清單,然後檢視介面是否符合設定的原則。

2. **逐項評估**(walk-through evaluation):設計者與使用者一起檢視使用者介面,嘗試介面各部分的功能,使用者針對這些展示提出改善的意見。

3. **互動評估**(interactive evaluation):由單一的使用者操作介面,介面設計者在旁觀察與記錄,使用者可以隨時提出改善的意見,設計者從觀察中也會記錄一些使用上的結果。

4. 正式的好用性評估（formal usability evaluation）：大型的商業化軟體通常會經歷所謂的好用性評估，通常也是一次針對一個使用者，但是進行的場所會有比較完善的設備，對使用者的使用狀況與反應有精確的記錄，甚至於包括鍵盤與滑鼠的點擊紀錄。

7.6.2 互動的方法

這裡談的介面是人與資訊系統互動的一種方式，互動的模式有很多種，一旦決定了互動模式以後，可能還需要特定的軟硬體來支援。下面列出 5 種常見的互動模式（interaction styles）：

1. 指令（command）：使用者透過指令的輸入來指揮資訊系統工作。這麼一來，使用者必須熟悉個種指令的用途。

2. 選單（menu）：使用者透過系統提供的選單來決定進行的工作，系統的所有功能透過選單來呈現。

3. 表單（form）：表單可以讓使用者輸入資料，常用於資料的輸入或是呈現。

4. 物件（object）：以呈現的物件來與使用者溝通，例如圖示（icon）就是一個很好的例子，圖示的外觀察可以暗示圖示本身所關聯的功能。

5. 自然語言（natural language）：自然語言的發展跟人工智慧有關，對於使用者來說，自然語言的互動方式是最自然的，但是目前的科技還沒有辦法很有效地設計出這樣的介面來。

互動方式需要搭配硬體的支援，一般輸入用的硬體是常見的互動設備，例如鍵盤與滑鼠，PDA 的螢幕可以直接透過手寫來輸入或點選，著名的電腦遊戲設備 Wii 更提供了跟使用者雙向互動的設備，比從前的遊戲搖桿更逼真。繪圖版、手寫板、觸控螢幕與麥克風等也都是互動的硬體設備。

7.6.3 人機介面設計的方法

所謂的「人機介面」（Human-Computer interface）指使用者用來和電腦溝通的媒介，軟體系統開發中的人機介面則專指軟體媒介，一般常稱為「使用者

介面」(User interface),事實上,每個軟體系統都會有使用者介面,例如指令迴路(Command loop)就是一種使用者介面,傳統 MS-DOS 的作業系統所提供的即為指令迴路型的介面。指令迴路可用於一般的文字介面,因為沒有顯示圖型的情況,在視窗的作業環境中,則是以圖型化的使用者介面(GUI,Graphical user interface)為主,現在的軟體系統的人機介面以圖型化的介面為主,原因如下:

1. **容易使用**:圖型化的使用者介面不須要求使用者記得指令的用途,只要懂得視窗的作業模式,就能很快地熟悉任何圖型化使用者介面的使用方式。

2. **多重視窗同時啟用**:一個視窗代表使用者和系統溝通的一個窗口,由於在視窗作業系統下可同時開啟多重視窗,使用者能以不同的方式和系統溝通、和系統內不同的組成溝通、或是從不同的角度來看系統內各種資料的呈現。

3. **方便的操作方式**:指令迴路必須用指令來描述與系統溝通的每一個步驟,在視窗的環境中,滑鼠指標可迅速地點選螢幕上任何部位的資料或選項,在操作上比指令迴路簡易,而且很多圖型化使用者介面強調即看即得(WYSIWYG,What you see is what you get)的功能,不必列印出來就可預覽文件的外觀。

7.6.3.1 圖型化使用者介面的特徵

圖型化使用者介面有表 7-3 所列的幾項主要特徵,對於使用者而言,鍵盤與滑鼠是與系統溝通的工具,產生的事件(Event),例如按滑鼠左鍵兩下,將獨發某些事件程序,造成螢幕呈現資料的改變,或是系統狀態的改變。

表 7-3　圖型化使用者介面的主要特徵

介面元件	特徵功能與用途
視窗(Windows)	顯示資料、輸出輸入的格式、應用程式的功能性介面
視窗管理程式 (Windows manager)	管理螢幕上視窗的大小、位置、顏色等特性
圖示(Icons)	以圖形代表檔案、程序等
游標(Cursor)	對應於滑鼠移動的一種螢幕指標

介面元件	特徵功能與用途
功能選單（Menus）	利用功能選項的方式讓使用者啟用系統的各種功能
圖形與控制項 （Graphics & Controls）	視窗內或螢幕上可看到的任何物件，具有屬性與可觸發的功能

7.6.3.2 使用者介面設計的原則

使用者介面的設計有一些可遵循的原則，一般都會希望這些介面能按照某種規範，或所謂的 User interface style，使操作的方式有固定的模式可循，例如視窗上按鈕（Button）的設計、文字編輯視窗的設計等，讓使用者不必經過特殊的訓練，就能掌握一些基本的用法。常見的介面設計的原則包括：

1. **畫面的配置（layout）**：螢幕畫面、表單或是報表呈現的內容要有適當的配置，一般的視窗會分成 3 個區域，最上面的區域含有瀏覽的功能，中間比較大的區域用來呈現主要的資訊，最下面的區域呈現一些狀態的資訊。假如區域區分的比較複雜，原則上要減少使用者視覺的大幅移動。

2. **對使用者的親和力**：介面的設計應符合使用者的習慣與背景，才容易被接受。使用者最好不需要多花額外的精力來學習或適應。

3. **對使用者的引導**：介面本身應含有輔助說明、範例、索引等資訊，引導使用者了解介面的功能。

4. **一致性（Consistency）**：使用者和介面溝通的方式應具有一致性，例如快按滑鼠鍵兩下代表啟動程式，則同樣的操作也要適用於系統的其他介面中。

5. **可回復性（Recoverability）**：介面要提供遇錯誤之後回復原狀的機制。

7.6.3.3 使用者介面的成員與內涵

使用者介面的設計要考慮到使用者與系統溝通的方式，然後以介面來扮演中間的橋樑，以文書處理的軟體為例，介面中呈現的主要資訊就是文件本身，使用者直接對文件的內容進行編修，除了一些編輯的指令外，不太需要額外的

功能，這種溝通的方式很直接，因為使用者隨時能看到所處理的資料以及處理後的結果。

除了這種直接處理的方式之外，早期比較常見的溝通方式有兩種，直接使用系統能接受的指令，即所謂的「指令介面」（Command interface），或是以文字為主的功能選單（Menu），這兩種方式都逐漸併入圖型化的使用者介面中。

圖型化的使用者介面利用畫面上的物件，建立各種溝通的模式，例如有些應用系統提供的功能只有少數幾種，則所有的功能都可以一起列在畫面上，讓使用者直接點選，通常圖型化使用者介面中的物件也稱為控制項（Control），控制項提供了各種溝通的方法，表 7-4 列出一些常見的控制項與其用途，使用者介面的開發工具能幫助我們把一些控制項組合成一個可用的介面。

表 7-4　常見的控制項及其用途

控制項名稱	用途
欄位顯示（Display）	用來顯示各種資訊的欄位，所顯示的數值也可設定成由使用者編修
功能選單（Menu）	具有結構性的選項組合，選定後可觸發功能或完成某種設定
設定切換鈕（Switch）	提供預定的選項讓使用者從中選擇，並成為系統的設定
狀態標示（Status Indicators）	當系統執行某種功能時，顯示當時狀態的標示
按鈕（Buttons）	選擇後觸發某種功能的執行

雖然圖型化的使用者介面易懂易學，但在溝通方式的選擇上並不像指令介面那麼完整，因為要把所有可能發生的溝通全部呈現在同一個畫面上是不可能的，因此，圖型化的使用者介面可結合其他的介面設計來彌補其限制，例如指令介面可以成為圖型化介面的一個控制項，由使用者輸入指令，再由該控制項的功能來處理所輸入的指令。

不過，**一個好的使用者介面設計不宜過於複雜，系統的主要功能仍然要以容易使用為主**，同時要盡量把握圖型化介面設計的原則。每一種使用者介面元件的設計都會有一些特殊的考量與設計的技巧，以選單（menu）為例，常見的有彈出選單（pop-up menu）與下拉選單（drop-down menu），對於使用者來說會產生不同的使用經驗，選單的結構的種類更多，圖 7-12 列出幾種常見的選單結

構,比較複雜的資訊系統通常不會只用單一的選單,在設計選單的時候有一些需要注意的原則:

1. **文字的使用**:選單應該要有明確清楚的標題,指令的描述要貼切,大小寫並用,讓選單文字清楚易讀。

2. **組織**:遵循一致的組織方式,類似的選項盡量放在一起,相當的選項每次出現時顯示的文字應該要一樣。

3. **長度**:選單內選項的數目要適當,絕對不要超過螢幕的顯示範圍。

4. **選擇方式**:使用者的選擇與輸入方式要明確,最好保持一致性。

5. **特別標示(highlight)**:特別標示少用為妙,盡可能用在目前選用的項目上,或是用在目前不能選擇的項目上。

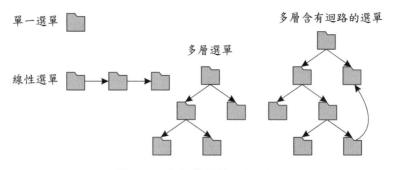

圖 7-12　幾種常見的選單結構

7.6.4　互動設計的考量

　　所謂的對話設計(dialogue design)是指使用者與系統之間完整的互動過程的設計,這跟單一的互動就有差別了,正式的對話設計的方式可以透過所謂的對話圖(dialogue diagramming)來進行,圖裡頭用方盒子來代表對話元件,含有3 個部分:

1. **上**:對話元件的辨識號碼。

2. **中**:對話元件的名稱與描述。

3. **下**:由此對話元件能夠引用的其他對話元件。

有了對話元件以後，就可以用類似於流程圖的方式來表示對話元件的順序（sequence），包括重複（iteration）與選擇（selection）的情況，讓看到對話圖的人能很快地抓住介面的結構。對話設計同樣有一些設計上的原則，例如一致性（consistency）、容易使用等。

7.7　輸入與輸出設計

輸入與輸出是每一個軟體系統都必須具備的功能，也是系統與使用者之間溝通的重要方式，硬體是輸入與輸出的媒介，必須提供好用性讓使用者能輕鬆輸入、同時清楚地看到輸出的結果。

7.7.1　資料輸入與擷取的方法

資訊系統必須取得資料才能進行處理，隨著資訊科技的進步，支援資料輸入與擷取的方法與裝置也越來越多元化，表 7-5 列出各種常見的輸入設備，鍵盤與滑鼠是一般人最常使用的，其他的輸入裝置也或多或少會在日常生活中經歷過。

表 7-5　輸入設備的選擇

輸入設備	說明
鍵盤	最常見的輸入裝置，透過按鍵輸入資料
滑鼠	移動滑鼠可以改變螢幕上對應指標的位置，與電腦系統互動
觸控螢幕（touch screen）	使用者透過接觸螢幕來與電腦系統互動
電話語音系統（touch-tone telephone）	使用者利用電話上的按鍵以及語音的提示進行選擇與輸入
掃瞄器（scanner）	透過光學或其他的方式來讀取條碼、文字與圖形等資料
資料搜集擷取的裝置	在工廠作業區、超商等場所運用的手持器具，用來讀取現場的資料
語音輸入裝置	透過麥克風與電腦的語音辨識功能來輸入指令或資料
圖形輸入裝置	透過光筆、圖形輸入板（例如手寫板）等裝置輸入資料
射頻自動辨識（RFID）	透過射頻來傳遞讀取資料

目前資料輸入的趨勢傾向於直接的資料擷取，降低人為輸入的需要，像掃瞄文件之後加以辨識轉成文字、自動射頻辨識（RFID）、條碼的掃瞄等，都讓資料的輸入大幅地自動化。觸控螢幕（touch screen）也是一種輸入的方式，不過主要的功能在於互動性。

7.7.2　電腦輸入的設計

輸入的設計包括發展出各種程序與規格，用來幫助資料擷取、轉換與輸入的完成。輸入設計的結果是為了達到以下幾個目標，讓使用者能有效地提供品質良好的資料：

1. **運用適當的輸入裝置與方法**：資料輸入的方式通常可以分成批次的（batch）與線上的（online）兩大類，批次的資料輸入是按時進行大量的資料輸入，線上的資料輸入是直接在與電腦系統互動的過程中輸入資料，好處是可以馬上驗證資料是否有效。

2. **發展出有效率的輸入程序**：資料從擷取到輸入的過程中可能會有一些瓶頸，在輸入的設計上必須盡量避免這些瓶頸發生。

3. **減少輸入資料的量**：降低輸入資料的量不但能節省人力，而且可以加速資料的輸入。有很多方法可以達到減少資料量的效果，例如只輸入必要的資料、使用代碼等

4. **降低輸入的錯誤**：資料量減少則錯誤的數量自然就會降低，除此之外，還有很多方法可以幫助減少資料輸入錯誤的發生，例如運用資料的編號順序、檢查資料值的範圍、檢查輸入資料的型態、檢查資料的有效性、檢驗資料是否合理等。

輸入設計包括哪些工作呢？首先是原始文件的設計，透過文件來取得資料，接著是決定資料輸入的方式，設計輸入資料的紀錄、設計資料輸入的畫面、設計使用者介面的畫面，以及設計稽查與安全的機制等。一旦確立了資料輸入的設計，未來系統開始使用時，就必須按照原來設計的輸入程序來進行資料的輸入。

7.7.2.1 原始文件的設計

　　書面的文件與表單仍然經常使用於各種商業活動中，記載著各種資訊，所謂的原始文件（source document）是指資料在輸入電腦之前用來填寫資料的書面文件，往往有保存的需要，因為上頭可能有簽章，成為原始憑證。原始文件在設計上應該要符合原來的使用需求、容易填寫、容易使用，實用而不虛華。一般人應該都常有填寫表單（form）的經驗，表單就是一種原始文件，設計表單的人必須思考希望從表單取得哪些資料、資料在表單上排列的順序，以及填表者是否能夠很輕鬆地完成表單的填寫。

7.7.2.2 輸入資料紀錄的設計

　　有時候大量的資料會以批次的方式輸入到電腦系統中，例如大學入學考試的報名表，輸入資料的人需要一面看著表單上的資料，一面在電腦上輸入，由於資料量很大，在設計上最好讓輸入的工作能順利地進行：

1. 一般人讀取資料的習慣是由左而右、由上到下，假如輸入資料紀錄的順序也是這麼安排，則資料輸入者在輸入資料的時候才會輕鬆一點。

2. 一份表單中可能包含了一些會重複出現的欄位，以及一些只出現一次的欄位，例如 DVD 出租的紀錄表單中客戶的資料欄位只出現一次，但是租借的 DVD 的資料欄位則會重複出現，則表單在設計上就必須考慮這樣的特性。

　　圖 7-13 顯示原始文件上的輸入資料紀錄，通常表單中的資料會分成幾個區域來呈現，主要資料區中的資料紀錄欄位重複出現，這是因為出差費用的項目通常都有很多筆。前面曾經提到過使用代碼可以減少輸入資料的量，但是這對於輸入資料的人來說，必須事先就了解這種情況，因此資料輸入表單的用法最好能有搭配的說明。

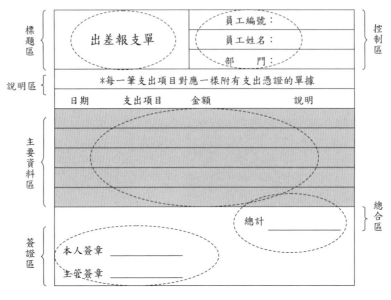

圖 7-13　原始文件上的輸入資料紀錄

7.7.2.3 畫面的設計

　　螢幕畫面的呈現通常有兩種主要的用途：呈現資訊，以及幫助使用者與系統互動。所以畫面的設計主要是指資料輸入畫面的設計與使用者介面的畫面設計，下面列出一些設計上的基本原則：

1. 螢幕上的呈現要避免擁擠。

2. 資訊的呈現順序要符合使用上的需求。

3. 畫面中資訊的呈現最好盡量保持一致的特性。

4. 畫面中顯示的訊息要清楚易懂。

5. 避免過度使用特效。

　　圖 7-14 顯示一個典型的資料輸入畫面的設計，專案編號可以透過系統自動提供，這樣就不會發生編號重複的情況。畫面中專案名稱是正在編輯中的資料欄位，所以畫面最下方有相關的輔助性訊息。專案現況使用代碼，所以有一行關於專案現況代碼的說明。指令按鈕則是讓使用者能夠改變編輯的資料紀錄，或是選擇離開該畫面。像這樣簡單的資料輸入畫面的設計，其實就包含了

不少必須注意的規範，有時候設計者自己可能不會發現一些設計上的缺失，但是一旦讓使用者用過，自然會發現許多需要改善之處。

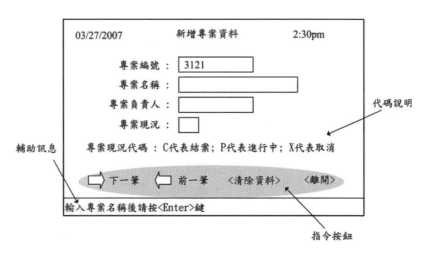

圖 7-14　資料輸入畫面的設計

通常我們會讓資料輸入者在可編輯的欄位上按照順序移動輸入游標，所以圖 7-14 的畫面出現時，輸入游標應該位於專案名稱的欄位上。使用者輸入了專案名稱之後，輸入游標會自動移到下一個欄位，即專案負責人的欄位。以下列出資料輸入畫面設計常考量的問題：

1. 原始文件上資料的擺放最好跟資料輸入畫面上資料的位置類似。

2. 盡量突顯出輸入欄位的位置與欄位的長度。

3. 假如欄位資料的輸入必須依照某種特定的格式，最好有提示的訊息。

4. 可以設定一個代表欄位資料輸入結束的按鍵，例如 <Enter> 按鍵。

5. 盡量避免讓輸入者輸入一些特殊的字元。

6. 輸入資料的格式最好能容許一些彈性，有預設值（default value）的欄位可以顯示出來。

7. 使用代碼的欄位盡量將代碼顯示出來。

8. 完成一個完整的表單資料輸入時，顯示一個訊息，讓輸入者確認資料的輸入或是取消輸入。

9. 提供輸入者在欄位之間移動的簡易方式。

10. 提供資料新增、修改、刪除與瀏覽的基本功能。

● 其他畫面的設計

早期有很多資訊系統需要讓使用者直接透過線上的操作來使用系統的功能，這時候會用到一些處理控制的畫面（process control screens）或是對話的畫面（dialogue screens）。選單（menu）是常見的處理控制的畫面，選單顯示多個處理的選項，讓使用者選擇。指令提示畫面（command prompt screen）則是常見的對話畫面，使用者在提示出現時必須輸入回應。

● 輸入控制

所謂的輸入控制（input control）是指各種用來控制輸入資料的正確性、完整性與安全性的方法。原始文件的管控要有一定的程序，輸入過的文件應該要蓋印，避免重複輸入。資料輸入的時間、資料存取的情況等資訊都應該列為稽查的紀錄（audit trails）。資料檔案的使用必須有驗證的機制，使用者要通過驗證以後才能對資料進行處理，這樣做是為了保障輸入資料的安全。

7.7.2.4 資料輸入設計的策略

在設計資料的輸入時有一些可以參考的秘訣，可以讓使用者滿意，同時也大幅提昇系統輸入的效率；例如資料應該在發生的時候就輸入系統，避免耽擱造成資料的遺失或錯誤、資料應該在輸入的時候就加以檢查、資料輸入的方式要盡量自動化、資料的輸入要掌控、重要資料的更動必須留下紀錄、同樣的資料只需要輸入一次、避免儲存媒體上資料重複的現象。

7.7.3 資訊系統輸出的種類

一般資訊系統最主要的輸出媒體是螢幕與印表機。通常在系統分析的階段就會決定所採用的輸出媒體，而且會影響後面的系統設計。印表機的輸出也常稱為硬拷貝（hard copy），螢幕的輸出則稱為軟拷貝（soft copy）。

　　表 7-6 列出一些常見的輸出設備的選擇，有時候資訊系統的輸出會成為其他資訊系統的輸入。輸出設備的種類越來越多，像 iPOD 就是相當受歡迎的影音輸出的裝置，現代人常用的手機目前也開始有更多的應用，在手機螢幕上呈現各種輸出的資訊，包括多媒體的影音訊息在內。對於使用者來說，輸出的呈現是資訊系統的重要功能。

　　資訊系統的輸出應該要清楚易懂、容易使用，而且使用者不必透過複雜的程序或技術來取得這樣的輸出結果，雖然這種目標聽起來不難，真正要透過輸出的設計來達成這些目標時，必須考慮到很多的因素，例如輸出的目的與用途、輸出的主要使用者有哪些、輸出產生的頻率、輸出使用的地方、使用者與系統之間的互動、輸出中含有哪些內容、輸出的媒體、輸出的格式，以及輸出的控制等，都是需要想到的輸出設計問題。

表 7-6　輸出設備的選擇

輸出設備	說明
印表機	最常見的輸出裝置，將輸出列印於紙張上
螢幕	在螢幕上呈現文字、圖形與視訊等資料，讓人瀏覽閱讀或觀賞
繪圖機	在繪圖紙上輸出圖形
語音輸出	以語音的方式傳遞訊息
特殊的裝置	例如自動櫃員機（ATM）可以產生螢幕的輸出或是列印帳戶餘額，或是銷售點系統（POS）印出採購發票

　　一般商店中的收銀機多半都導入了銷售點（POS，point of sale）系統，可以印出消費者採購的發票。自動櫃員機除了呈現各種功能選項之外，還可以針對用戶的要求呈現帳戶餘額，或是印出交易的明細。

　　其實不管是收銀機或是自動櫃員機，在使用的過程中也有很多資料輸入的狀況，例如商店掃瞄商品的條碼，輸入客戶購買的項目，或是銀行客戶在自動櫃員機輸入密碼，選擇交易的項目。這些輸入的設計跟輸出的設計所考慮的問題是不同的，目標也不一樣。

7.7.4 輸出的設計

最常見的輸出是報表（reports），報表的種類可以用內容來區分為細目報表（detail report）、特殊報表（exception report）與總結報表（summary report），假如以報表的散佈方式來分，則可區分為內部報表（internal report）與外部報表（external report）。

● 細目報表

細目報表（detail report）會印出每一筆資料紀錄，不過並不是所有欄位都列印，這一類的報表含有詳細的資訊，所以報表的篇幅也比較長。報表在設計上可以針對某些欄位來將資料紀錄分組，然後對同一組內的資料紀錄進行一些總計的計算。

● 特殊報表

有時候我們只對滿足某些條件的資料紀錄感興趣，這樣就不需要把所有的資料紀錄都列印出來，例如一般公司每個月可能需要列印加班單，由於不是每個員工都會加班，所以加班單屬於特殊報表（exception report）。

● 總結報表

細目報表裡頭的資料筆數太大了，要花很多時間檢視，總結報告（summary report）只印出總結計算的結果，可以讓我們很快地掌握重要的資訊，例如行銷部門的主管可能希望了解各地區產品的銷售總額，人事主管可能希望了解各部門加班的總時數。

● 內部報表與外部報表

內部報表（internal report）的使用範圍是組織內部，所以報表以實用為主，提供業務上即時的資訊。外部報表（external report）的使用範圍在組織之外，通常在外觀上要求比較高，需要展現正式而專業的形象，例如銀行寄給客戶的帳戶餘額單、公司行號的發票、支票等都屬於外部報表。

7.7.5　輸入與輸出的關聯

　　輸入是一個資訊系統取得資料的主要方法，輸出則是資訊系統展現結果的主要方式，在系統分析與設計的過程中，我們什麼時候會進行輸入與輸出的設計呢？輸入與輸出有什麼樣的關聯？在系統分析與設計的產出（artifacts）中，輸入與輸出的設計會出現在什麼地方？以何種形式來描述？這些都是在輸入與輸出設計時會遇到的實務問題。

摘要

　　資料流程圖是分析階段的產物，現在到了設計階段終於派上用場了，我們可以把資料流程圖轉換成代表系統設計的結構圖，結構圖出來以後，程式就呼之欲出了。這麼說似乎有點理想化，這樣的過程需要嫻熟個中奧妙者才能駕輕就熟，可能大家要問：現代的系統分析與設計方法中，資料流程圖與結構圖還用得上嗎？這是見仁見智的問題，像物件導向的分析與設計幾乎完全有一套完整的表示法，但是對於某些人來說，有些特定的表達方式還是比較習慣。

　　對於使用者來說，資訊系統的第 1 個印象就是使用者介面，不好用的使用者介面會馬上讓使用者產生挫折感，即使慢慢習慣了，可能還是會影響使用者工作的效率。所以雖然使用者介面並不是資訊系統的核心功能，但是在設計上還是非常地重要，不能輕忽。有時候在開發初期，使用者喜歡先看到系統介面的長像，所謂的「眼見為信」大概就是這個道理吧！

　　雖然輸入與輸出的設計似乎沒有很多理論上的探討，但是對於資訊系統的使用者來說，系統的輸入與輸出很可能是平時接觸最頻繁的操作，所以設計的好不好很重要。在分析的階段必須先確定輸入與輸出方面的需求，設計的時候可以依據這些需求加上設計的技巧來得到比較好的設計。至於建置的階段就有很多工具可以使用了！

學習評量

1. 試說明資料流程圖與結構圖的差異？

2. 系統設計工作的重點與目標是什麼？

3. 試運用類程式碼（pseudocode）的表示方式來描述一個計算階乘（factorial）的程式？

4. 從整個軟體開發的流程來看，主要的成本會花在哪個階段？

5. 試說明軟體設計中模組的結合性（cohesion）代表的涵義。

6. 試說明有哪些使用者與系統互動的方式？有哪些硬體支援這些互動？

7. 觀察一般的開發工具，有哪些視窗的控制項（controls）可以直接套用在使用者介面的設計中？

8. 試說明一個成功的使用者介面應該具備哪些特性？

9. 不同類型或功能的資訊系統是否採用的選單結構也會不一樣？為什麼？

10. 何謂對話設計（dialogue design）？對話設計有什麼樣的重要性？

11. 試說明使用者設計有哪些應該遵循的一般原則？

12. 試設計一個公司人事資料表格。說明這樣的表格在人工填寫上與進行電腦輸入時，使用上是否會有一些差異。

13. 請從網路上的網站找出 3 種不同的資料輸入表格，並比較其設計的方式。

14. 試列舉 5 種常見的報表。（提示：例如財務報表、薪資表等）

15. 一般的網頁應用在輸入與輸出的設計上有沒有什麼需要特別注意的地方？

16. 自動射頻辨識（RFID）技術的運用在資料輸入方面有什麼樣的影響？

17. 請說明運算思維（computational thinking）的定義。

8

物件導向軟體工程與開發實務

物件導向技術（Object-oriented technologies）是近年來在資料模型、系統分析與設計以及軟體工程等領域應用廣泛的新技術；**對於資料庫應用而言，物件導向技術有兩個主要的影響：應用系統的資料模型與應用系統的開發。**第一個影響來自於新興起的資料庫應用，像電腦輔助設計與製造（CAD／CAM），由於資料的結構複雜，不適合用關聯式的資料模型來表示，物件導向資料模型（Object-oriented data model）可以提供較佳的資料描述的環境與方法。

至於系統開發方面的影響則來自於軟體工程及圖型化使用者介面（GUI, Graphical User Interface）的進展，運用物件導向技術，能提昇軟體元件的再用率（Reuse ratio），設計圖型化介面時，就可以建立在既有的物件基礎之上，所謂的「快速應用系統開發」（RAD, Rapid Application Development）要靠現有軟體元件的堆砌才能達成。

TIP

物件導向技術以類別（class）與物件（object）的觀念為基礎，用來描述現實世界的事物，由於類別有強大的抽象化與描述能力，加上物件的互動與動態特性，使得物件導向技術能運用在許多的領域中，而且得到不錯的效果。系統分析與設計是物件導向技術應用的領域之一，也是我們下面要探討的主題。

以物件（Object）為基礎來描述各種事物有很大的彈性，既可以形容實體的物質，又能說明抽象的觀念。目前電腦作業系統中使用的視窗（Windows）環境，就算是物件導向技術的一種應用，視窗裡頭的物件包括按鈕（Button）、功能表單（Menu）等，可以使用滑鼠的指標來觸發其功能，這些視窗物件提供的視覺化使用者介面，可以完全用物件導向的觀念來詮釋。

物件導向技術應用得最廣的領域是在程式設計方面，所謂的「物件導向程式設計」（Object-oriented programming），就是運用物件導向技術來強化程式設計的效率；有組織地把這些技術轉化成軟體工程的工具，能節省系統開發的成本。**在程式設計領域的成功與經驗，使物件導向技術逐漸地被引入各種科技應用上，**例如目前常見的各種視覺化介面開發軟體、分散式系統、資料庫管理系統等。

　　物件導向技術對於電腦軟體與應用系統的影響最大，傳統的結構化程式設計固然也達到了簡化軟體開發程序的目標，但在效果上並沒有像物件導向技術那樣顯著。

8.1　認識物件導向程式設計

　　所謂的「物件導向程式設計」包括了「物件導向」與「程式設計」兩種技術的整合，在西元 1980 年代，物件導向技術影響了很多資訊科學的領域，產生的結果多半是正面的，其實物件導向的觀念起源得更早，只是到近年來才逐漸地被理論化和系統化，並導入各種領域中加以運用。

　　程式設計是很多人都曾有過的經驗，目的是要指揮電腦來解決問題，不同的程式語言往往提供了不同的解決問題的方法，而「物件導向程式語言」（Object-Oriented Programming Language）所提供的方法，就是建立在物件導向的基礎上。

8.1.1　從物件與類別談起

　　物件導向的程式設計是以類別與物件的觀念為核心的，一般來說，要談類別與物件的觀念並不需要使用任何的語言或軟體工具。物件代表我們所要描述的世界中的事物，類別把這些物件分門別類，事物之間有關聯，所以物件之間也會有各種關係與互動，任何的分類都會產生架構，所以眾多的類別也會形成類別的架構。針對一個問題分析以後得到的類別與物件就形成了問題本身的物件導向模型。這就是物件導向的基本觀念！

●「物件」是什麼？

　　比較正統的說法會以三個主要的特徵來描述物件（Object）：物件的身份（Identity）、物件的狀態（State）與物件的行為（Behavior），「身份」用來標示一個物件，可能是一個名稱或是號碼，「物件的狀態」指物件各種特性的現況，「物件的行為」則代表其功能，或是對於外來刺激會產生的回應。圖 8-1 是物件的圖示，通常物件的狀態不直接暴露給外部的世界，必須經由物件的行為來了解其狀態，這是物件導向中有名的「封裝」（Encapsulation）特性。

圖 8-1　物件的主要特徵

　　其實，從程式語言的觀點來看，物件的狀態要用資料或資料結構來表示，這些資料在數值上的變化就代表物件狀態的改變，物件的行為可以用程序（Procedure）來表示，也就是程式的片段，在物件導向的領域中，這些代表行為的程序常被稱為物件的「方法」（Method），而物件的狀態則慣稱為「屬性」（Properties 或 Attributes）。以 Java 程式語言為例，所有的運算都是以物件為核心的。

●「類別」是什麼？

　　分類可以將複雜的事物釐清，「類別」（Class）是用來將物件分類的，屬於同一類別的物件具有很多相同的特徵，從另一個角度來看，我們也可以說類別是鑄造物件的模子，物件則是類別的案例（Instance）。當我們定義新的類別時，可能會發現新類別的很多特性已經存在於現有的類別中，此時可以透過繼承（inheritance）的方式來定義新類別，新類別和舊類別之間就產生了 subclass 與 superclass 的關係，而實質上，新類別承繼了舊類別的定義，包括類別的屬性與方法。繼承的好處是「再用」（Reuse），軟體再用可提升軟體開發的生產力，類別繼承衍生出來的再用模式，使物件導向技術大幅地改善了軟體開發的效率。

　　在學習程式設計的時候，除了語法語意之外，得花最多功夫去了解的就是現有的類別庫（Class library），這些類別庫裡的類別除了定義一些屬性之外，還有含程式碼的方法（Method），透過繼承的語法，我們可讓新的類別自動具有既存類別的特性，不必再重新定義屬性或撰寫方法的程式碼，而且新類別能進一步地擴增或修改屬性與方法，讓程式設計者透過現有類別的再用來提升軟體開發的效率。當然，程式執行時真正在作用並展現功能的是物件，類別之間的關係形成了類別架構（Class hierarchy），物件之間除了承繼了類別之間的關係之外，應用系統的功能主要是靠物件之間的交互作用來描述的。

8.1.2　物件導向程式設計的基本觀念

經由物件導向程式設計寫出來的程式和一般程序導向的程式有很大的差異，程序導向的程式可以看成是一連串依序執行的程序的組合，物件導向的程式則是一群互動物件的組合，圖 8-2 簡略地畫出上述兩種程式設計觀念的特徵。

「物件」（Object）的概念是物件導向技術的核心，物件導向的程式可以看成是物件的組合，程式描述應用領域的世界，程式中的物件則代表實際的事物或抽象的觀念，圖 8-2 中物件之間的連結代表訊息的傳送，訊息會觸發物件內含的功能，而程序導向的程式設計中，程序間的連結表示程序執行的先後順序，除此之外，程序和物件在功能與結構上有很大的差異。

圖 8-2 所描述的比較接近程式在執行時期（runtime）的動態行為。光從靜態的程式內容可能還不太容易看出一個物件導向程式的特徵。以 Java 來說，Java 程式是以類別的定義為主，含有 main( ) 方法類別定義了主程式，程式中會利用類別的定義來產生物件，執行時期的活動是以物件為主軸的。物件的屬性代表處理的資料或是記錄的狀態，物件的方法是運算與系統邏輯的化身。

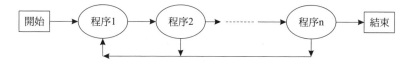

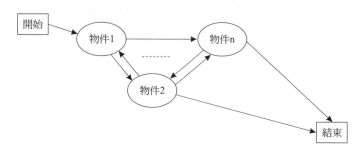

圖 8-2　程序導向與物件導向的程式設計觀念

● 程式語言中類別的觀念

物件導向程式設計的精髓在於類別（class）與物件（object）的運用，通常程式設計所產生的是對於現實事物的一種描述。一般人都能以口語的方式表達得很好，但是程式語言的描述往往更為嚴謹而精準，或許有人說這種描述太抽象了，很難意會。不過，電腦系統在目前的科技下就是得接受這樣的描述，我們姑且稱之為「抽象描述」（abstraction）。幸好抽象化能以簡御繁，程式語言自然具有支援抽象描述的能力，所用的就是類別與物件。

基本上，抽象描述針對的是所描述的物件，類別則實際地將抽象描述給定義出來，包括物件的屬性（property）與行為（behavior）的定義，類別所下的定義可衍生出很多物件。這些物件屬於同一種類別，而且表現出類別定義中的屬性與行為。屬性像是內涵，行為則像外在的表現，在 Java 裡頭，我們用程式變數（program variable）來定義屬性，行為用 Java 的方法（method）來定義。有時候屬性也稱做特性（attributes），行為也稱做操作（operations）。

類別定義出物件可提供的對外介面，表明物件可提供的服務，同時也定義了內部的實作（implementation），記載了詳細的操作步驟。從程式語言的觀點來看，外界可透過介面來呼叫物件內部的實作程序。

● 程式中物件的觀念

物件是類別的案例（instance），也就是說，類別像是建立物件的架構或模子，實際在 Java 程式中擔當大任的主要還是物件，不過在使用前，物件必須先被生產出來，物件的建立包括兩個主要的步驟：

一、參考變數（reference variable）的宣告（declaration）

物件的內容可多可少，當我們指名物件時，無法以其內容來分辨，因此，Java 採用物件參考值（object reference value）來指名某一個物件，有點像 C/C++ 裡頭指標和位址的觀念。當然，參考值還是得存在變數裡頭，在建立物件以前，我們得用物件參考變數來宣告物件在程式裡頭的名稱。

二、產生物件

　　這個步驟也叫做類別案例化（class instantiation），利用建構子（constructor）來產生類別案例，也就是物件。關鍵字 new 會指示系統傳回一個指定類別所屬物件的參考值，當做參考變數的值。由於建構子是一個程序（即一小段可呼叫執行的程式），物件產生過程中物件本身的一些成員是利用建構子的執行而建立的。宣告和案例化兩個步驟在語法上也可以合併在一起。由於物件移到記憶體之後占用了空間，最好能回收，在 Java 的環境裡頭，不再被引用的 Java 物件會被系統移除，這種程序就是有名的「垃圾回收」（garbage collection），這裡的垃圾其實是指物件所占有的記憶體空間。

● 物件的成員與類別的成員

　　物件是從類別的模子裡塑造出來的，既然物件是類別的案例，自然就擁有了類別中定義的屬性與方法，這些都是物件的成員（可稱之為 instance member）。不過，物件的屬性成員具有指定的值，方法成員則是同一類別的所有物件都一樣的，所以物件的屬性成員決定了物件的狀態（state），每個物件的狀態決定於其屬性成員所具有的值。類別可以具有不屬於任何物件的屬性成員，我們把它叫做靜態成員（static member）。靜態成員的處理可以透過類別名稱或是該類別的物件的名稱來進行。

　　程式語言中有一些術語是一般人常感到混淆的。圖 8-3 列出幾個很重要的名詞，案例成員和靜態成員是純粹在物件和類別的觀念中討論的說法，在 Java 語法裡頭，則是以案例變數（instance variable）、案例方法（instance method）、靜態變數（static variable）與靜態方法（static method）來表示。

　　若是從程式執行時所發生的情況來觀察，任何物件建立之前，其所屬的類別會先被系統載入（load），之後才能開始建立物件。利用物件參考變數來存取物件的屬性，或是呼叫物件的方法成員，至於**靜態成員的部分，可經由類別名稱來引用。若是透過物件來引用，基本上可以看成是所有物件共同的變數，假如某個物件修改了某個靜態成員的值，則其他屬於相同類別的物件都會看到這個改變。**

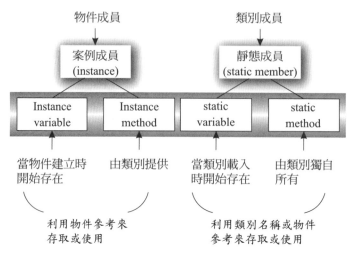

圖 8-3　與物件成員和靜態成員相關的名詞

　　程式中對於各種成員的利用，必須遵循語法與規則，通常我們可以透過方法的呼叫（method invocation）來觀察物件所表現的行為，所謂的「句點表示法」（dot notation）就是常用的呼叫方法的語法。

8.2　物件導向模型

　　物件導向模型以物件與類別的觀念為基礎，運用在資料塑模上的稱為物件導向資料模型（object-oriented data model），一般系統分析與設計裡頭用的物件導向模型比較強調類別的架構與物件的描述能力。

8.2.1　物件導向資料模型

　　資料模型可以用來描述應用系統，物件導向資料模型（Object-Oriented Data Model）以物件為基礎，具有繼承（Inheritance）、包裝（Encapsulation）與同形異功（Polymorphism）等特性。我們可以用類別（Class）與型式（Type）來分類物件，而物件本身的特性則是由屬性（Attributes）與方法（Methods）所構成的。圖 8-4 把物件與類別之間的關係描繪出來。這裡有幾個要釐清的觀念：

1. **根型式（root type）有什麼作用**：每個物件導向系統都會有一個所謂的 root class 或 root object，其實都可以看成是一種 root type，對於系統

來說，最簡單的看法是把所有的處理的東西 看成是物件，所以都是從 root type 衍生出來的，這樣可以簡化系統的設計。

2. **型式（type）與類別（class）有什麼差別**：一般把 type 看成比較抽象的定義，而類別則含有實作（implementation）的部分，當然不見得大家都有這樣的看法。

3. **類別與物件的關係**：類別是物件的定義，從另外一個觀點來看，類別是製造物件的模子。這個觀念要在物件導向的程式語言中比較容易體會，因為我們需要真正地去定義類別然後由類別的定義來產生物件，這是和其他的程式語言比較不一樣的地方。

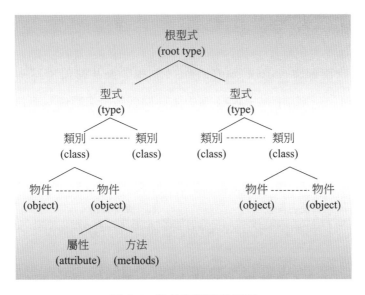

圖 8-4 物件和類別的關係

型式與類別的差異在於型式比較抽象，定義某一類物件的一般特性與行為，這些特性或是行為可能會因為詮釋的方法不同而產生各種類別。**所謂的根型式（Root Type）則是集合了各種型式的特徵，讓一般的型式可以透過繼承來取得共通的特徵，不必再重新定義。**某些型式之間，也可能有繼承的關係，形成所謂的型式架構（Type hierarchy）。物件可以看成是類別的具體化型態，直接對應到現實世界裡頭的實體或是概念。

物件的屬性及方法定義在所屬的型式與類別中，物件的內涵包括這些屬性或是方法的具體涵義或是數值。和關聯式資料模型比較起來，物件導向資料模型的特點在於描述複雜結構的資料，雖然關聯式資料模型的觀念簡單，對於複雜資料的描述不像物件導向資料模型那麼自然，而且常需要做昂貴的 Join。

學習活動

為什麼要學物件導向的觀念呢？跟系統分析與設計好像沾不上邊ㄟ？現在可能還看不出來，等到了解物件導向分析與設計的方法以後，就會知道物件導向觀念的重要性。

我們下面以一個簡單的例子來比較關聯式資料模型與物件導向資料模型之間的差異。圖 8-5 列出關聯式資料模型描述員工與部門關係的方式，而圖 8-6 則是以物件導向資料模型來描述相同的資料；在圖 8-5 中，主鍵值編號及主鍵值部門編號是用來建立表格之間關係的，員工編號的值可以代入工作關係表格，找到該員工所屬部門的編號，然後依此編號，在部門資料表格中找到部門的名稱及其經理。圖 8-6 則以部門物件和員工物件來表示相同的資訊，員工和部門的關係以各種指標（Pointer）來聯繫，通常指標所占的儲存空間和資料比起來很小，處理的時候效率較高。

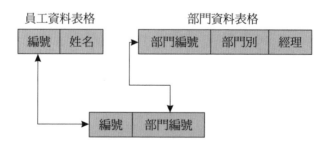

圖 8-5　員工部門關係的關聯式資料模型

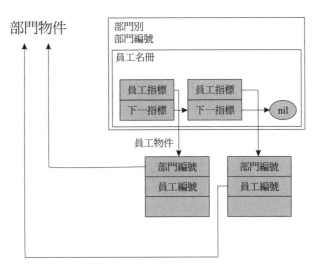

圖 8-6　員工部門關係的物件導向資料模型

　　程式語言的資料模型也可以描述結構複雜的資料；因此，**物件導向資料模型比較容易和程式語言結合，而關聯式資料模型則需要適當的轉換才能讓程式語言接受以表格為主的資料，而程式語言所描述的複雜資料也無法很自然地透過關聯式資料庫管理系統來處理，這種現象稱為所謂的 Impedance mismatch，代表關聯式資料庫系統與程式語言在資料模型上無法充分結合。**由於物件導向資料庫系統沒有 Impedance mismatch 的問題，所以對於複雜結構資料的描述與處理，在先天上優於關聯式資料庫系統。

　　以圖 8-5 的資料定義來說，只是很單純的資料表格，在程式語言中可用「集合（Set）」來表示，對於資料庫來說，這些集合可能代表了成千上萬個資料記錄的組合，以程式語言的觀點來看，任何的程式變數的值，都對應到主記憶體中某些位置的儲存值，但顯然資料表格中所有資料記錄全部載入主記憶體中，是不實際的做法，因為主記憶體的空間有限。物件導向資料模型和關聯式資料模型的另一個主要差異在於對資料的處理。

　　物件導向資料模型可以讓使用者對資料做巡弋式的（Navigational）的查詢，主要是透過指標（Pointer）來建立資料之間的鏈結；因此，不管資料的結構多複雜，經由指標所建立的查詢路徑，可以直接指向使用者所查詢的資料。至於關聯式資料庫系統所用的則是一種平行式的（Associative）的查詢，必須假設資

料是由相同結構的集合（Set）所組成的，這些結構不能是複雜的，要能由表格（Table）來表示。

　　以圖 8-5 及圖 8-6 中的資料為例，假設我們想知道在某部門內工作的所有員工的姓名，關聯式資料庫的方法是進行圖 8-5 中三個表格的連結（Join），再選取所指定部門內的所有員工姓名，由於資料表格可能相當龐大，鏈結的成本很高。物件導向資料庫的方式則是先找到所指定的部門物件，然後從員工名冊中的員工指標，逐一地找到對應的員工物件，從中取得員工的姓名，這就是所謂的巡弋式的查詢方式，在上面所舉的例子中，比較有效率。

8.2.2　物件導向的特性

　　所謂的「物件」（Objects），可以用來描述事物或觀念，圖 8-7 畫出一個物件的各主要成份，物件的狀態（State）內容物件的特性，環繞在物件狀態之外的灰色圓形代表物件的行為（Behavior），與這些圓形相連的介面（Interface）則是外界與物件溝通的唯一途徑；以上是物件的抽象觀念。

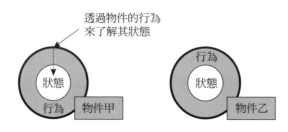

圖 8-7　物件的成份與結構

　　具體來說，物件可以代表各種事物，但是由於其基本特性的結束，使物件具有所謂「物件導向」的性質：

1. **包裝（Encapsulation）**：狀態必須經由介面與行為來了解，狀態的改變決定於物件的行為。包裝可以提供安全性，因為物件的狀態無法被外界直接控制；另一方面，介面可以簡化對於物件狀態的了解，因為外界不必了解物件狀態的細節。

2. **繼承（Inheritance）**：由於物件常有共通的狀態或是行為，把同類的物件歸納在同一個類別（Class）之下，可以簡化物件的定義。換句話說，類別是物件的定對，而物件則是類別的具體化，以程式語言的觀點來看，類別像是變數的型式宣告（Type Definition），物件則含有變數的實際數值。所謂的繼承是指相似的類別可以把共通點析出，變成一種新類別，原先的類別則可看成是繼承了這個新類別的特徵，再加上個別的特性。圖 8-8 列出類別與類別以及類別與物件之間的關係。繼承的好處是藉再使用（Reuse）來節省重新定義類別的成本。

3. **同形異功（Polymorphism）**：也可稱為多元性，指名稱相同的物件行為，具有不同的功能；這是因為在某些情況下，相同的行為會因物件其他屬性的不同而表現出不同的結果。通常同形異功的特性可以從物件與類別的定義看出來。

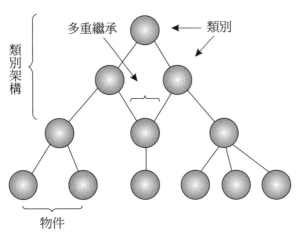

圖 8-8　類別與物件

 加深印象

物件還有一個很重要的特性，就是識別（identity），object 的 identity 是我們或者是系統辨認 object 的基礎，通常我們會說每個物件都有一個唯一的識別（unique identity），就像身份證一樣。

上述的物件導向性質，應用在各種領域中都可以得到很好的效果，尤其是在程式的開發與軟體工程方面。**嚴格地說，具備了以上的性質，才算是支援物件導向技術**，否則只能稱為以物件為基礎的系統（即 Object-based systems）。以資料庫系統來說，資料模型是運用物件導向特性較多的地方，要判定一個 DBMS 是否算是物件導向資料庫管理系統，通常可以由其資料模型看起，物件導向資料模型（Object-oriented data model）支援物件導向的性質，物件就相當於資料，而類別可以看成是資料的定義。以關聯式資料庫為例，物件就像是資料表格或是表格內的記錄，類別則相當於表格的定義。

思考問題

一般人比較好奇的可能是到底物件導向技術有什麼偉大之處，為什麼會那麼熱門？其實物件的觀念很早就有了，只是我們並沒有特別去強調，物件導向是觀念，在這樣的觀念下讓很多事情簡化了，例如 Java 語言提供了很多 class 的定義集合成 package，大家都能引用，熟悉了這些用途之後，會對物件導向的優點產生比較深刻的體認。

8.3　物件導向技術的應用

物件導向技術在程式設計（Programming）方面的應用最為廣泛，除此之外，在資料庫系統、電腦網路、人機介面等領域，也都可看到物件導向技術的應用，雖然應用的層次有所差異，但是物件的基本觀念是類同的，我們下面就來看看一些常見的應用。

8.3.1　物件導向技術在程式設計上的應用

所謂的程式語言方法論（Programming language paradigm）指程式語言所採用的基礎、原理與方法等。圖 8-9 列出幾種常見的程式語言方法論，以物件為基礎的方法論可以加上包裝及繼承等物件導向的特性，成為物件導向程式語言，例如程式語言 C++。物件導向方法論與資料庫的技術結合會產生物件導向資料庫的技術，也可稱為多重方法論（Multi-paradigm）的程式設計；所以圖 8-9 中的各種方法論都可和物件導向技術結合，產生各種特殊的程式設計方法，這也是目前的趨勢。

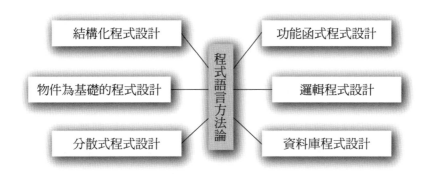

圖 8-9　程式語言方法論

8.3.2　物件導向技術在軟體工程上的應用

物件導向程式語言利用物件之間的交互作用來描述應用系統的行為，有別於程序性的程式語言以指令執行順序來描述應用系統的方式。換句話說，一旦物件的定義確定，就可以產生一個完整的應用系統。因此，物件能代表一個軟體系統裡獨立的一部分，複雜的系統用物件分成比較簡單的子系統，往往一目瞭然。

物件是類別的數值，類別含有物件的定義，透過繼承的關係，類別可以重複使用其他類別裡的定義，在程式設計上，這代表程式單元的再使用（Reuse）；對於軟體工程來說，類別組成的類別庫（Class library），可以做為程式再使用的基礎，再使用的方法主要有兩種：

1. **透過新物件的產生**：新物件繼承了其類別所定義的屬性與行為。

2. **經由類別間的繼承關係**：類別之間可以有繼承關係，一個類別的定義能來自數個其他的類別，這也可稱為「多重繼承」（Multiple inheritance）的關係。

透過物件導向技術所達到的軟體再使用率，比傳統的副程式的再使用方式要來得高，這是由於物件導向模型對於應用系統的描述非常自然而有彈性，尤其是類別與物件把程式的細節抽象化之後，我們可以很清楚地從物件導向模型看到系統的功能性架構，應用在軟體工程上，則變成大型軟體元件（Software

Component）的再使用，使大型的系統能經由分析後，把共通的軟體成份析出，然後再利用分工加速系統的開發。

8.4　物件導向軟體工程

我們可以往前追溯 1990 年代物件導向分析與設計的發展，筆者曾在 1994 年到 Minnesota 州的 IBM Rochester，AS/400 的總部，當時 IBM 也正要導入物件導向技術，發展 SOM（system object model），筆者所在的技術部門中人手一本 Booch 的大作，可見物件導向的熱潮。程式語言領域中物件導向觀念的發展大約在西元 1970 年代就有了，不過物件導向的分析與設計方法是到了 1990 年代才開始陸續地出現。（Fichman 1992）的論文對於 1990 年代初期的發展有相當清楚的介紹，UML 裡頭都有這些方法的影子。要認識物件導向的分析與設計方法，這是相當值得一讀的一篇文章：

- Fichman, R. G. et al. "Object-Oriented and Conventional Analysis and Design Methodologies," IEEE Computer, Oct. 1992, pp. 22-39.

傳統的系統開發方法大概可以從 1960 年代末期的 SDLC（systems development life cycle）談起，SDLC 把開發分成幾個階段，每個階段的結果可以當成下個階段的輸入。到了 1970 年代，開始有結構化的方法（structured methodology），目的在於達到有效的分析與穩定的設計，早期比較程序導向（process-oriented），不注重資料的模型，採用的工具包括 DFD（dataflow diagram）、ERD（entity-relationship diagram）與 state-transition diagram 等。1970 年代末到 1980 年代初開始強調資料模型，像 relational data model 與 ER model 都是當時重要的發展。

8.4.1　物件導向分析

在建立軟體系統的時候，通常都要先描述問題與需求，也就是所要解決的問題，以及軟體系統的功能。分析（analysis）的工作強調問題本身的探討，還沒到找出解決方法的地步。而設計（design）則著重於解決的方法，也就是軟體系統如何滿足原來的需求。所謂的物件導向分析與設計（object-oriented analysis and design）強調從物件（objects）的觀點來看問題（problem domain）與解決的方法（logical solution）。我們可以大致將系統開發的流程以圖 8-10 來表示。

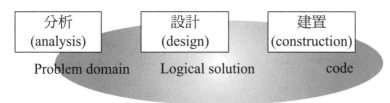

圖 8-10 開發活動的涵義

8.4.1.1 物件導向的分析方法

物件導向分析的主要目的在於找出問題本身精確而完整的表示與描述，1980 到 1990 之間發展的物件導向分析的方法很多，Bailin 提出 OOS（object-oriented requirements specification），Bailin 把 entities 區分成一些不同的類別，OOS 的方法包括 7 個步驟：

1. 找出問題中主要的 entities，這裡的 entity 就相當於 ER model 中的實體，跟軟體系統中處理的資料有密切的關係。

2. 區分 active entities 與 passive entities：active entities 會執行一些操作，比 passive entities 重要，建立 ERD（ER diagram）。

3. 建立 active entities 之間的 dataflows。

4. 將 entities 或 functions 再細分成 subentities 與 functions。

5. 檢查是否需要新的 entities。

6. 把 functions 在分配到新的 entities。

7. 將 entities 分配到 application domains，每個 domain 都建立一個 ERD。

OOS 的結果是 ERD 與一些 entity-dataflow diagrams，Bailin 的 ERD 可以支援繼承的概念，functions 則有封裝（encapsulation）的味道。Coad 與 Yourdon 提出的 OOA 是一個 5 層的架構，上層建立在下層的基礎上，包含 5 個分析的步驟：

1. 定義物件與類別。

2. 定義結構（structures）。

3. 定義主題區（subject areas）。

4. 定義屬性（attributes）。

5. 定義服務。

Coad 與 Yourdon 的 OOA 對於物件導向的特性有很明顯的支援，用語上也比較接近我們現在所知道的物件導向技術。Shlaer 與 Mellor 的方法來自多年的實務經驗，包含 6 個步驟：

1. 發展資訊模型（information model）。

2. 定義物件的生命週期（object life cycle）。

3. 定義關係的動態（dynamics of relationships）。

4. 定義系統的動態（system dynamics）。

5. 發展程序模型（process models）。

6. 定義領域（domains）與子系統（subsystems）。

上面介紹的這些分析的方法雖然都號稱是物件導向的分析方法，但是給人的感覺是彼此之間有很大的差異，對於一般人來說實在有點無所適從。即使是物件導向技術本身都有標準化的必要，當然在物件導向分析的領也需要有一致的標準化發展比較好。

8.4.1.2 物件導向的設計方法

Wasserman 等人提出 object-oriented structured design 的方法，對於系統架構的設計使用了相當詳細的表示法，當初有意要建立軟體系統的標準化的設計表示法，也就是所謂的物件導向結構圖（object-oriented structure chart）。Booch 是物件導向設計領域的先驅，Booch 雖然提出了一些設計上的技術與工具，但是並未堅持物件導向設計需要一個固定的流程，建議採用反覆（iterative）與漸增

的（incremental）的方式，結合非正式的技巧與正式的圖形來進行物件導向設計。Booch 很清楚地指出物件導向設計的 4 個主要的步驟：

1. **訂出類別與物件**：從問題本身的描述與了解找出可能需要的類別與物件。

2. **訂出類別與物件的涵義**：進一步地了解所找到的類別與物件，試著從物件的使用過程來建立類別與物件的涵義。

3. **訂出類別與物件的關係**：了解類別的繼承關係與物件之間的互動關係。

4. **實作（Implement）類別與物件**：建立類別與物件的細節，例如類別的行為、程式執行的位置等。

　　早期對於物件導向設計的方法並沒有標準化，所以各家的說法不一，但是有時候實質的見解差異並不大，Wirfs-Brock、Wilkerson 與 Wiener 發展所謂的 RDD（responsibility-driven design），RDD 把系統看成是一個 client-server model，系統由數個 server 組成，負有一些 responsibilities，依照 contract 提供 service 給 client。其實這些說法還是可以對應到一般的物件導向的用詞，例如 servers 與 clients 只是不同型式的 object，services 與 responsibilities 都是 methods，contracts 代表 objects 之間的 collaboration。圖 8-11 顯示 RDD 的 two-phase design，一共包括 6 個步驟。

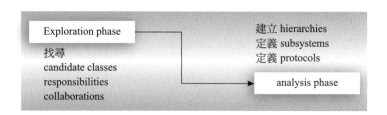

圖 8-11　RDD 的 two-phase design

1. **找尋類別**：從需求規格中萃取出名稱或片語來，找出可能的類別。

2. **找出 responsibilities 並指定給類別**：考量每個類別的角色與功能，從需求規格裡含有動作的部分來找出 class 的 responsibility。

3. 找出 collaborations：檢視每個 responsibility，看是否需要其他 classes 的 collaborations。

4. 定義 hierarchies：建立類別架構。

5. 定義 subsystems：畫出整個系統的 collaborations graph，將常用到而且複雜的 collaborations 當做可能的 subsystems。

6. 定義 protocols：詳細定義出 class、subsystem 與 contracts 的規格。

OOA 與 OOD 既然都各有系統化方法，而且也都是開發流程中的步驟，兩者之間存在著什麼關係與對應呢？基本上分析的工作注重使用者的需求與問題的描述，設計的工作則需要把需求實作出來，而且滿足成本、效能與品質等一般的需求。雖然 OOA 與 OOD 在開發流程上是明顯分開的階段，但是裡頭的工作內容有很多難以區隔的交雜之處，事實上許多分析模型的成員的確可以直接對應到設計模型的某些部分。在進行設計的時候，由於對於需求有更深入的了解，可以再回到分析的部分去進行一些調整。在這些思維下才會造成後來大家認為分析與設計的工作應該是反覆的（iterative）。

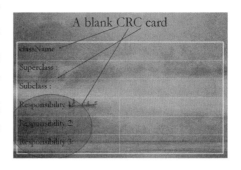

新知加油站

什麼是 CRC cards？CRC 卡片是一種記載類別資訊的方式，CRC 代表 class、responsibilities 與 collaborators。Responsibilities 記錄 class 的 attributes 與 operations，算是類別的基本資訊，Collaborators 是與該類別相關的其他類別。CRC 卡片資訊建立的過程就是一種系統分析的方法。

8.4.2 從 1992 到現在

物件導向分析與設計的方法繼承了物件導向技術的優點，分析的結果和設計的過程所需有很好的對應，在資料模型上也避免了像關聯式資料庫中正規

化（normalization）的複雜作業，因為由物件導向的 class diagram 產生的 data model 已經去除了很多正規化所不喜歡的資料關聯。

既然物件導向有這麼多好處，標準化的工作也就進行地很快，UML 是在表示法方面出現的標準，開發程序上則有所謂的 unified process。所以我們現在都會很自然地從需求分析工程開始，在使用案例（use case）的分析中試著找出 scenarios，也就是誰對什麼事物進行了何種作業，產生了什麼結果。在設計上則延續分析的結果，發展出詳細的類別架構、系統邏輯與使用者介面等規格。當然在整個開發過程中還需要軟體工具的輔助。

當然，並不是每個軟體開發團隊都會那麼深入地運用物件導向技術，但是物件導向的特性幾乎已經成為新興程式語言的特徵，例如 Python 也是支援物件導向的概念，對於資訊專業人員來說，物件導向的觀念是必備的背景。

學習的規劃

認識物件導向模型（object-oriented model）是很重要的，在跨入物件導向分析與設計的領域時可以先詳讀（Fichman 1992）的 paper，接下來就可以進入 unified process 與 UML 的學習，同時熟悉工具的使用。有資料庫系統背景的人要區分資料模型與一個系統模型之間的差異，簡單的區別法是把系統模型當做開發流程 macro cycle 的產出，而資料模型是 macro cycle 中的一個資料庫設計 micro cycle 的結果。記得 ER diagram 應該是一種系統模型的表示法。

8.4.3　物件導向分析與設計的另類思考

對於平時習慣寫程式的人來說，系統分析與設計似乎是太遙遠的理想了。其實我們可以從另外一個觀點來思考，一般的資訊系統呈現出來的是一個圖形化的使用者介面（GUI，graphical user interface），裡頭的功能可以用使用案例（use cases）來了解，而軟體系統開發的最終目的是要把程式寫出來。換句話說，就如圖 8-12 顯示的，我們想知道的是如何從現有的需求得到最後的程式碼，中間經歷的就可以看成是物件導向分析與設計的過程。

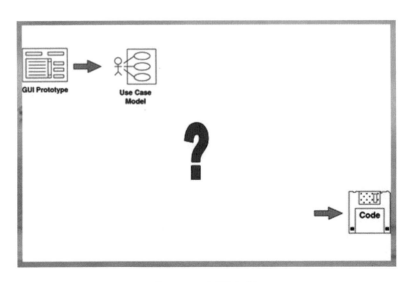

圖 8-12　倒過來想

在寫程式以前必須有詳細的類別圖（class diagram），以 Java 語言為例，只要有了類別的詳細規格，要寫出對應的 Java 程式並不難，所以在得到程式碼之前應該先有類別圖。

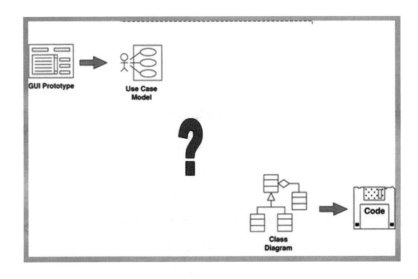

在得到類別的屬性與方法之前必須先了解類別的行為，UML 的序列圖（sequence diagram）可以記載這樣的資訊，而序列圖的基礎是使用案例，所以我們發現序列圖由使用案例模型而來。

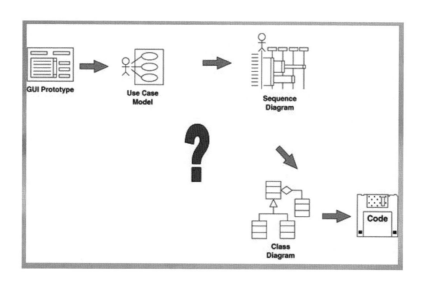

　　在繪製序列圖以前，必須了解哪些物件的作用對應到哪一個使用案例，以及使用者的反應與系統的功能之間的關係，這些資訊必須透過所謂的健全性分析（robust analysis）來取得。健全性分析是從物件導向分析進入物件導向設計的關鍵，我們會在本章後面介紹健全性分析的方法。在進行健全性分析的過程中可能還會發現更多的物件或是新的類別屬性，所以序列圖的建立不是一次就完成的。

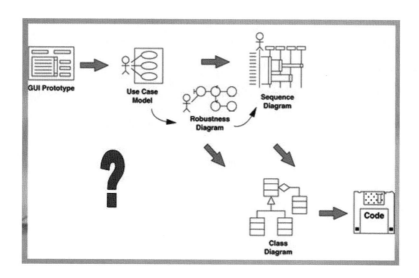

　　在進行健全性的分析以前應該對於軟體系統的一些事物都有適當的稱呼與詮釋，這表示要先有所謂的領域模型（domain model），領域是指軟體系統應用的領域，譬如說會計系統就是一種應用領域，談到會計系統通常都會有傳票、科目與過帳等觀念，這些觀念在軟體系統裡頭都要有對應的表達方式。有了領域模型以後，軟體系統內主要的類別與類別之間的關係就大致確定了。

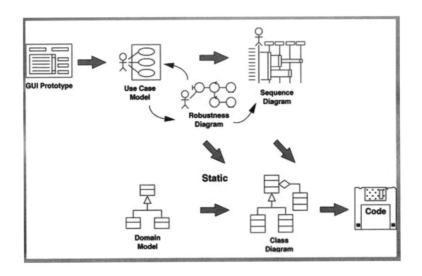

　　從上面的討論可以得到圖8-13中一個大略的物件導向開發的歷程，上半部屬於比較動態的部分，因為裡頭牽涉到軟體系統內物件的功能與互動；下半部屬於比較靜態的部分，因為類別的名稱與屬性一旦確立以後變動的機率不大。在分析階段進行的工作包括一開始的需求分析、使用案例模型、領域模型與序列圖，健全性分析是從分析階段到設計階段的關鍵。

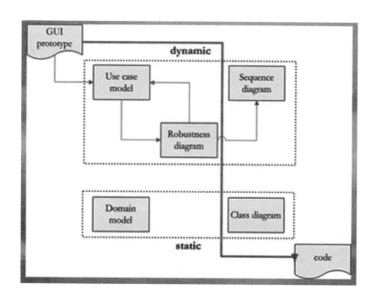

圖 8-13　一個大略的物件導向開發的歷程

8.5　一個比較標準化的物件導向分析程序

　　物件導向分析程序也是從需求的分析開始，接著是功能塑模（functional modeling）、結構塑模（structural modeling）與行為塑模（behavioral modeling）。以 UML 常用的圖形來看，在功能塑模的時候會針對商業程序（business process）建立活動圖（activity diagram），然後找出使用案例，畫出使用案例圖（use case diagram）；結構塑模的目標在於找出基本的類別、類別的屬性，以及類別之間的關係；行為塑模的目的是找出類別的行為，通常會繪製合作圖（collaboration diagram）或是序列圖（sequence diagram），這些圖也叫做互動圖（interaction diagram）。

　　這裡要特別注意物件導向分析與設計就是物件導向軟體工程的一環，前面提到的階段式的軟體開發程序，在採用物件導向技術時，就會經歷本章所介紹的方法。所以開發過程一樣會經過需求分析等階段，至於使用的開發工具，種類很多，也一直在變化中，通常決定於開發團隊的偏好。

● 需求分析

圖 8-14 顯示一段有關於軟體系統需求的敘述，當我們跟使用者或客戶進行面談的時候，這些文字很可能就是當時的紀錄。從字裡行間可以發現一些蛛絲馬跡，例如文法分析就是一個好辦法：

1. 名詞與名詞片語通常會成為物件（objects）或是屬性（attributes）。

2. 動詞與動詞片語通常會成為方法（method）與關聯（association）。

3. 所有格通常表示所形容的名詞是屬性而不是物件。

經過文法分析以後會慢慢得到一些跟應用領域相關的資訊，通常可以從中得到類別與物件的資訊，前面提到的 CRC 卡片也可以在這時候使用。在溝通需求的過程中，使用者會提到軟體系統的各種用途，可以從中找出使用案例。

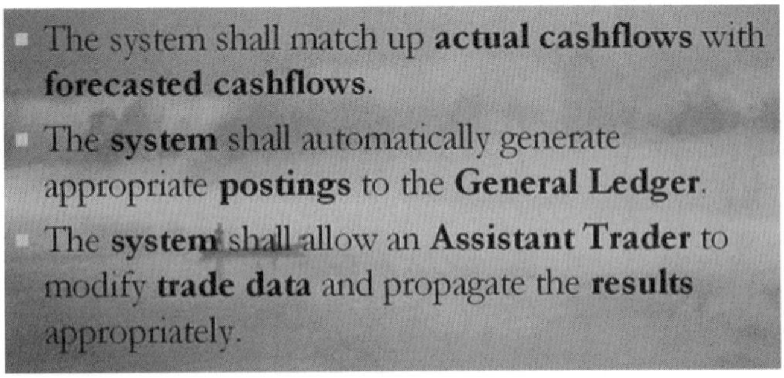

> ■ The system shall match up **actual cashflows** with **forecasted cashflows**.
> ■ The **system** shall automatically generate appropriate **postings** to the **General Ledger**.
> ■ The **system** shall allow an **Assistant Trader** to modify **trade data** and propagate the **results** appropriately.

圖 8-14　有關於軟體系統需求的敘述

● 使用案例塑模

使用案例塑模（use case modeling）是物件導向分析階段中相當重要的工作，附錄 A 會列出使用案例模型的實例，一個使用案例代表一種系統的使用方式，其實就是使用者與系統之間互動的關係，雖然只描述一個功能，但是使用者完成該功能的路徑可能不只一個，一個路徑就代表一個情況（scenario）。使用者在使用案例模型中可能扮演多種角色（actor），有幾種找尋使用案例的技巧：

1. 從圖形化使用者介面的雛形來尋找。

2. 從目前使用中的軟體系統來找尋。

需求跟使用案例之間的關係可能有很多種情況,一個使用案例描述一種系統的行為,而這行為來自需求衍生出來的一些規則。所以一個使用案例可以滿足一個或多個功能性的需求,而某一個需求也有可能需要一個或多個使用案例來達成。

● 領域模型

領域模型(domain model)是在結構塑模的過程中建立的,得到的結果是概念式的類別圖,前面提到的文法分析與 CRC 卡片都可以在這個階段派上用場。概念式的類別圖描述軟體系統使用的資料,以邏輯組織的方式來描述,所以不必詳細地探討資料的格式、儲存與處理的方式,在分析階段主要的目標在於了解軟體系統的商業程序,技術性的細節可以留待設計階段再探討。

● 行為塑模

行為塑模描述的是資訊系統內部的一些動態的行為,這些行為支援企業程序的運作,在分析階段只要知道相關商業程序作業的邏輯就可以了,不必詳細說明這些程序該如何製作出來。等到設計與建置的階段,這些操作的詳細規格就必須詳細地設定了。

8.5.1 從物件導向分析到設計

Rational Objectory Process 對於反覆式的與漸增的軟體開發方式訂出了一些原則,假如從開發的階段來看,就像傳統的開發過程一樣,包括需求工程、分析與設計、實作與測試等階段。若是從時間順序的角度來看,則可分成以下 4 個階段:

1. Inception:開始認識專案的需求。

2. Elaboration:規劃需要的資源與工作,訂出規格與架構。

3. Construction:以漸增反覆的(incremental iterations)方式建立系統。

4. Transition:提供給使用者。

假如把各階段的工作放到各時期來看的話，則需求分析集中在前 3 個時期，尤其是 elaboration 的時期，分析與設計、集中在 elaboration 與 construction 的時期，實作集中在後 3 個時期，測試工作集中在 transition 時期。以開發工作的性質來看，圖 8-15 顯示分析與設計工作的分野。

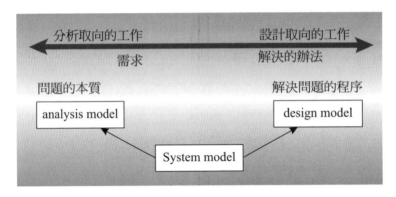

圖 8-15　分析與設計工作的分野

分析與設計工作是從需求的了解開始的，在了解需求的過程中可以一邊建立使用案例（use case），use case 是對領域程序（domain process）的一種文字的描述，UML 提供了 use case 的圖形表示法。Use case 記載使用者運用系統的方式，由於 use case 很多，代表使用者和系統的互動方式有很多種，圖 8-16 顯示 use case 所描述的內容。

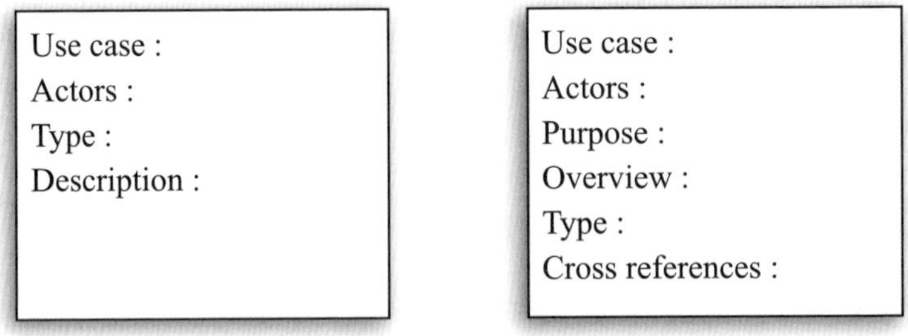

| Use case :
Actors :
Type :
Description : | Use case :
Actors :
Purpose :
Overview :
Type :
Cross references : |

圖 8-16　use case 描述的內容

8.5.2　從分析到設計的關鍵

回想一下前面所介紹的物件導向的觀念，應該可以發現圖 8-16 提供的資訊並沒有運用任何物件導向的技術。事實上的確是如何，只不過從 use cases 的資訊可以讓我們找出可能應該存在的類別與物件，以及這些類別與物件的特性，然後衍生出彼此之間的互動關係，這時候物件導向的觀念就進來了，所以物件導向技術的導入應該是很自然的，不需要特別改變開發的程序。

8.5.3　健全性分析

健全性分析（robust analysis）是物件導向分析與設計裡頭運用的技巧，目的是把分析的模型轉換成設計的模型。健全性分析的依據是使用案例模型，每個健全性分析的輸入為使用案例、使用案例的情況（scenarios）、使用案例對應的活動圖（activity diagram），以及領域模型。健全性分析的輸出通常以 UML 的合作圖（collaboration diagram）來記載，裡頭有 3 種主要的設計成員（design components）：

1. **邊界物件**（boundary objects）：用來描述系統與角色（actor）之間的互動。

2. **實體物件**（entity objects）：用來描述系統中經常存在的資訊（persistent information）。

3. **控制物件**（control objects）：用來描述對於其他物件的控制、安排，或是協調。

進行健全性分析時會先選擇一個使用案例，接著從使用案例中的活動找出相關的設計成員，也就是上面介紹的 3 種物件，畫出物件之間的關聯（associations），以訊息註明各關聯的涵義，這時候應該會得到合作圖，合作圖可以很自然地轉換成序列圖，有的支援 UML 的軟體可以自動將合作圖轉換成序列圖。圖 8-17 顯示健全性分析繪圖的規則與表示法。

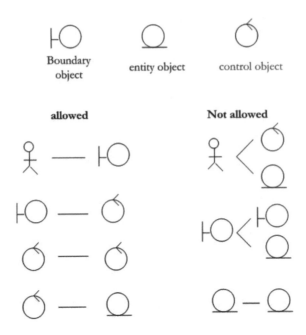

圖 8-17　健全性分析繪圖的規則與表示法

　　很多觀念、分析與設計可以用口語來解釋清楚,但是若能轉換成視覺化的表示法,會更容易讓人理解。所謂的「視覺化塑模」(Visual modeling)就是運用圖型來表達各種模型,以軟體系統的開發而言,所描述的為軟體的功能、架構、組成等特徵。到底塑模工具對我們的幫助有多大?以目前的發展而言,已經可以用視覺化的塑模工具做到相當精確的分析與設計,甚至於自動產生程式碼,或是將已經完成的系統,以反向工程(reverse engineering)的方式,重新建立各種描述系統的模型。未來網路與資料庫整合應用的軟體系統,勢必越來越龐大而複雜,視覺化的塑模工具將能有系統地從各種角度記錄與描述軟體系統的特徵,大幅地簡化系統開發與維護的工作。我們以 UML 為例,說明在物件導向軟體工程中使用 UML 來進行視覺化塑模的方式。

8.6　物件導向的設計方法

　　物件導向設計(Object-oriented design)以物件的觀念為基礎,把軟體系統看成是有交互作用的物件的組合,各物件具有特定的功能與內部的資訊。物

件導向設計從 1980 年代末期開始逐漸普及，圖 8-18 代表一個物件導向設計的結果，每個物件都具有狀態（State）與介面（Interface），狀態表示物件的資料屬性，介面則定義與物件相關的作業，透過介面可以了解或改變物件的狀態，當物件導向設計描述應用系統的事物時，物件就相當於各種資料項目。物件導向設計有下面幾項特徵：

1. **物件代表應用系統的事物**：物件是各種事物的表示方式，記錄各種資料，並提供其他物件各種支援與服務。

2. **物件具有獨立自主性**：物件本身的表示法與內涵由自己控制，可以和其他物件無關，物件內部的資料格式及表示法，也存在物件的內部。

3. **系統的功能由物件表示**：物件的行為定義於物件的介面中，這些行為決定物件如何分享其內部的資訊及如何與其他的物件溝通。所有物件組成的軟體系統，具備的功能即隱含於組成物件的行為中。

4. **資料封裝（Data encapsulation）**：物件的狀態必須經由物件的介面來處理，有異於一般的共用資料，所以物件可從介面的定義來嚴格限制對於其內部狀態的處理，這種特性就稱為資料封裝。

5. **分散性與同時性**：物件可分散在不同的平台上，執行可依照某種順序或同時執行，和一般程式的觀念不太相同。

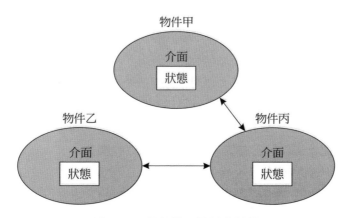

圖 8-18　物件導向設計的結構

物件導向設計是整個物件導向開發方式的一個環節，為了使物件的觀念可以通用於整個開發程序中，物件導向的開發過程包含了下面的幾個主要的步驟：

也就是說從分析、設計到製作，都可以運用物件導向的觀念與技術，表 8-1 歸納出物件導向設計的主要優點，有很多物件導向設計的方法都已經出現在軟體開發的輔助工具中，物件導向設計包括幾項主要的工作：

1. **物件的定義**：確定要使用哪些物件來描述應用系統的事物，定義這些物件的資料屬性與介面。

2. **物件的組織**：將物件分門別類，同時定義出物件之間的關係。

3. **物件的使用**：建立物件使用時的動態關係，了解物件的功能與物件之間的交互作用。

表 8-1　物件導向設計的優點

物件獨立自主，容易維護及修改
物件的變更，比較不容易造成系統的大變動
物件和應用系統之間有良好的對應關係
物件的再使用容易，可節省開發成本
物件導向資料模型的描述能力強
物件導向技術及工具的發展成熟而普遍

一旦物件的定義及物件之間的關係確定，就可以選擇某種程式語言將軟體系統寫出來，物件導向程式語言（Object-oriented programming language），例如常見的 C++，與物件導向設計之間有直接的對應關係，所以只要設計完成，系統的製作將十分簡易。**以物件為基礎的設計（Object-based design）與物件導向設計不同，物件導向設計加入了類別（Class）的觀念。**

8.6.1　從物件的觀點了解軟體系統的內涵

圖 8-19 畫出型式（Type）、類別與物件之間的關係，型式代表物件最抽象化的定義，但並不包括物件行為的內涵，只有名稱，類別則將行為或介面的內

涵（即 implementation）確立，物件是經由類別產生的，從程式語言的觀點來看，型式與類別有點像變數的定義（Variable definition），不占執行時的記憶體空間，也未具有實際的數值，而物件則像宣告的變數（Declared Variable），執行時有實際的數值，並占有記憶體的空間。

引入類別的觀念之後，可利用繼承（Inheritance）的方式來產生次類別（Subclass），因為有些物件極為類似，只有些許的差異，重新定義浪費時間，可直接定義子類別，重用父類別的定義，只針對不同之處加以修改。

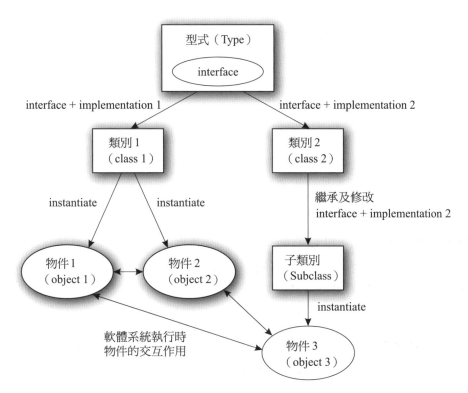

圖 8-19　型式、類別與物件的觀念

經由類別產生物件的過程叫做衍生（Instantiate），所以物件是其類別的實體（Instance），一旦產生了物件之後，每個物件都有唯一的識別（Unique identification），所以即使來自相同的類別，在系統執行時仍視為不同的個體，而這些物件的組合，就是一個軟體系統。

學習活動

物件導向式的程式設計與思考，和一般程序式的（procedural）程式設計有很大的差異，以 Java 程式語言來說，一個 Java 程式是類別與物件的組合，在這種情況下，物件導向式的程式設計和傳統的程式設計方式會有什麼樣的差別？這種差異會帶來什麼好處嗎？

8.6.2 發展軟體的架構

了解物件導向的基本觀念之後，我們下面就可以開始介紹物件導向設計的方法，圖 8-20 畫出物件導向分析與設計的主要步驟，由於物件來自類別，所以在需求分析完成後，應就系統的功能擇取主要的類別，在物件導向的設計裡頭，所謂的子系統就是類別的集合。

前面圖 8-19 中的首要設計步驟為架構設計，主要的工作就是定出子系統，既然能把類別定義出來，子系統的架構也就跟著產生了；每個類別各有其扮演的功能與角色，類別之間也存在著合作的關係。因此，圖 8-20 的第一個階段最主要的工作，是藉著對於應用系統的了解，以類別的定義來建立系統的模型。

設計初期可能只找出部分的類別，隨後找到的類別可能和已定義的類別有很多相似之處，但又不完全相同，因此可透過繼承的方式產生次類別（Subclass），次類別是由現有的類別衍生出來的，雖然重複使用了原類別的定義，但也擁有自己特屬的定義。繼承關係形成了類別架構（class hierarchy），通常在架構中的類別大致可分成兩大類：

1. **抽象類別（Abstract class）**：本身主要的用途在於定義其他的類別，也就是經由繼承關係產生次類別，不會用來產生物件。

2. **實體類別（Concrete class）**：主要的用途在於產生物件，含有物件的定義，既然執行程式必須有物件，當然勢必會用到實體類別。

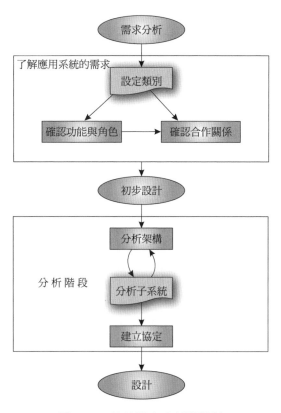

圖 8-20　物件導向分析與設計

　　圖 8-21 畫出的類別架構中，抽象類別集中在圖內的上層，實體類別則集中在下層，類別繼承的關係節省了類別重複定義花費的工夫，是設計再使用（Design reuse）的例子，但是類別架構的形成實際上有更重要的涵義，也就是在物件導向的設計過程中，抽象設計（Abstract design）可以看成是從實體設計（Concrete design）的共通性中萃取出來的，部分的實體設計則可看成是抽象設計的再使用加上適當的潤飾而產生的。

　　至於實際的設計是由圖 8-21 的下層還是上層開始，並無定義，前面曾提到設計程序循環的特性，真正的設計也有可能是兩邊同時進行的，一直到最後的結果令人滿意為止。因此，圖 8-20 的分析階段中，在分析子系統與分析架構的步驟間有一段小循環，主要就是讓設計的結果能在不斷的修正之下穩定。

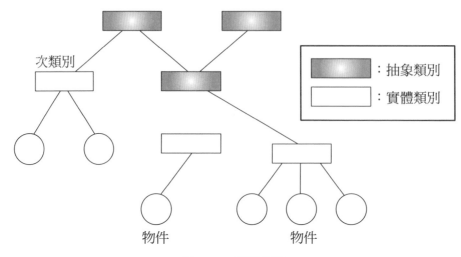

次類別

：抽象類別

：實體類別

物件　　　　　　　　物件

圖 8-21　類別架構

有了類別之後，接著要決定哪些類別可組合成一個子系統，雖然類別的定義已經足以形成軟體的規格，但是對於大型系統而言，引入子系統的觀念會使設計的結果更為清晰。依照類別之間的合作關係畫圖，可以幫助我們決定哪些類別「適合組合成子系統，類別與次類別的繼承關係也可一併列入圖中，完成子系統的判定之後，也同時得到子系統間的合作關係，或稱子系統間的協定，類別之間的合作關係則慣稱為一種契約。

有了子系統之後，就可以開始進行細部設計，子系統中有抽象類別與實體類別，抽象類別的設計很重要，因為抽象類別會被用來定義其他的類別，包括實體類別在內。有了類別的定義之後，就相當於有了程式中資料結構的定義，在物件導向的觀念中，程式執行時的行為決定於物件的行為與物件之間的交互作用，類別只存有物件的定義，執行時期並不扮演任何角色。

所以完成了類別的設計之後，要用類別來產生物件，物件本身具有來自類別的屬性與行為，在設計階段得到的子系統定義，現難可以印證在物件的組合上，而子系統間的協定（Protocol）則經由物件之間交互作用來完成，這些交互作用源於原類別中所訂的契約（Contract）。

8.6.3 產生可執行的軟體系統

產生了物件之後,在類別及子系統的結構下適當地組合物件,加上軟體系統的啟始與結束條件,就可以產生可執行的軟體系統。支援物件導向技術的軟體開發工具,大都有內建的類別庫(class library),軟體系統可利用內建的類別和開發者自行定義的類別來建立類別架構與子系統,然後透過開發工具的介面來產生應用系統的各元件,包括使用者介面、介面中的控制項物件、應用程式物件(Application object)等,最後再根據系統的組成產生可執行的程式碼。

8.6.4 導入 RUP 與 UML

UML 是物件導向系統與分析的標準化表示法,RUP(Rational Unified Process)則是與 UML 配合的軟體開發流程。圖 8-22 顯示早期 PowerDesigner 所支援的 RUP 開發流程,資料庫設計的部分主要集中在 micro cycle 的部分,當然整體說來,每個階段都有一些考量是與資料庫有關的。PowerDesigner 也支援反向工程的進行。

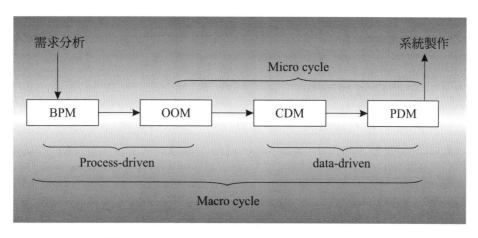

圖 8-22　PowerDesigner 所支援的 RUP 開發流程

8-7　塑模工具的魅力：UML

視覺化塑模是一種思考問題、尋求解答的方式，「塑模」（modeling）隱含著抽象化（abstraction）的能力，將一個複雜的問題析出條理，讓人易於了解，就是抽象化所要達到的目的。從系統開發的觀點來看，我們希望能從各種不同的角度將所要建置的系統抽象化，當做系統的藍圖。當然，塑模會使用精確的表示法，所以在實際的系統開發流程中，能和其他的工具結合，降低成本，提昇效率。

從軟體開發觀點來看，任何一個開發專案要成功的主因，應包括嚴謹的表示法、適當的程序與有效的工具；也就是說，在開發一個系統的時候，要能清楚地描述系統的功能與架構，同時知道在什麼步驟中該採用哪一種表示法，再加上適當的工具來幫助簡化開發的工作，這些都是很重要的成功因素。

我們下面介紹的塑模語言 UML，就是一種結合程序與工具的表示法，能比程式碼更有效地描述一個軟體系統，同時可以捕捉到具體而精確的細節，足以讓使用者進行分析、設計與推理，也可讓相關的工具做到一些自動化的處理。在實務上，我們建議大家透過網路上可以免費使用的 UML 工具來學習視覺化塑模的方法。

8.7.1　從開發程序談起

（Quatrani 1998）以圖 8-23 的觀念來說明一個軟體專案（project）成功的要素，假如光知道表示的方法（notation），可是不知道如何使用，也就是不知道程序（process），那就無從開始運用表示法。

假如有完整的 process，但是沒有系統化的表示法，則無法建立有效的溝通基礎。有了 notation 與 process，可是沒有輔助的工具（tool），還是可能失敗，因為缺乏文件化（documentation），對於大型的專案無法完整地管理與保存。

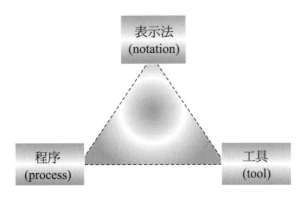

圖 8-23　Quatrani 的觀點

我們這裡所採用的軟體開發程序（process）是 RUP（Rational Unified Process），表達方式（notation）是 UML（Unified Modeling Language），而工具則是 Rational Rose 或是 Sybase PowerDesigner。在使用軟體工具時應該常常思考 UML 與開發程序（development process）的關係。Rational Rose 被 IBM 併購以後，IBM 對於開發程序的看法延續了之前 Rational 公司的發展，RUP 強調軟體開發的程序面，定義可以參考下面的原始敘述。

RUP and similar products , such as Object-Oriented Software Process（OOSP）, and the OPEN Process -- are comprehensive software engineering tools that combine the procedural aspects of development（such as defined stages, techniques, and practices）with other components of development（such as documents, models, manuals, code, and so on）within a unifying framework.（Sources : whatis.techtarget.com）

RUP establishes four phases of development, each of which is organized into a number of separate iterations that must satisfy defined criteria before the next phase is undertaken: in the inception phase, developers define the scope of the project and its business case; in the elaboration phase, developers analyze the project's needs in greater detail and define its architectural foundation; in the construction phase, developers create the application design and source code; and in the transition phase, developers deliver the system to users. RUP provides a prototype at the completion of each iteration.

8.7.2 視覺化塑模簡介

「視覺化」（Visualization）是最接近人類直覺的表示法，勝過千言萬語，「塑模」（Modeling）則代表系統化的方法，是理論與實際應用互相結合的基礎。UML（Unified Modeling Language）結合了視覺化塑模和物件導向分析與設計的方法，近年來逐漸成為一種軟體開發的新標準。而 Rational Rose 則是最先完整地支援 UML 的軟體工具，目前有很多工具都支援 UML。

8.7.3 UML 的歷史

物件導向分析與設計的理論在經過多年的發展之後，衍生出各種著名的方法，例如 Rumbaugh 的 OMT、Jacobson 提出的 OOSE，與 Booch 的方法，這些方法各有特色，也各有優劣，經過一段時期的融合以後，在多人的努力之下，訂定出 UML 來結合各家的優點，UML V1.0 版於 1997 年交付 OMG（Object Management Group），成為標準化的基礎。UML 對於分析與設計工作及表示法的標準化是多方面的，包括模型上、語法上和圖示等，由於接受 UML 的廠商越來越多，市場上開始出現支援 UML 的軟體工具。未來將可預見 UML 在軟體開發的領域中扮演重要的角色，網路上和 UML 相關的資訊有很多。

UML 提供了精確的表示法，對於一個軟體開發的專案而言，我們還需要一個嚴謹的開發程序（Development process），通常軟體的開發比較傾向於反覆性的（Iterative）步驟，主要的原因在於降低風險，在開發的初期先試著解決高風險的問題，逐步地擴大投注的資源，在這樣的原則下衍生出很多軟體開發的流程。Rational Objectory Process 就是其中之一，我們可以從兩個角度來探討這個流程

1. **時程**：軟體開發的流程分割成多個階段，包含反覆性的步驟。先設定目標，訂出細節，反覆地建置部分的系統架構，直到完成可交付的成品。

2. **實作**：包括需求的了解、分析與設計、製作和測試的工作，這些都是在軟體開發中會經歷的過程。每一項工作都有其特定的階段和時程，例如需求的了解就是從初步的溝通、規格的確定，到反覆的確認，最後才得到完整而正確的系統需求。

在每個軟體開發的階段中，都隱含了各種抉擇、調適和求證的過程，假如有關於系統的記載夠詳實，絕對能幫助我們在每個過程中做到最精確的管理與聯繫，使系統易於維護與修改擴充，而這正是 UML 能提供給我們的支援。

8.7.4　支援 UML 的軟體

UML 的標準語法會隨著標準化的過程而改變，UML 的軟體工具也同樣會持續地推陳出新，假如對物件導向分析與設計工作有興趣，應該要關心這些改變，讓自己能運用最新的觀念與技術。網路上可以找到很多支援 UML 繪圖的工具，大部分都能節省我們繪製 UML 各種模型圖的時間，但是對於開發軟體系統的支援有多少就有很大的差異了。

支援軟體開發的工具很多，大多數的工具都支援某種程度的視覺化表示法。早期 Rational Rose 是最有名的 UML 工具。Rational Rose 提供的就是一種視覺化的塑模工具。Sybase 的 PowerDesigner 是發展相當早的系統分析與設計的工具，現在也支援 UML 的表示法。

有的 UML 塑模軟體也支援軟體程式碼的自動產生，或是與開發平台整合，可以節省軟體開發的時間。

8.7.5　視覺化塑模工具的使用

在描述一個軟體系統時，有很多種方式，就像任何一種事物從不同的角度來看，就會呈現不同的風貌；前面曾經提到過軟體開發的程序有不同的階段與工作，這些過程中一直都需要有系統的藍圖，只是內容上有差異，就像蓋房子一樣，不同的階段掌握的建材都不一樣。

1. **使用案例模型**（Use case model）：描述系統的行為，主要用來讓使用者了解系統的運作方式，同時讓開發系統的人認識系統的功能。

2. **類別圖**（Class diagram）：傳統的物件導向分析與設計都會以類別做為描述系統的核心，類別的內涵與類別之間的關係代表系統的組成與功能。

3. 序列圖（Sequence diagram）：可以看成是使用案例模型的具體化，從使用者和開發者的角度，將系統內的行為以互動關係為主軸，在序列圖中表示出來。

4. 狀態變化圖（State transition diagram）：所謂的狀態（State）代表物件的內容，物件狀態的變化代表系統行為的效應，用狀態變化圖來描述系統的行為，可以看到物件內在的改變與系統功能的關係。

 重要觀念

UML 裡頭的模型圖的種類很多，雖然學習這些圖形的表示法需要花一點時間，但是真正重要的是如何把這些圖形融入物件導向分析與設計的過程中，知道在哪一個階段該使用哪一種圖形。

其他像系統的元件圖、系統部署的架構圖等，都可以透過 UML 記載下來，這些資訊可用於系統開發過程的某些特定階段中。這裡可以注意一下 Rational 的 4+1 view 形成軟體的主要介面，PowerDesigner 則是以 BPM → OOM → CDM → PDM 的方式，將大部分 UML 的支援集中在 OOM 裡頭，然後與整個開發流程結合在一起。

8.7.5.1 使用案例的表示法

一個使用案例（use case）是用來描述使用者（users）與應用系統之間在進行一項作業時所產生的互動。（Oestereich，1999）給 use case 下這樣的定義：

A use case describes the interaction between users and an application system needed to carry out a working operation.

或者從另外一個角度來看，使用案例描述的就是使用者在應用系統中所進行的工作，通常是完成一個商業程序（business process）中的某一件事（business event）。所以在我們的實際案例裡頭，delete a client 就算是一個 use case，這個 use case 屬於客戶資料管理的商業程序。

通常一個 business process 會再細分成數個 use cases。系統的功能適合用「使用案例模型」（Use case model）來表示，使用案例（Use case）代表系統的功能，演員（actor）代表系統的環境，案例和演員的關聯說明了系統的整體功能。

每個 Use case 中會記載所謂的「事件流程」（Flow of events），說明案例的功能是在哪些事件發生的情況下完成的。每個使用案例圖都代表一個系統或子系統的功能描述，包含文字的記載和視覺化的圖示。Use case 之間有兩種型式的關係（types of relationships）：uses 與 extends，多個 use cases 可以共用同樣的關係。

由 於 sequence diagram 與 collaboration diagram 已 經 用 到 class 與 object，所以（Quatrani 1998）在 use case 分析完成之後有一個尋找 classes 的步驟。Grady Booch 曾經形容說 class 的尋找是很難的。依據 Rational Objectory Process 的做法，所尋找的 class 包括 boundary class、control class 與 entity class。由於分析與設計的過程是反覆的，所以找到的 classes 可能隨著開發的過程而改變。這一部分的工作就是所謂的健全性分析（robustness analysis）：

1. **實體類別（entity classes）**：反映應用領域的實體，跟周圍環境比較沒有關聯。通常 entity classes 與軟體本身所要完成的工作有關。

2. **控制類別（control classes）**：描述一個或多個 use cases 的序列行為（sequencing behavior）。

3. **邊界類別（boundary classes）**：用來處理軟體系統內部與外部之間的溝通。

8.7.5.2 類別架構的表示法

物件導向分析與設計離不開類別的觀念，類別的設計屬於系統的邏輯觀（Logical view）。通常在分析和設計的過程中不會一次就找到所有的類別，大概經過幾次反覆的分析，才會得到比較確定的類別設計。

我們同樣可以建立所謂的「類別圖」（Class diagram）來表示類別和類別之間的關係，類別本身可以依照特性來做進一步的分類，例如：

1. **實體類別（Entity class）**：代表長久存在的資訊與相關的行為，通常對應實際的事物或觀念，我們可以從使用案例的事件流程中發現一些實體類別。

2. **邊際類別（Boundary class）**：負責系統內外之間的溝通，可描述系統的介面。

3. **其他種類的類別**：類別圖裡頭使用了幾種不同類型的類別關係。例如 ◇─► 的關係代表一種全體與部分（whole ◇─► part-of）的關係，表示 class 是 course 的一部分，所有的 class 都是透過某個 course 來開設的。

8.7.5.3 工作序列的表示法

使用案例模型雖然描述了系統的功能，但對於這些功能達成的方式並沒有交代，尤其是元件之間的互動。序列圖（Sequence diagram）可彌補這方面的不足。所謂的序列（sequence）是指選定的一群物件之間交換的一系列的訊息，強調事件發生的時間順序。也就是把物件之間的互動（object interactions）以時間順序排列出來。序列圖中物件的表示法如下：

```
Object name
Object name : class name
: class name
```

物件以垂直的虛線（dashed vertical lines）來表示，虛線之上有名稱或是代表物件的符號，訊息（messages）以物件之間的水平箭頭線段來表示，線段上有訊息呈現，格式為 message（arguments），箭頭的指向是從 client（即 sender）到 supplier（即 message 的 receiver）。

序列圖中表達的資訊更多，包括了相關的物件，以及物件之間的溝通，這是在使用案例模型中看不到的。

思 考 問 題

PowerDesigner 中 BPM 的結果如何延伸到 OOM 中？這種延伸似乎是一種觀念與訊息的延續，假如把 BPM 看成是規格書的一種表示法，則開發階段中 BPM 是很有用的基礎，假如把 BPM 的定義維持在很高階的話，其實並沒有足夠的細節讓 CASE 工具直接產生下一階段的設計。

8.7.5.4 其他的表示法

對於比較大的系統來說，可能會產生相當複雜的類別關係圖。

狀態指物件的狀態，狀態的改變來自於某些條件的成立或是事件的發生，一個狀態變化圖代表物件在其生命週期（Life cycle）中的表現，假如對於系統中的每個物件都能有這樣的了解，就不難發掘系統的各種細部功能。

元件代表軟體元件，任何一個軟體系統都是由軟體元件所組成的，軟體元件有不同的種類和組成方式，從元件圖可以看到軟體系統的架構，而且可從不同層次上和不同的細節上整理出和軟體架構相關的資訊，對於未來系統的維護和擴充都會有幫助。

系統部署的架構圖（deployment diagram）將系統的軟體元件對應到硬體的架構上，這樣就可以清楚的看到在作業環境中各開發元件的安置狀況。以上所介紹的表示法彼此之間都有一些關聯。

圖 8-24 畫出所謂的軟體架構的「4+1」View，有了這些描述，就可以對軟體系統建立充分的了解，成功的軟體開發專案一定要能從各種不同的角度來探討系統的特徵，同時記載下來，才不會因疏誤而導致成本提高，甚至於最後的失敗。

圖 8-24　軟體架構的多元概觀

思考問題

為什麼同時要有 sequence diagram 與 collaboration diagram 呢？sequence diagram 以時間的順序來看系統的功能，在早期的分析階段很有用，因為一般人都很容易接受這種表示法。

摘要

物件導向技術應用在很多領域中，其中又以資料庫（database）、程式語言以及系統分析與設計的領域最為顯著。由於資料庫技術發展得較久，在物件導向技術的採用上，有很多不同的方式和層面，尤其是兩種技術所強調的用途不太相同；從資料庫的立場來看，物件導向技術可以強化資料模型的功能，提昇應用系統開發的效率，同時能將軟體工程的技巧引入資料庫的領域；不過，資料庫系統所要求的系統效能、介面的親和性等，仍然要能繼續維持，甚至進而改善。

傳統的系統分析與設計的方法有很清楚的分野，分析是了解「what」，設計是要了解「how」，物件導向的分析與設計常使用 UML 來記載結果，由於 UML 裡頭有各種圖形，到底什麼時候該用哪個圖？或是圖形之間有什麼關係？經常讓人摸不著頭緒。所以可能有人對於 UML 的每一種圖都能夠繪製與詮釋，卻不知道如何進行分析與設計。其實有很多傳統的方法一樣能運用在物件導向的分析與設計中，只不過在產生的紀錄上會有比較大的差異。

物件導向塑模（OOM，object-oriented modeling）是物件導向分析與設計的關鍵，由於跟傳統的系統分析與設計不同，很多人都被 UML 裡頭眾多的圖形弄糊塗了。圖 8-25 試著理出一點脈絡來，物件導向分析與設計同樣是從需求的分析開始，透過對於企業運作程序的了解繪製代表 BPM（business process model）的活動圖（activity diagram），之後的物件導向塑模分成分析與設計兩個階段，分析工作先進行，接著進行設計的工作，分析與設計工作之間要靠健全性分析（robustness analysis）來做橋樑。

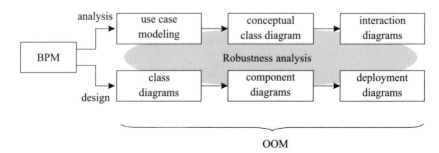

圖 8-25　物件導向分析與設計

學習評量

1. 物件（object）可以用來描述什麼樣的事物？

2. 類別（class）跟物件（object）有什麼關係？

3. 物件導向有哪 3 種重要的特性？

4. 何謂多重繼承（multiple inheritance）？

5. 物件導向技術對於系統分析與設計有什麼樣的影響？

6. 物件導向軟體工程的軟體開發程序跟傳統的軟體開發程序有什麼相似與相異之處？

7. 物件導向分析中的類別（class）跟所開發的資訊系統有什麼樣的關係？

8. 何謂健全性的分析（robust analysis）？健全性的分析有什麼作用？

9. 領域模型（domain model）有什麼內涵？如何得到領域模型？

10. 使用案例模型（use case model）是如何建立的？使用案例模型與領域模型有什麼關係？

11. 在分析階段的模型中，哪些是靜態的（static）？有哪些是動態的（dynamic）？

12. 試說明健全性分析（robust analysis）的功用。

13. 試列舉三項物件導向設計方法的優點。市場上有哪些軟體工具算得上有支援物件導向的技術？

14. 在物件導向設計中，為什麼每個物件都要有一個唯一的識別（Unique identification）？

15. 請說明在類別架構中，如何判斷哪些屬於抽象類別（Abstract class）？哪些屬於實體類別（Concrete class）？

16. 子系統（Subsystem）的觀念和類別（Class）的觀念有哪些基本的差異？

17. 試比較函數導向與物件導向的設計方法。

18. 塑模工具（Modeling tool）對於軟體開發的工作有什麼樣的幫助？

19. 試從網路上尋找市場中的塑模工具，並比較其功能上的差異。

20. 請在網路上找尋和 UML 有關的資料和文件。UML 是否提供了一些特殊的語法或圖示嗎？

21. 系統分析與設計的分析（analysis）與設計（design）工作有什麼差別？

22. 試解釋使用案例模型的功能與內涵。

23. 假設所要開發的軟體系統十分的龐大，本章中所介紹的各種 UML 圖形，要如何分割與組織，才不致流於繁雜？

9

系統的建置

　　軟體系統的建置工作已經接近軟體系統完成的階段，建置的工作包括軟體的撰寫、軟體的測試、新舊系統的轉換、系統的文件化、使用者的訓練，以及支援程序的建立，除此之外，也要準備軟體專案的結案，評估專案的成敗，開始把重心轉往軟體系統的正式運作與維護。

9.1　在系統分析與設計完成以後

　　軟體開發程序中，建置（Implementation）的過程需要相當密集的人力支援，一般說來，有了良好的系統分析規格及軟體架構的設計，軟體的製作並不困難，不過由於程式語言及開發工具的種類很多，選擇上必須考慮軟體系統本身的特質及開發人員的技能，假如配合得不好，也有可能拖延軟體開發的時程，因此，在製作前的準備階段，就要先行了解所需要的製作環境，事實上也就是開發環境的一部分。軟體的測試與軟體品質的管制緊跟著建置工作之後開始進行。

● 軟體的測試

　　軟體的測試是目前大多數的開發環境都會支援的功能，**雖然理論上可以試著證明軟體系統的正確性（Correctness），但在實務上是不可行的**，一般的測試多半是以所看到的結果來與實際的需求比較，只要是在能接受的範圍之內，就算通過測試。不過軟體系統內部潛在的問題，不見得會在測試的過程中全部找出來，任何完成的軟體系統都應該要有完整的文件記錄，一旦發現問題時，才能據以尋求解決的方式。

● 軟體品質的管制

　　軟體品質的管制是實務上比較難以具體化的項目，雖然軟體度量（Software metrics）、效能測試（Performance test）等方法可以提供一些量化的資訊，但是軟體本身的可移植性（Portability）、可擴充性（Extensibility）、開放互通性（Interoperability）等特質，就比較難有客觀的標準。

學習活動

把軟體當做一種產品，當然就會有品質管制的問題，思考一下大型的軟體公司在這一方面可能面臨哪些問題？

9.2　軟體系統建置的程序

軟體系統的建置最主要的工作是程式設計，要選擇適當的程式語言及開發工具，最好能了解哪種語言適合用來製作哪一類的系統，在實務上可以用各種軟體工具為目前的專案的開發工具，體驗開發與製作的程序。以一般的軟體開發專案來說，製作程序的首要工作是建置所需要的軟硬體環境，其次則是密集的程式設計工作，在下面的兩個小節中，我們將介紹建立製作環境的程序，以及程式設計過程中的一些細節。就實務上的問題來說，有下列幾個在系統建置時必須注意的重要事項：

- **軟體再用（reuse）**：現有軟體的再使用可以大幅降低重複開發所耗費的時間與人力，必須在建置的階段盡量運用已經寫好的軟體。

- **組態的管理（configuration management）**：在建置開發的階段，可能使用了各種不同版本的軟體，這些軟體未來可能都會持續改變，要注意對於建置中的系統的影響。

- **開發的主機與目標的主機**：開發系統時所在的主機跟系統正式使用時所在的主機可能會不同，要注意兩者的差異。

9.2.1　建立軟硬體的環境

軟體系統完成後會部署（deploy）到作業的環境裡，在進行軟體系統的開發之前，應該要對未來軟體的作業環境進行了解，例如微軟公司的軟體主要是以個人電腦為訴求，只要軟體能在一般的個人電腦上執行即可，不過由於個人電腦的品牌、配備及效能有很大範圍的差異，軟體成品在測試時必須考慮到這些差異性，當軟體推出時，要讓使用者了解使用該軟體時所需要的硬體基本規格。

　　至於由客戶委外開發的專案,同樣要考慮到客戶現有的電腦軟硬體環境,因為開發完成的軟體系統將安裝到客戶的電腦環境中使用,假如需要額外的軟硬體,必須預估增加的費用,未來軟體系統在作業環境中的效能,也要預先考慮,包括硬體的效能、使用者人數、系統的負荷等因素。

　　軟體系統開發時所需要的工具種類很多,除了開發工具之外,最重要的系統製作的必需品就是程式語言(Programming language),選擇程式語言時要考慮軟體應用系統的特質與所使用的開發方法,圖 9-1 畫出這三者的對應關係,例如物件導向的開發方法可能會採用像 C# 或 Java 等具備物件導向特性的程式語言。資料庫應用系統可使用 SQL 做為查詢語言。

　　只要有了類似於圖 9-1 的完整對應資訊,要選擇一種開發用的程式語言並不難,不過有時候程式語言與開發工具的關係密切,往往選定了開發工具之後,就限制了可用的程式語言的種類。在實務上,開發者本身的程式語言基礎也是選擇時考慮的因素之一,程式語言本身是否成熟普及,亦將影響開發的工作。

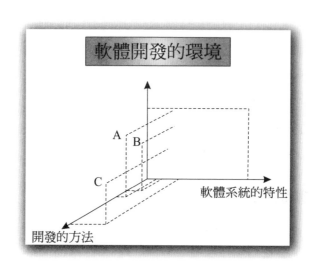

圖 9-1　程式語言的選擇

思 考 活 動

以目前網際網路的開發工具來說，可供選擇的種類相當多，能不能按照圖 9-1 的模式來建立一個對應的表格？幫助一般人做決定。

9.2.2　系統建置的細節與雛形化

系統建置（System implementation）的細節屬於比較實務性的領域，通常和設計的方法、開發工具與程式語言的使用有關，而且製作的技巧和開發者的經驗常扮演重要的角色，系統製作的細節包括很多實務性的內容。**與系統製作有關的重要主題是所謂的「軟體雛形化」**（Software prototyping）**的方法**，一般說來，正規的軟體開發程序所經歷的時間較長，往往延遲了發現某些潛在問題的時機，軟體雛形化可在短時間內完成軟體系統的雛形，達成下面幾項優點：

1. **排除開發者與使用者之間的誤解**：需求分析的結果不見得完全正確，透過一個可作業的系統雛形，比較容易找出原先溝通時的誤差。

2. **探索需求規格的完整性與可行性**：使用者體驗軟體雛形的功能時，可能會發現原需求規格中的缺失，開發者則可從製作的經驗中發現是否有些規格無法完成。

3. **需求規格衝突的排解**：彼此衝突的需求規格可從雛形的作業中發掘，交由使用者取捨。

4. **迅速展示效果**：從雛形所提供的功能，可讓管理階層預覽未來軟體系統的用途。

5. **提前展開使用者的訓練**：雛形系統可用來讓使用者先接受訓練，延長適應的期間。

6. **建立系統測試的計畫**：雛形系統可和完整的系統一起接受測試，假如結果相同，代表未發現錯誤，假如結果不一樣，表示系統可能有錯誤。

增廣見聞

軟體系統的建置工作雖然軟體撰寫的成份很高，但是仍然有其他的工作需要進行，包括軟體程式相關文件的建立（documentation）、軟體的測試，以及軟體的安裝（installation）。寫好的軟體一方面要以文件來描述，一方面也要進行測試。進行測試前要有測試的計畫，準備測試的案例與測試的資料。軟體的安裝也要預先規劃，排定軟硬體安裝的時候，做好新舊系統與資料轉移的規劃。

圖 9-2 畫出系統雛形開發的程序，和一般的軟體開發程序類似，但是雛形系統建立的時程較久，欲達到的目標也和一般的軟體開發不同。常見的系統雛形化的方法有兩種：

1. **漸進式的雛形化（Evolutionary prototyping）**：目的在於建立一個可用的系統，開發初期沒有詳細的需求規格，開發者以現有的需求資料迅速地建立系統雛形，經由使用者試用之後，提供的回饋用來進一步改善雛形系統的功能。

2. **丟棄式的雛形化（Throw-away prototyping）**：目的在於發掘軟體系統的詳細規格，雛形本身未必能用來發展軟體系統，只是用來幫助系統開發者從使用者取得詳實的需求規格。

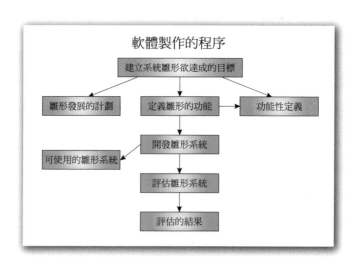

圖 9-2　系統雛形開發的程序

漸進式與丟棄的雛形化方法各有優缺點,加成式的雛形化(Incremental prototyping)方式綜合以上兩種方法的特點,如圖 9-3 所示,讓最後的系統能在比較完整的架構下逐步完成,避免漸進式方法更改頻繁的缺點,由於系統不是一次完成,所以開發時並不需要完整的需求規格。

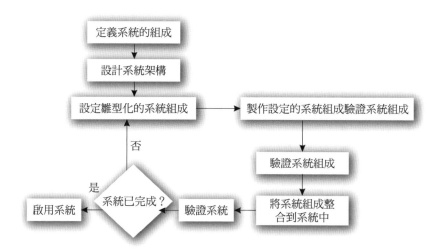

圖 9-3 加成式的雛形化方法

系統雛形化所需要的技術和一般軟體製作的技術不太相同,因為雛形最好能盡快地完成,可用的技術包括高階的語言、可執行的規格描述語言、第四代語言、可再使用的軟體元件等。系統雛形化在使用者介面(User interface)的開發上有很重要的用途,因為畫面的描述不適合用來定義使用者介面的規格,對於使用者來說,能看得到的介面最容易決定是否滿足自己的需求,在這種情況下,可以利用漸進式的雛形化方法先建立使用者介面,經過試用後,依照使用者的意見改良介面的設計,如此一來將可大幅提昇使用者的滿意程度。

9.3 設計軟體系統的架構

前面在第 6 章曾經介紹過軟體系統架構的概念,不同的架構在設計時運用的技術與考量都會有差異,下面以分散式系統的軟體系統架構為例,說明進行架構設計的過程。

　　分散式系統的種類很多，分散式的作業系統、多處理器的平行作業環境等大多屬於比較技術性的軟體系統，是一般人較少有機會接觸的，目前常見的分散式系統開發案例，大部分屬於多電腦環境中的主從架構，這一類的系統又以資料庫的應用居多，而且有和網際網路結合的趨勢。

　　以一般常見的主從架構型分散式系統來說，其實系統的主要邏輯和單機系統是一樣的，所以在設計的時候可試著先進行單機系統的設計、製作與測試，然後再從功能上依分散式系統的作業環境分成主從兩部分的程式，最後進行整合測試。圖 9-4 畫出可採用的開發程序流程。

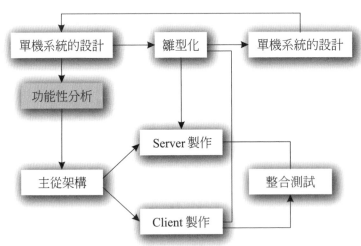

圖 9-4　主從架構型分散式系統的開發技巧

9.3.1　主從架構型資料庫應用系統的開發

　　資訊系統的開發已經逐漸地集中到主從架構的環境中，以個人電腦及小型伺服器為主的主從運算方式，節省成本，得到較佳的費用與效能比率；換言之，我們能用較低的費用讓使用者享用更高的系統效能。另外一個重要的發展是企業網際網路與資料庫的結合，圖 9-5 描繪出主從架構正在面臨的變遷，由於 WWW 的用戶端瀏覽器介面在市場上的普及率極高，而且簡單好用，包括資料庫系統在內的各種應用程式，都很適合整合於單一的瀏覽器介面之下；變

遷以後的主從架構，以 Web 的主從架構為主，也就是所謂的「企業網際網路」
（Intranet）。

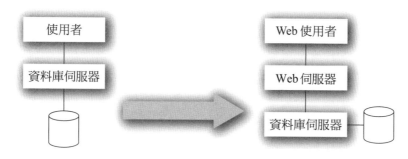

圖 9-5　主從架構的變遷

　　以開發工具來說，並沒有因上述的變遷而改變太多，主要的改變在於系統
的介面與架構，介面轉移到 Web 的瀏覽介面，以及以 Web server 為核心的應用
程式介面；架構則轉變成 Web 的主從架構。經過這些改變之後，很多企業的商
業自動化應用就能在 Intranet 的平台上作業，其中就包含了資料庫系統。

9.3.2　主從架構系統開發的基本觀念

　　系統開發（System Development）有固定的流程可循，圖 9-6 整理出主從架
構型系統的開發流程；**和單機單人使用的系統比較起來，主從架構系統必須支
援多人同時使用的情況，並維持適當的系統效能**；若是純粹以應用系統的邏輯
來看，單機系統和主從架構系統並沒有太大的差異。我們下面就以圖 9-6 中的
各步驟為主，來說明主從架構系統的開發流程。

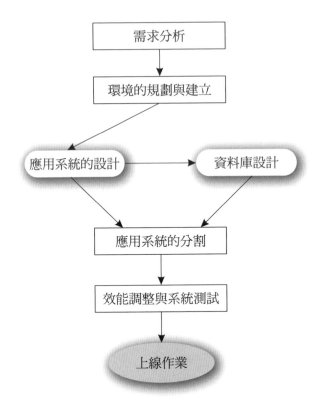

圖 9-6　主從架構型系統的開發流程

1. **需求分析**：使用者的需求（End-user Requirement）主導系統開發的目標，是整個開發流程中最重要的步驟，但往往也是常被人忽略的重點。開發者和使用者應該要共同訂定系統的需求和功能，通常得到的結果是最佳化的，也就是在最好的成本效能比例（Cost/Performance Ratio）下，所能做到的地步；而不是尋求最好的解決方案，因為成本是使用者的主要考量之一，不計成本的規劃很可能在實際上是不可行的。

2. **環境的規劃與建立**：電腦化和網路化的環境，是主從架構系統要求的先決條件，對於使用者來說，成本和效能是主要的考量；因此，軟、硬體的選擇與搭配取決於使用者本身的需求。以往大型主機所導致的高成本，引起所謂的「小型化」（Downsizing）的趨勢，利用個人電腦級的主機，加上適當的規劃，也可以建立一個相當穩定的環境；不過由於行業別及組織特性的差異，有時候中型（Mid-range）電腦或是工作站級

的主機還是有使用的必要，所以也有人提出「適型化」（Rightsizing），這是我們規劃時要先有的了解。在網路的規劃與建立上，牽涉的專業背景較廣，選擇性又大，需要有「系統整合」（Systems Integration）的經驗，才有能力做好完善的規劃。

3. **應用系統的設計**：建立了電腦和網路的環境之後，從系統整合後的結果，我們可以確定所用的作業系統、資料庫管理系統、網路協定，以及開發工具等。換句話說，我們有了開發的環境，以及系統測試與作業的環境。如此一來，就可以開始進行應用系統的設計，所謂的「系統分析與設計」（Systems Analysis and Design），是設計應用系統的正規方式，由於分析與設計的方法很多，最好能配合開發工具，選定適當的方法來進行設計。例如物件導向的分析與設計方法，就是目前常見的方式之一，支援工具的種類也很多。

4. **資料庫設計**：資料庫設計把應用系統的設計轉化成資料庫管理系統能接受的型式；通常在應用系統設計的過程當中，使用者參與的成份很高，轉化成資料庫的設之後，就可以當成純粹技術上的專案，讓系統開發者和程式設計師全面接手。有些工具能幫助我們自動地產生資料庫的定義，所以一旦資料庫的設計一完成，這些工具可以依所用的資料庫管理系統的類別，產生該系統接受的資料庫定義；對於大型的應用系統來說，資料庫的設計相當的複雜，尤其是在轉化應用系統設計的過程中，要能擷取資料之間的微妙關聯。

5. **應用系統的分割**：單機系統不必考慮應用系統的分割（Partition），因為所有的程式都在同一台主機上執行，主從架構系統有伺服程式（Server）和客戶端程式（Client），如何把單機系統的功能分配到主從架構上，並沒有定論，原則上是讓系統的效能得以最佳化；由於多重式主從架構（Multi-tierd Client-Server Architecture）系統，能有效地提供系統的效能，應用系統的功能如何在這樣的架構下分割，是系統開發者必須決定的。

6. **效能調整與系統測試**：主從架構系統的效能，決定於很多不同的因素，例如網路的效能、伺服器的等級、使用者的數目、應用系統的分割方式等，只有等到系統正式部署完成後，我們才能比較精確地了解系統

的效能，以及瓶頸的所在。在系統的測試上，多人多機的環境，和單機的情形差異很大，必須確認系統的正確性，以及資料庫在多人使用下的一致性。最重要的測試項目，是系統是否符合需求分析所訂出的規格。不正確的系統將造成作業上的錯誤，營業損失更無法估計。

　　主從架構系統的開發，失敗的例子很多；上述的每個步驟，都有可能成為失敗的主因，審慎地經營每個步驟，才能有效地避免問題的發生。由於越來越多的應用系統都逐漸地建立在以個人電腦為主的平台上，以檔案為導向的資料庫管理系統（File-Oriented DBMS），可以配合網路的作業系統與檔案系統，提供主從架構的基礎，像微軟的 Access，或是早期的 dBase、Paradox 等，都屬於這一類的 DBMS，雖然價格低，但是功能不齊全，表 9-1 列出以檔案為導向的 DBMS 所欠缺的功能：

1. **效能**：由於資料庫的作業必須從客戶端的電腦將伺服器上的資料庫檔案下載，再進行處理，不像真正的主從架構 DBMS，可以直接處理客戶端的請求，將結果傳回客戶端的電腦。因此，以檔案為導向的 DBMS，客戶端電腦上執行一個較小的資料庫引擎，下載的檔案必須在客戶端處理，一旦使用者增加，網路的負載增大，檔案伺服器的工作量也變重，客戶端的電腦就無法立即下載所需的資料庫檔案。

2. **安全性**：以檔案為導向的 DBMS 在安全性的管制上，多半直接仰賴網路作業系統所提供的功能，也就是以檔案為管制的基本單位，假如一個檔案只含單一的表格，則是以表格為單位。在這種情況下，無法以資料記錄（Record）做為管制的單位。

3. **穩定性**：以檔案為導向的 DBMS 在使用次數及使用者增加的情況下，會逐漸形成網路及檔案系統的瓶頸，間接造成系統作業失常，嚴重者會發生資料庫檔案的毀損，而一般此類的 DBMS 在自動錯誤復源的功能上又十分欠缺，所以比較適合於小型的資料庫應用。

4. **同時存取控制**：真正的主從架構 DBMS 通常都是提供相當完整的同時存取控制（Concurrency Control）機制，主要是因為主伺服器上有強大的 DBMS 架構，能掌握各種層次的資料處理與控制，客戶端只要提出請求

及接收結果。以檔案為導向的 DBMS 把資料的處理分攤到客戶端，主伺服器難以掌握客戶端占有的資源，因此同時性控制要依賴網路作業系統和複雜的程式設計技巧，對於應用系統的開發是很大的額外負擔。

表 9-1　資料庫管理系統的抉擇

特性類別	檔案為導向的 DBMS 所欠缺的功能
效能	隨使用者的增加而遽降
安全性	以檔案或表格為單位
穩定性	隨使用者及使用次數的增加而降低
同時性控制	仰賴網路作業系統及程式設計技巧

9.3.3　主從系統架構的建立

資料庫應用系統的架構（Architecture）會影響系統作業時的效能，應用系統的特性通常是決定使用何種架構的主要因素，以主從架構的應用系統來說，可分成下面幾大類：

1. **線上交易異動處理（OLTP, On-Line Transaction Processing）**：這類應用系統以處理交易異動（Transaction）為主，也是最常見的應用之一，例如信用卡交易的處理，必須在線上作業，得到系統回應確定完成交易異動。OLTP 要能容許很多使用者同時上線。

2. **即時應用系統（Real-Time Application System）**：即時性代表系統的作業必須在一定的時限內完成，通常都與交易異動的作業有關。例如航空公司即時訂位系統，每個訂位作業都要在一定的時限內完成，否則等候的人會越來越多。

3. **工作流程（Work-flow）應用系統**：利用軟體系統來幫助工作流程的順暢，要仰賴資料庫、網路及各種電腦系統的支援，最好能將工作流程完全自動化，讓紙上文件的傳遞變成電子訊息的交換。例如公司收到發票之後，要建立應付帳款的文件，交由銷售或生管業務部門確認，最後由主管批准付款，在電腦化的作業下，可以與會計系統連結，而且可以追蹤應付帳款的狀況。

4. **不定期作業的應用系統**：有些不定期的作業像費用綜合報表、臨時的人事資料異動報表等，使用的次數並不頻繁，不會同時有很多人一起上線，所以資料庫伺服器的負荷不大。

上述的幾種應用系統的需求不同，通常系統的架構也因此而有差異，在成本上自然也各不相同；除了成本的考量之外，設計系統架構的時候，也要考慮到系統未來維護的難易，以及部署以後系統的效能是否令人滿意。了解應用系統的種類及需考量的因素之後，我們就可以一起來看看如何建立一個應用系統的適當架構。

一、系統架構建立的方法

系統架構通常包括邏輯架構（Logical Architecture）與實體架構（Physical Architecture）。圖 9-7 畫出建立邏輯架構的主要程序，首先是把應用系統依功能分成數個邏輯物件的組合，通常物件導向分析與設計的結果，就是由邏輯物件畫成的物件圖（Object Diagram），常見的邏輯物件包括資料維護的表單、視窗介面的控制項、資料庫的運算程序等；接下來要詳細地定義物件的功能，包括物件之間的關連，然後把物件分配到三個層次裡：

1. **表現層（Presentation Layer）**：代表使用者直接接觸的介面的管理與控制，例如各種視窗控制項出現的時機與呈現的屬性，或是報表呈現的格式等。

2. **應用層（Application Layer）**：大多數的物件都屬於應用層，因為應用系統提供的處理與服務，主要是在應用層裡進行的。

3. **資料層（Data Access Layer）**：與資料庫直接溝通的物件屬於這個層次，這些物件負責將資料從資料庫中取出，或是將資料存入資料庫裡。

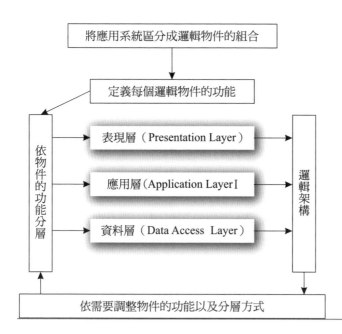

圖 9-7　邏輯架構的建立

　　雖然邏輯物件的功能和所屬的層次互有差異，對於 CASE 工具來說，這些物件都可以用一樣的方式來管理，一旦完成了邏輯架構的設計以後，CASE 工具能將邏輯架構轉換成實體的架構，實體架構將考慮到應用系統的部署方式，由於各種應用系統的特徵和需求不同，部署的方式也因而會有差異，從邏輯物件的角度來看應用系統的部署，有點像把應用系統分割（Partition）幾個獨立執行的系統，有可能在相同或是不同的電腦上執行；完成了應用系統的分割之後，我們就得到了系統的架構。

二、應用系統的分割

　　在主從架構的系統中常聽到多重式的（Multi-tierd）架構，就是應用系統分割（Application Partitioning）的結果。最常見的分割方式是所謂的「二重式分割」（Two-Tier Partitioning），將資料庫應用系統分成客戶端（或稱前端）及資料庫伺服端（或稱後端），二重式分割的爭論是到底要把各種功能放在客戶端還是伺服端，表 9-2 列出各種分配方式的優劣，從表中可以看出來在二重式分割的架構下，每種分配方式都各有優劣；當使用者數目增加時，不宜將太多功能放在伺服端，假如資料處理的負荷很大時，則功能多的客戶端會大幅降低效

能；換句話說，在比較大的應用系統中，二重式分割是不適用的，因而有所謂的多重式分割的架構。

表 9-2　二重式分割

二重式分割方式	優缺點
主要功能集中在客戶端伺服端只負責資料存取	優點：可支援較多的客戶端程式
	缺點：客戶端效能降低
主要功能集中在伺服端客戶端僅當成使用介面	優點：客戶端效能提升
	缺點：支援的客戶端數目低

多重式架構的觀念來自於所謂的「應用伺服器」（Application Server），這些伺服器上所執行的程式能幫助主從之間調整系統資源的適當分配，圖 9-8 畫出應用伺服器加入之後所形成的三重式主從架構（Three-tier Architecture），其中應用伺服器上可執行的程式包括交易異動監控程式（Transaction Processing Monitor，亦稱 TP Monitor）、分散式物件（Distributed Objects）、應用系統分割工具等。

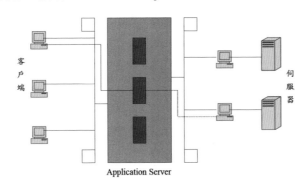

Application Server

圖 9-8　三重式的主從架構

1. **交易異動監控程式**：伺服端所提供的資源由 TP Monitor 來分配給客戶端使用。所謂的資源包括資料庫在內，TP Monitor 運用交易異動的模型（Transaction Model），應用系統的功能及各種處理都以一個交易異動的觀念來進行，所以一旦有錯誤發生，系統內的資料能還原成原有的狀態；TP Monitor 也可以讓系統的負載均衡（Load Balancing），當某個伺服器的負荷過重時，自動把客戶端的請求送到另一個伺服器上處理。

2. **分散式物件**：圖 9-9 畫出分散式物件的觀念，應用伺服器上有可執行的分散式物件，這些物件可以跨平台執行，不需倚賴語言或工具，物件之間能依照一個相同的協定來溝通；因此，由客戶端來的請求會觸發某個分散式物件的執行，然後依需要帶動其他物件的執行，最後把結果送回客戶端。由於每個分散式物件都可獨立開發和自由分配到各種平台上，所以可形成的多重式架構是動態的，也就是說應用系統部署後仍然可依環境條件的改變而重新分割。

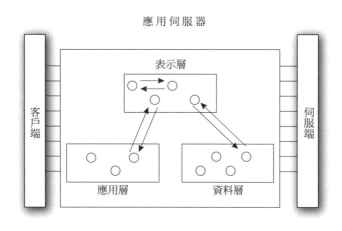

圖 9-9　分散式物件的三重式架構

3. **應用系統分割工具**：這一類工具可以幫助我們開發分散式物件，然後把這些物件分配到各種平台上。使用輔助性的開發工具可以使應用系統的分割更有彈性和效率。例如當使用者增加或系統的負荷昇高時，系統的功能可以分配到更多的伺服器上，達到所謂的「擴充性」（Scalability），在使用工具的情形下，應用系統本身不必做大幅的修改。有關於 CORBA 的相關資料，以及建立在 CORBA 基礎上的工具，可以透過 www.omg.org 的網路查閱。

9.3.4　主從架構系統的開發

主從架構系統隨著使用者需求的複雜化而變得龐大，為了維持系統的正確性、效能、以及開發時的順暢，主從架構的細部設計與測試過程，有一些輔助的方法與工具，來引導系統開發者做好各種技術上的抉擇，避免因設計上的缺

陷或是測試不周而造成重大的損失，同時也簡化開發的程序。我們下面就從系統架構（System Architecture）的角度上，來看主從架構系統的開發。

● 系統架構的新發展

從傳統的主從架構到企業網際網路（Intranet）的架構，代表著應用系統為因應需求及結合新技術而產生的轉變，我們可以把這些轉變分成幾個階段來描述：

1. **以檔案為導向的（File-Oriented）應用系統**：例如以檔案為導向的資料庫管理系統，只是共享檔案，並非真正的主從架構；當使用者數目增加時，系統的效能大減。

2. **傳統的主從架構**：也就是二重式的主從架構系統，可做到資料記錄層次的共享，但是對大型系統而言，在使用者數目或系統負荷增加時，效能不佳。

3. **多重式的主從架構**：利用應用伺服器的觀念，對伺服器的負荷做適當的調節，同時也提昇客戶端的效能及系統回應。

4. **企業網際網路的架構**：將多重式的主從架構移植到 Intranet，讓使用者有一致的客戶端介面，同時將應用系統的範圍擴展到網際網路上。

9.4 系統安裝完成後的工作

系統完成以後最主要的工作目標是讓系統真正成為輔助商業程序運作的主力，可以在組織中支援成員的日常作業。這個階段中組織已經轉換到新系統，原來的專案經理以及其他的相關人員都會持續關注系統接受程度與使用的狀況，幫助使用者進入狀況，並且了解是否有各種需要解決的系統問題。

專案團隊完成系統並且導入之後，系統作業的團隊（operations team）就要接手讓系統持續地運作。系統支持（system support）的工作簡單地說就是幫助使用者運用系統，最常見的是解決使用者的問題或是提供一些臨時性的教育訓練。

常設性的線上支援人員算是第一層的支援人員（level-1 support staff），要能解決一般常見的疑難雜症，假如是發生系統少數異常的狀況，需要比較專業的

人員，就要產生問題描述的資料給第二層的支持人員（level-2 support staff），假如是發現系統的錯誤，需要修改程式，就要填寫改變的請求（change request），交由我們後面要介紹的維護人員來進行修改的工作。

9.5 軟體重構

對於程式設計師來說，除了寫新程式之外，也會需要修改程式，通常是因為需求改變或是因為程式有錯誤才會進行修改。可是有時候可能是因為程式雖然可用，但是寫得不好，所以要修改，也就是重新改變程式的結構，在理論上稱之為程式的重構。

所謂的重構（refactoring）是指一種保持軟體系統功能與行為的轉換（behavior-preserving transformation），假如從軟體的觀點來看，是指對軟體內部結構的一種改變，改變的目的是讓軟體更容易了解，而且修改容易，可以在不改變軟體外觀行為的條件下輕易地變更。為什麼要對軟體進行重構呢？有下面幾個主要的動機：

1. **讓新的程式碼能更容易的加入**：假如系統需要新的功能，我們可以直接撰寫程式碼來支援新的功能，或者從系統的整體設計來考量，先重構再加入程式碼，前者的好處是快，但是未來可能還是需要進行重構，從設計著手的話，新程式碼的加入會比較順利。

2. **改善現有程式碼的設計**：改善現有程式碼的設計會讓程式碼更容易維護與管理，所以在新增程式碼與加強功能的同時，也應該注意持續地改善軟體系統的設計。

3. **對程式碼建立更深入的了解**：有的程式碼很難理解，即使加上註解還是無法清楚地說明，這時候就需要進行重構，所以重構也會讓我們對程式建立更深入的了解。

4. **降低撰寫程式的阻力**：有的系統中可能存在著一些很難處理的程式碼，而且很可能在改善系統的過程中經常會和這一部分的程式碼發生關係，這時候最好把這樣的程式碼透過重構來改善，一勞永逸。

對於大型的軟體開發公司來說，是有可能遇到軟體重構的情況，本書前面曾經介紹過物件導向技術，後面第 15 章會介紹設計模式（design patterns）的概念，這些都是軟體重構過程中會需要的知識背景。例如軟體系統是以 Java 語言撰寫，則軟體本身的規格可以用 UML 來表示，再參考 Martin Fowler 書中介紹的重構原則與案例，可嘗試對軟體系統進行改善。當然，軟體的重構目標是不錯的理想，真正參與軟體專案開發時，在時間的壓力下是否真能都按照理論的引導來實現這些軟體開發的好方法，可能還是有很大的變因與阻力。

對軟體重構進行深入的探索可以參考測試驅動的軟體開發（TDD，Test-Driven Development）與 Bowling Game Kata，利用已經開發出來的程式設計練習來結合觀念與實務。在介紹 Google 公司的軟體工程時，我們都了解軟體系統的開發都免不了經歷一段很長的時間，因為完成的軟體系統本身的需求會改變，或是與該軟體系統協同運作的系統改變了，造成原本的軟體系統要被修改。通常重構不是用來進行這樣的修改，而是要讓這種無法避免的修改能更容易進行。當然，重構是會耗費人力與成本的，沒有相關技術背景的人可能很難理解為什麼要進行系統重構，這會對重構的進行形成阻力。

摘要

本章介紹軟體系統建置的工作，完成以後的軟體系統在安裝時可以選擇直接安裝，完全揚棄舊有的系統，也可以進行平行安裝，讓新舊系統並存一段時間，或是選擇只在單一的地點進行安裝，先測試一下，有些系統可能需要分階段安裝（phased installation）。為了讓軟體系統順利地運作與維護，文件化（documentation）是不可少的，系統設計的細節與規格記載在系統文件（system documentation）中，內部文件記載程式碼的特徵，外部文件記載系統開發過程中產生的圖，例如資料流程圖、ER 模型圖等，另外還要有使用者的手冊，說明軟體系統的使用方式。

學習評量

1. 試列舉一般軟體製作程序中所需要的軟硬體。

2. 試說明軟體雛形化與一般軟體開發的差異。

3. 找尋有關於表示程式結構的流程圖畫法（參考圖 9-10），請用這種表示法來畫出下列程式片段的流程圖：

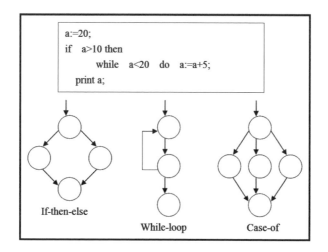

```
a:=20;
if   a>10 then
         while   a<20   do   a:=a+5;
   print a;
```

圖 9-10　程式流程圖（Flow graph）的表示法

4. 軟體系統完成以後，在進行新舊系統的轉移時需要注意哪些地方？

5. 新開發的軟體系統與現有的軟體系統在資料的轉移上需要注意哪些地方？

6. 對於一個大型的軟體系統來說，進行重構（refactor）會有什麼好處？會遇到什麼樣的困難？

7. 一個企業有 50 多個一級單位，每次有單位要建置網頁，都要花一筆錢，而且找不同的廠商，形成企業無法掌控的花費，也不時發生廠商不再服務使網頁無法維護的狀況，這樣的問題該如何解決比較好？

8. 開發的主機與目標的主機不同的時候，在軟體開發建置時要注意什麼事項？

10

系統的測試與部署安裝

製作完成的軟體系統要接受測試及品質的檢驗,確定所開發出來的軟體符合需求分析訂出的規格,除此之外,軟體本身是否穩定,搭配硬體環境作業時是否順暢,都是測試及品管階段要確認的。由於軟體系統完成之後,就會正式上線啟用,或是大量複製發售,測試及品管工作不確實將會引發很多後續的問題。

10.1 軟體的驗證

所謂的驗證,簡單地說就是驗收與證明,一個軟體專案完成以後,並不像一般實體的產品一樣,能夠從外觀來審視,必須要有一套方法來確定的確是原來希望開發出來的系統。這麼說來,軟體的驗證相當重要囉!

在軟體製作的過程中,以及軟體系統完成以後,我們必須檢查軟體是否符合原來訂定的規格與設計的功能,這就是軟體的驗證工作。軟體的驗證工作包括兩個層次:一個是檢查軟體系統是否符合原來訂定的規格(verification),另一個層次是檢查軟體的功能是否符合使用者的期望(validation),這兩種層次的驗證是不同的。

根據上面的定義,軟體的驗證工作可以分成確認(verification)與確立(validation)兩大類,也簡稱為 V&V。V&V 在軟體開發的整個過程中都可能會進行,包括需求分析、設計、程式碼的檢查與產品的測試等各階段。在 V&V 的程序中,對於系統的檢查與分析常採用兩種彼此互補的方法:

1. **軟體的檢視(software inspection)**:檢視開發過程中產生的需求文件、設計圖與程式碼等資料,由於不需要真正地去執行軟體,屬於靜態的 V&V 方法。

2. **軟體的測試(software testing)**:以測試的資料來執行所完成的軟體系統,檢查系統的輸出與顯示的行為,看是否與預期的相符,軟體測試屬於動態的 V&V 方法。

從圖 10-1 可以看到靜態的 V&V 與動態的 V&V 之間的關係,箭頭代表 V&V 進行的時機,其實就是對應的軟體開發的階段。軟體檢視的工作在各階段可以進行,軟體測試則只有在有雛形系統或是已經完成的系統時才能進行測試。

深入思考

在漸進式的軟體開發方法中，假如能比較早先建立一個雛形系統，則軟體測試的工作就能提前開始，軟體系統的功能逐漸遞增，很多錯誤將能在早期先發現排除，對後面的開發工作的影響就變小了。

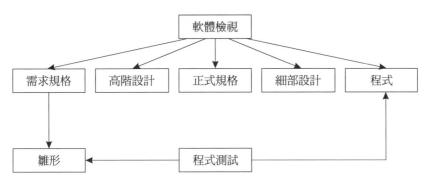

圖 10-1　靜態與動態的 V&V

● 靜態 V&V 與動態 V&V 的差異

靜態 V&V 對軟體進行檢視，檢查程式與規格之間的對應，無法檢驗軟體在運作時功能的展現，所以沒有辦法看出軟體的效能與穩定性。動態 V&V 運用軟體測試的技巧，以實際的資料來測試軟體系統執行的結果，進而發現系統的問題。程式測試仍舊是 V&V 採用的主要技術。

● V&V 與除錯

V&V 的程序試著要找出軟體系統的缺陷，或是說找出足夠的證據來確認軟體系統有缺陷，這時候就需要除錯（debugging）來找出缺陷的所在，同時把錯誤更正。圖 10-2 顯示除錯的程序，由於系統的缺陷可能會不斷地被發現，所以 V&V 與除錯可能會一直交錯地執行，讓軟體系統能持續地改善。原則上，一旦程式有缺陷時應該所有的測試案例都要重新再測試，但是通常我們會建立測試計畫，把程式元件與測試案例之間的相關性建立起來，避免全面的重新測試。

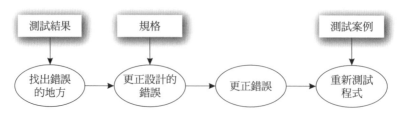

圖 10-2　除錯（debugging）的程序

TIP

程式的錯誤發現越晚，則衍生出來的成本也越高，為什麼？因為工程師要先做初步的判定，判定的工程師很可能對有問題的程式碼並不熟悉，而寫程式的工程師則要花時間回想並探索錯誤發生的原因，錯誤本身也會產生其他的影響，包括對於工程師的影響，甚至也會影響使用者。

10.2　軟體系統的測試

　　軟體系統的測試將影響未來系統的品質與發生錯誤的機率，其目的在於發現軟體系統的錯誤，同時確認其功能與原先的需求規格是否符合。軟體系統測試以前應該先擬定測試的計畫（test plan），一個測試計畫通常包含下列的組成：

1. **測試的程序（testing process）**：描述測試過程中的主要階段。

2. **需求的追蹤**：使用者最關心系統是否滿足原來提出來的需求，所以測試必須確定每個需求都有被測試到。

3. **測試的項目**：軟體開發中的哪些產物需要被測試必須先確定。

4. **測試的時程**：確定測試的時程與資源的需求。

5. **測試記錄的步驟**：測試的結果必須有系統地記錄下來。

6. **軟硬體的要求**：確定將用到的軟體工具，以及硬體的使用情況。

7. **限制（constraints）**：測試程序中可能會碰到的限制，利用可用的人力情況。

● 錯誤的情況與測試的種類

軟體系統可能發生的錯誤種類很多，寫過程式的人都知道，每一個程式遇到的情況都不一樣，對於大型的軟體系統來說，狀況更複雜。通常系統的錯誤可分成兩大類：

1. **第一類的錯誤（Type 1 error）：** 系統未執行應完成的工作，程式碼忽略了應有的功能。

2. **第二類的錯誤（Type 2 error）：** 系統執行了不應該執行的工作，程式碼產生了未被預期的結果。

圖 10-3 畫出測試工作與軟體開發程序之間的關係，測試工作可分成兩大類，一類是由開發人員自行進行的測試，稱做「開發測試」（Developmental test），另外一類可委由外人進行，稱為「接受性測試」（Acceptance test），或稱「品質保證的測試」（QA，Quality assurance）。

我們從單位測試（unit test）開始，對程式碼進行測試，單位測試和程式的結構有關，完成單位測試之後，可針對較大的子系統進行測試，了解各子系統的功能與子系統間的交互作用。整合測試將單位測試後的子系統組合起來測試，完成之後就可以進行完整的系統測試，了解系統是否依照規格訂定的功能執行。回歸測試（regression test）使用於系統修改時，確認是否會造成一些不可接受的結果。

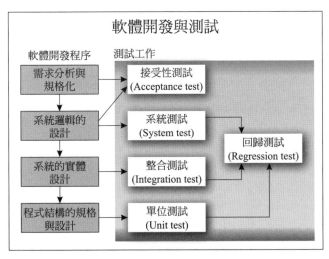

圖 10-3　測試工作與軟體開發程序的關係

TIP

所謂測試驅動的開發（TDD, test-driven development）是指在軟體開發的過程中會逐漸的加入新程式碼，加入時也一併進行測試，測試成功才會再繼續開發下去。

● 測試的策略（**Testing strategy**）

接受性測試由開發人員之外的人士負責，以維持客觀性，測試的內容與系統測試近似，不過測試的項目及方式完全由測試人員自主，不受開發人員的影響。不論是哪一種測試，都應該訂出測試的方式，或所謂「測試的策略」（Testing strategy），常見的測試方式包括：

1. **黑盒測試（Black-box test）**：測試的結果來評估系統的正確性，不探討系統得到該結果所用的邏輯。

2. **白盒測試（White-box test）**：用來了解系統的邏輯，測試本身使用不同的處理方式，來比較系統的回應，因此不僅最後的結果用來比較，中間產生的數值也用來驗證系統的正確性。

3. **由上而下的測試（Top-down testing）**：先測試重要的程式碼及功能，然後再測試次要的功能。

4. **由下而上的測試（Bottom-up testing）**：先測試已完成的小模組與程式片段，然後再將測試好的模組集合起來進行整合測試。

● 測試的程序

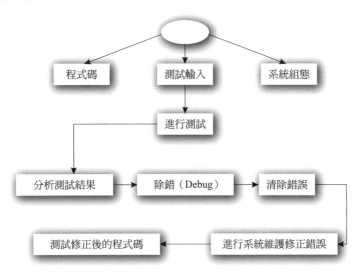

圖 10-4　測試的程序

　　前面介紹的各種測試也可以混合運用。選定了測試方式之後，可以設計測試案例（Test cases），測試案例代表某種資料處理的作業，可反映出欲測試的系統邏輯，測試案例預知應得到的正常結果，可和測試的結果比較。測試的方法、案例與結果，必須記錄在系統文件中，圖 10-4 畫出一般測試的程序，我們可以看到測試是一種重複性（Iterative）的程序，其實也就是**測試→除錯→修正→測試**的循迴。

 學習活動

軟體系統的測試似乎可以避免很多麻煩，這麼說來應該多多測試開發出來的軟體，不過這樣會有一個問題，就是耗費成本，因為人員與時間都是成本，這麼一來，讓我們替軟體公司的老闆想一想，到底要如何估計花多少成本在軟體系統的測試上面？

　　下面的圖顯示不同測試階段發現的錯誤數量，這是一個一般性趨勢的示意圖，可以看得出來整合測試與系統測試的階段會發現比較多的錯誤，相對地錯誤發現的速率也會比較快。就測試的目的來說，是要找出系統可能存在的錯誤，但不是要證明系統是正確無誤的。所以系統上線開始使用以後應該都還有隱藏的錯誤。

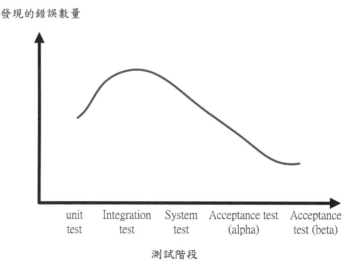

（不同測試階段發現的錯誤數量）

10.2.1 Google 的軟體測試實務

軟體的測試是絕對必要的，但是 Google 對這一部分並沒有做強制的要求，因為軟體開發工程師自發性的撰寫測試會有最好的效果。基本上 Google 內部的任何程式變更都要經過程式碼的審閱（code review），程式變更本身除了變更的程式碼之外，還要附上測試的部分。審閱者要檢視變更的程式碼以及測試兩者的品質。

10.3 主從架構系統的測試

目前大多數的軟體系統都需要跟網路的環境結合，讓很多使用者能透過網路來使用系統的功能，不管是一般的 Web 架構或是多重式的架構，都能算是主從架構的一種，我們下面探討的就是這一類系統測試的方法。

10.3.1 測試的方式

主從架構系統要有完整的測試，才能在正式作業之前修正任何可能發生的錯誤或問題，測試的方式有很多種，而且可配合工具的使用來進行：

1. **負載測試（Load test）**：從各種環境參數的變更，來看系統效能的改變，例如系統使用者的人數，測試的結果可用來預期系統部署後的效能。

2. **元件測試（Component test）**：對於大型的系統來說，直接測試勢必會產生許多錯綜複雜的問題，元件測試可以幫助我們以系統的元件為基礎，理出系統運作的頭緒來。對於軟體元件的再使用技術來說，元件化是必備的要素，進行元件測試就更方便了。

3. **回歸測試（Regression test）**：當應用系統必須經歷某些改變時，我們要確定改變後不會影響系統的正常作業；例如作業系統的更新、資料庫定義的改變、開發環境的變更等，在這種情況下，可以進行所謂的回歸測試。

4. **整合測試（Integration test）**：複雜的應用系統可能是由獨立開發的軟體元件組合起來的，雖然我們可以對每個元件進行元件測試，但是各元件組成應用系統之後，是否能正常作業，要靠整合測試來評估。

5. **物件導向測試（Object-oriented test）**：物件導向的系統開發方式和傳統的方法不同，在測試的程序上也有差異，由於物件是組成應用系統的要素，測試的過程以物件的時性、物件之間的關係以及物件整合以後的行為當做測試的重點。

10.3.2　測試工具的功能

主從架構系統的測試工具能輔助系統測試的過程，使部分測試的程序自動化，同時幫助我們了解及分析測試所得的資料。測試工具（Testing tool）的功能包括：

1. **系統效能的記錄**：系統在執行時各種作業的效能，可以透過測試工具來監控並記錄下來；例如輸入輸出（I/O）的效率、資料庫伺服器的回應時間等。

2. **追蹤測試與偵錯**：程式設計層次的測試可以幫助我們把程式的錯誤找出來。一般的測試工具大多能讓程式開發者逐行地執行程式，同時自

動地提供有助於偵錯的訊息；更複雜的測試工具還能讓我們撰寫控制測試過程的小程式，改變測試的情況。

3. **模擬使用者的行為**：應用系統作業時與使用者之間的互動可以由測試工具記錄下來，然後重新模擬互動的過程，這時候其他的測試條件可以依序改變，讓測試工具記錄有用的測試資料。

4. **使用者介面的測試**：圖型化使用者介面採用事件驅動（Event-driven）的模式來作業，測試工具要能偵測及處理和介面元件與控制項相關的資料，才能輔助這類程式的測試。

5. **測試資料的整理與分析**：測試工具可以產生及蒐集測試資料，依照使用者的要求輸出報表，來幫助測試結果的分析。

 學習活動

原來主從架構軟體系統的測試有那麼多種，從實務的觀點來看，有哪些測試工作比其他的測試工作來得重要？從成本上來考量，這些測試工作所耗費的成本多不多？

10.3.3 軟體系統的測試該自動化嗎？

大家都知道軟體系統的測試很重要，但是勢必要花費成本，讓測試自動化（automated testing）是有可能降低測試的成本，不過在某些情況下，人為的測試效果會比較好，例如透過 Google 網站搜尋的結果是否真的符合使用者的需求，顯然由人來判斷的效果最好。假如先由專家介入，等到對系統的特性有充分了解之後，再導入自動化測試，可能自動化的效果就會比較好。

10.4 軟體系統的部署安裝

在建置的階段就要把系統實際地製作出來，這個階段的活動包括程式的撰寫、測試與相關文件的製作。完成的系統需要安裝，這項工作牽涉到現有的系統與新系統之間的切換問題，開發系統的團隊必須透過教育訓練讓企業的成員能夠迅速上手，開始使用新的系統。新系統開始運作相當於專案的完成，工作

的重心轉移到系統的支援、維護,以及專案的評估。一般說來,系統建置的技術問題比較單純,成員的訓練與企業的調適反而是複雜的因素。

10.4.1 新舊系統的轉換

完成以後的軟體系統在安裝時可以選擇直接安裝,完全揚棄舊有的系統,也可以進行平行安裝,讓新舊系統並存一段時間,或是選擇只在單一的地點進行安裝,先測試一下,有些系統可能需要分階段安裝(phased installation)。為了讓軟體系統順利地運作與維護,文件化(documentation)是不可少的,系統設計的細節與規格記載在系統文件(system documentation)中,內部文件記載程式碼的特徵,外部文件記載系統開發過程中產生的圖,例如資料流程圖、ER 模型圖等,另外還要有使用者的手冊,說明軟體系統的使用方式。

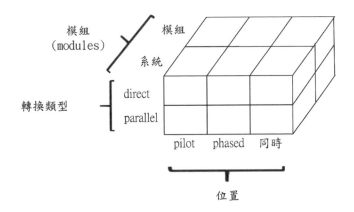

圖 10-5 系統轉換的策略

圖 10-5 試著描述系統轉換的策略,可以從系統整體與個別模組的角度來思考,也可以從轉換的類型來看,或是從轉換的位置來分類。決定了轉換的方式之後,才能確認要如何進行部署與安裝。所以本節的內容就是要探討這些不同的轉換的策略有什麼特性?該如何採用與執行?這在實務上是很重要的問題,因為好不容易寫出來的系統假如在最後這個階段沒有做好而前功盡棄,就太可惜了。系統分析師必須了解系統轉換的策略,依據自己對於專案委託機構的了解提供最適合的選擇建議。

10.4.2　轉換的類型

所謂的「轉換（conversion）」主要是指新系統取代舊系統的過程，除了系統變了以外，主要的問題在於使用者也要轉換到新系統進行操作。如圖 10-6 有兩種主要的轉換類型（conversion style）。

1. **直接轉換**（direct conversion）：直接停用舊系統，開始使用新系統。一般的個人電腦上的軟體經常採用這種方式來進行更新，這種做法有潛在的風險，因為新系統可能還不穩定。

2. **平行轉換**（parallel conversion）：舊系統與新系統在轉換的過程中同時使用，所以使用者同樣的資料可能要在舊系統與新系統上重複輸入，然後比較輸出的結果是否有差異，這種平行操作要一直進行到新系統穩定以後，才正式關閉舊系統。假如新系統發現問題怎麼辦呢？有可能需要暫時關閉，修復之後再繼續進行平行轉換。

圖 10-6　轉換類型（conversion style）

10.4.3　轉換的位置

對於一個大型的組織發展的大型資訊系統來說，使用系統的人員很多、相關的單位也不只一個，所以進行系統轉換的時候是要所有人所有單位一起進行，還是分批進行，也是要事先考量的因素。

1. **測試性的轉換**（pilot conversion）：測試性的轉換會先選擇一個或是幾個部門先進行轉換，可以採用直接轉換或是平行轉換，一旦測試通過再進行其他部門的轉換。測試性的轉換多了一層測試，避免所有部門都要面對同樣的問題，但是顯然要多花一點時間，而且在這個期間可能部門使用不同版本的系統，資料不容易交換使用。

2. **階段性的轉換**（phased conversion）：階段性的轉換將組織的部門分組，不同組在不同的階段進行轉換，跟測試性的轉換一樣可以避免大家面對同樣的問題。

3. **同時的轉換**（simultaneous conversion）：對所有的部門同時進行轉換，通常會跟直接轉換並用。這種方式很乾脆，但是發生的問題所有的人都要一起面對，而且需要比較多的人力來進行轉換，包括對於現有人員的教育訓練。同時的轉換避免了組織內在轉換時使用不同版本的問題，由於是同時轉換，大家都使用了新的版本。假如進行順利，同時的轉換會比較省時間。

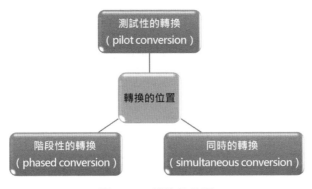

圖 10-7　轉換的位置

10.4.4　轉換的模組

多數人都以為一套系統是一次安裝就完成了，其實不然，有的系統很龐大複雜，無法一次安裝完成。整套系統的轉換（whole-system conversion）比較單純，假如是模組式的轉換（modular conversion），一次可以只轉換一個模組，優點是對現有的作業影響比較小，可慢慢調整，但是對於系統的開發來說，就要考慮到系統模組之間的相關性，否則明明相關的模組沒有一起轉換，就會造成問題。

10.4.5 轉換的策略

表 10-1 做了各種系統轉換策略的比較，選擇轉換策略時考慮的主要因素包括風險、成本與時間。通常我們會針對 3 類策略做不同的組合，例如先從全系統的測試性平行轉換開始，選擇幾個部門進行轉換，一旦這些部門通過轉換之後再對剩下的部門進行階段式的轉換。原則上希望降低轉換的風險與成本，同時縮短轉換所需要的時間。

表 10-1　系統轉換策略的比較（Tegarden, 2013）

特性	轉換類型		轉換位置			轉換模組	
	direct	parallel	pilot	phased	同時	全系統	modular
風險	高	低	低	中	高	高	中
成本	低	高	中	中	高	中	高
時間	短	長	中	長	短	短	長

10.4.6 工具的使用

雲端運算的技術提供了所謂搬遷（migration）的功能，可以把實體伺服器的系統轉移到虛擬機中，常稱為 P2V（physical to virtual），有時候則是把系統從一個虛擬機搬遷到另外一個虛擬機上，常稱為 V2V（virtual to virtual），通常軟體工具會讓這樣的搬遷變得很單純。前面提到的新系統的部署，有時候可能牽涉到很多伺服器以及網路的設定，通常會需要停機來進行切換，不過資訊技術越來越進步，整個系統的搬遷已經能做到先複製再一鍵切換，大幅縮短了停機的不便。新型工具的運用有時候會顛覆理論上的做法，這是實務上一個專業的軟體工程師必須隨時認知的事實。

10.5 安全軟體測試

第 2 章曾經介紹過安全軟體發展的流程，軟體測試是其中的一個階段。不管是自行開發或是委外，都有需要進行安全軟體測試，以確保所開發的軟體系統的安全無虞。跟安全軟體測試相關的國際標準包括 ISO/IEC 27001:2013、IEEE 829:2008、ISO/IEC/IEEE 29119:2013 與 OWASP Testing Guide 等。

本章前面已經很清楚地說明了軟體測試的目標與方法，軟體的安全其實也可以看成是我們對軟體系統所要求的功能之一，算是一種需求，所以在軟體發展的需求分析階段，就應該先把安全方面的需求訂清楚，變成安全測試進行時的依據。安全測試的兩大面向包括如圖 10-8 所示的安全需求驗證與安全性測試。

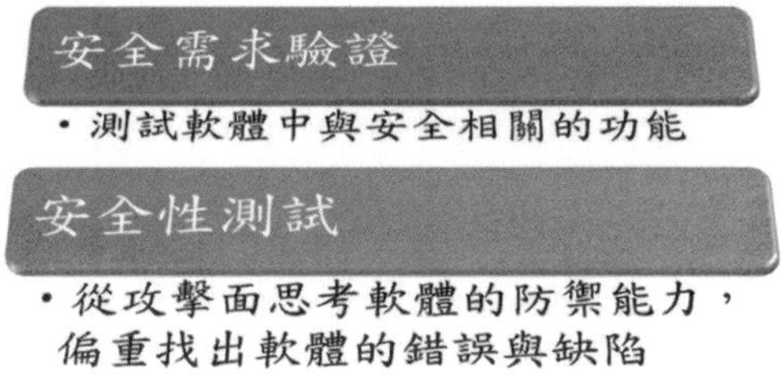

安全需求驗證
- 測試軟體中與安全相關的功能

安全性測試
- 從攻擊面思考軟體的防禦能力，偏重找出軟體的錯誤與缺陷

圖 10-8　安全測試的兩大面向

NIST（National Institute of Standards and Technology）的研究發現軟體發展時所發現的軟體安全弱點，在修補後將大幅降低因未發現修補而衍生的成本，假如是之前未發現，而是在軟體開始使用後才進行修補，花費的成本會是發展時修補成本的 30 倍以上。

在實務上，對軟體系統進行安全測試需要一些技術與工具，例如 源碼靜態分析、滲透測試等，除了要知道有哪些工具可用、如何使用之外，還要能解讀測試工具產生的報告，並且能規劃出應對的方案。

一般說來，源碼檢測與弱點掃描會在測試階段進行，網路入侵預防系統（IPS，Intrusion Prevention System）以及網頁應用防火牆（WAF，Web Application Firewall）則是在系統部署的階段會建置起來。這些作為比較算是傳統階段式軟體開發對於資安風險所採用的補救措施。

摘要

對於小程式來說，測試並不難，只要了解程式應該完成的功能，就可以開始進行測試。可是對於大型的軟體系統來說，測試可是一件大事，而且沒有那麼容易，由於測試的時候已經接近軟體完成的時程，參與測試的人必然會考量到未來軟體系統驗收時的壓力，惟有將測試工作做好，才能坦然面對任何的檢驗。

學習評量

1. 思考一下有哪些系統分析與設計的產物在軟體檢視的時候能派上用場？

2. 程式（Program）的測試與除錯與軟體系統的測試與除錯有何差異？

3. 軟體系統失敗（Failure）與發生錯誤（Fault）兩種狀況有何差異？

4. 軟體系統錯誤的避免（Fault detection）與容錯（Fault tolerance）的性質有何差異？

5. 從整個軟體開發的流程來看，主要的成本會花在哪個階段？

6. 新系統開發完成以後，為什麼新舊系統還要並存一段時間？

11

軟體系統的管理與維護

　　軟體系統的管理工作與專案管理的性質不同，專案管理是以專案為核心來探討所需要的管理工作，假如軟體系統源自一個軟體專案，則軟體系統的管理工作就可以看成是專案管理的一部分。

　　一般說來，軟體系統的管理工作所牽涉的技術層面較高，必須對軟體工程及軟體開發的程序有基本的了解，才能勝任軟體系統管理的工作。從另一個角度來看，工程化的軟體開發工作，已不單純是程式設計，還包括成本面、人事、行銷等問題，所以軟體開發的管理工作也不單純是技術層面的問題。

　　至於必須進行軟體系統管理的對象，不太容易界定，比較簡單的方法是以需求來區分，例如以軟體開發為主要營業項目的企業，勢必要有良好健全的軟體管理制度與環境；依賴大量資料處理的組織，例如銀行，也要有軟體管理的制度，因為一旦軟體系統失效，組織的作業程序也會跟著大亂。至於個人因興趣而進行的軟體開發，則沒有很迫切的管理需求。

　　我們在這一章的內容中將介紹各種軟體管理的工作，對於不同性質的軟體系統而言，某些管理工作的重要性可能要高於其他的管理工作。所謂軟體的維護工作，事實上也屬於軟體管理工作的範圍，平時的維護可維持軟體系統的穩定性，避免因軟體運作失常而造成的問題。

11.1　軟體管理工作的範圍

　　軟體系統從規劃、開發到完成之後，都有各種管理的工作，我們可以把這些管理工作依時序分成開發前、開發中與開發後的工作項目，或是依與軟體系統的相關性分成軟體系統內涵的管理與其他外在因素的管理。圖 11-1 列出主要的軟體管理工作，從圖中可以看出各種管理工作持續的時間長短不一，對於軟體系統本身也有不同層面的影響，在進行軟體系統開發的規劃時，可以先把相關的管理工作項目列出來，預估所需的人力與成本，然後將這些分析也列出規劃考量的因素之一。

　　除了圖 11-1 所列出的管理工作之外，任何與軟體系統相關而不屬於開發程序中的工作，幾乎都在軟體管理工作的範圍之內，我們下面就開始介紹這些管理工作的內涵。

學習活動

假如把軟體看成是一種產品,那麼應該像一般的產品一樣會有一些特徵,例如產量、庫存量、品質、研發等,能不能試著從產品管理的觀點來思考一下軟體的管理工作?

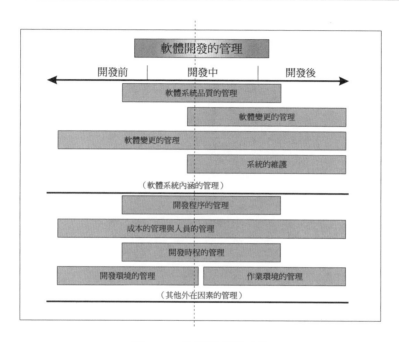

圖 11-1　軟體管理的工作

11.2　軟體管理工作的內涵

　　軟體管理的工作是持續性的,有效的管理也是軟體工程的一部分,哪些管理工作比較重要會因軟體系統的特性而異,軟體工程師或專案管理員可以依照實際的狀況來規劃管理工作的項目與內涵。我們下面就依照管理工作的種類逐項說明。

11.2.1　成本的管理

　　軟體的開發有固定的時程,否則成本將無法預估,透過軟體成本的管理,我們可以掌握開發人員的生產力及預定完成的時間。在專案管理中,軟體的開發可分成循序完成及並行的階段,每個階段的參與人員在適當的分配之後,就可大略預估各階段工作的負荷、所需的工作時間及所需的費用。

● 軟體開發成本的預估

　　通常成本的預估及開發時程的排定是同時進行的,以套裝軟體而言,有助於預測軟體推出的時間及大約的售價,軟體的開發展開以後,仍要監控預估的成本與實際的費用有何差距。**軟體開發的主要費用大致可分成三項:**

1. **人員費用**:程式設計員及軟體工程師的費用,通常這一部分的費用要比其他的費用高,尤其是專業性高及技能純熟的技術人員往往要高薪禮聘。

2. **軟硬體的費用**:開發的環境需要一些軟硬體的支援,以一般的電腦硬體環境來看,價格都相當低廉,而且開發環境的變化不會很大,有點像是固定的成本,不致累積過高。不過,隨著雲端技術的普及,以及雲端運算的優勢,越來越多軟體應用被搬移到雲端的環境,衍生出租用雲端運算資源的費用。

3. **訓練與其他費用**:參與人員的訓練、通訊費用、耗材等,都會在開發過程中成為軟體成本的一部分。

● 計算軟體系統的價格

　　完成軟體開發成本的預估之後,可以根據其他的相關因素來進一步地計算軟體系統的價格,通常定價會考慮到下面的因素:開發成本的預估、市場性、交易的條件、軟體未來的擴充,以及開發者本身的經濟狀況。前面所預估的開發成本會有潛在的誤差,軟體的價格必須把可能的誤差計算在成本中。

　　軟體產品的市場性也會影響其定價,剛進入市場的新產品可能會以較低的價格來爭取較高的占有率。**軟體系統交易時簽約的條件會因各種情況而異,例如原始程式碼也提供給客戶的情況,價格就會比較高。**軟體系統未來的擴充性

高代表將有後續的利潤，在這種情形下，初次交易的價格就可能比較低。至於開發者本身的經濟狀況可能影響軟體急於脫售或降價以求成交的情形。

● 開發人員的生產力

　　除了開發成本及軟體的售價之外，開發人員的生產力對於成本的影響也很大，影響生產力（Productivity）的因素很多，所採用的開發技術與開發程序都是其中之一。估算生產力有兩種常見的方式，一種是以結果來估計生產力，例如所完成的程式碼數量，另一種方式則是以所完成的功能對應的點數來估計生產力。

　　有了生產力的計算方式之後，就可以估計軟體系統的開發成本與時程，不過不是每種計算方式都很客觀，例如程式碼完成的數量多，但是品質不佳，未必代表生產力高。

● COCOMO 模型

　　軟體開發的成本預估，有理論上的模型，最有名的是所謂的 COCOMO 模型，大多數的模型都採用下面的公式來計算成本：

$$預估所需的工作量（Effort）\leq C \times PM^S \times M$$

　　C 代表一個複雜的係數，與開發者的經驗、環境等因素有關，雖然可加以分類，給予適當的數值，但仍偏向主觀性的判定。PM（Product Metric）是一種產品度量，通常和軟體的大小及功能有關，係數 S 接近 1，用來反映當軟體規模擴大時跟著增加的工作量。

　　公式中的 M 用來綜合軟體開發的程序、軟體本身的特性等相關的因素。從以上的公式可以看到軟體開發的工作量和軟體的大小並不存在線性的關係。

　　圖 11-2 是 COCOMO 模型所用的三個公式及所對應的曲線圖，KDSI 代表每千個完成的原始程式指令，即 1000 DSI（Delivered Source Instructions），係數 C 的值越高表示軟體越複雜，M 的數值則決定於軟體的特性（例如資料量的大小）、硬體的特性（例如效能、儲存空間大小等）、開發人員的特性（例如經驗、專業技能等）與軟體專案的特性（例如完成的時限、所用的軟體工具等）。

思考問題

成本問題應該要由誰來負責呢？從上面的介紹中可以發現成本的預估涵蓋的層面很廣，不但跟技術有關，也會跟管理的專業扯上關係，所以精確的估算可能需要多個人的通力合作，才能完整而詳盡地把成本計算出來。有時候成本的投注可能會影響整個專案的進行，絕對是不可忽略的問題。

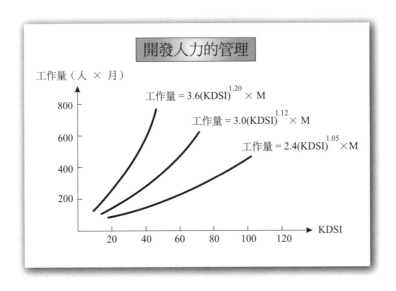

圖 11-2　軟體成本預估的 COCOMO 模型

11.2.2　開發人員的管理

在軟體系統開發的過程中，參與的人員種類很多，背景也各不相同，如何讓這些人能在一致的目標下各展所長，是開發人員管理的主要目的。開發人員的管理工作有下列幾項重點：

1. **開發人員的效率**：每件軟體專案都有其特有的需求，要求的專業背景與技術也各不相同，參與的人員必須具備基本的條件才能貢獻所長，因此可能要接受相關的訓練，得到所需要的資源，並得到管理階層的重視，才能在開發過程中發揮最大的效率。

2. **開發人員的選擇**：適才適用在軟體開發的人力部署上也相當重要，在選擇參與人員時，通常會考慮到幾個主要的因素，像對於應用系統領域的了解程度、開發環境的經驗、對於所用程式語言熟練情況、教育背景、溝通技巧、工作態度、個性、適應力等。

3. **開發人員的分組**：對於大型的軟體專案而言，參與的人數很多，必須要有適當的分工，使開發的工作能加速進行，同一分組內的成員則可互相激勵，發揮團隊的力量。圖 11-3 為分組的例子，我們可以看到除了核心的開發人員之外，還有一些提供輔助的成員。

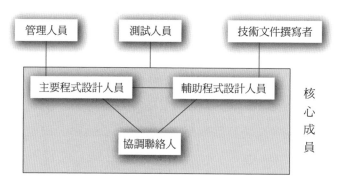

圖 11-3　開發工作人員分組的例子

　　人員的管理雖然在大多數人的印象中是屬於行政的工作，似乎不需要技術背景，但是軟體專案團隊中有眾多的技術人員，在管理上勢必要兼顧技術上的考量。以人員的聘任為例，專案經理會想找一個能力與技術遠比自己優秀的人進團隊嗎？這個看似簡單的問題其實讓很多人傷腦筋。假如聘用能力比自己好的人才，會不會將來取代自己的地位？在 Google 的經驗中，選用比自己優秀的人才是正確的做法。原因是若是找的人都不如自己，專案經理勢必要扛下所有的責任，並且費力地推動團隊的工作進度，最終很可能還是失敗。

11.2.3　開發程序的管理

　　軟體開發的程序影響軟體系統的品質與開發者的生產力，開發程序的改善會提昇軟體的品質，圖 11-4 列出決定軟體品質的幾個要素，開發程序是軟體系統建立的關鍵時期，自然有較大的影響力。要了解一個開發程序可以透過分析

的方式與所建立的程序模型（Process model）來進行，有些量化的資料也可以幫助我們了解開發程序，例如程序完成的時間、程序所需要的資源等。

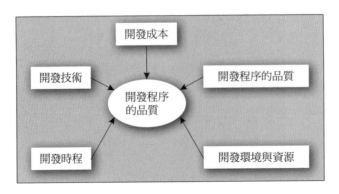

圖 11-4　影響軟體系統品質的要素

位於 Carnegie-Mellon 大學的美國軟體工程組織 SEI（Software Engineering Institute）提出所謂的 Software Capability Maturity Model（CMM），也就是軟體能力成熟度模型，這個模型將軟體程序（Software process）分成五個層次：initial、repeatable、defined、managed 與 optimizing，SEI 所提出的這個模型可用來評估一個軟體開發業者的能力。

第一個層次（Initial）代表開發程序缺乏有效的管理，軟體完成的時程與所需的成本難以預測。第二個層次（Repeatable）表示開發程序有適當的管理，所以類似的軟體專案可在相似的狀況下完成，時程和成本較容易預估。第三個層次（Defined）表示程序本身有正式的程序模型為基礎，所以程序中的步驟明確，任何軟體專案都可依循程序的規範開發。第四個層次（Managed）代表程序本身不但有正式的程序模型為基礎，而且會收集量化的資料來改善程序。第五個層次（Optimizing）表示程序的改善為規劃中的工作，軟體開發的程序隨經驗的累積而改進。

 學習活動

軟體的管理在理論與實務兩方面會不會有一些落差？一般的軟體開發公司是否有採取軟體的管理措施？軟體的管理工作本身是否也會造成一些成本上的支出？軟體的管理工作應該由誰來負責？

11.3 軟體系統的維護

軟體系統的維護（Maintenance）工作發生在軟體開發完成之後，主要的維護工作包括對軟體系統進行各種修改或修正，讓系統發揮預期的功能。通常軟體系統的維護工作可分成三大類（Hoffer 1999）：

1. **矯正式的維護（Corrective maintenance）**：完成的軟體系統可能含有一些未被更正的錯誤，程式碼層次的錯誤修正簡易，設計層次的修正影響較大，需求層次的錯誤則相當嚴重，不易修正。

2. **適應性的維護（Adaptive maintenance）**：軟體系統完成後有可能因硬體平台的改變而需要把軟體轉換到新的平台上使用，由於硬體環境及作業系統可能都不一樣，軟體系統必須重新製作或移植，不過在功能上並沒有太大的改變。

3. **加成性的維護（Perfective maintenance）**：有新的系統需求產生時，不管是功能性的或非功能性的，都必須經由軟體系統的修改或擴充來達成。

一般說來，大多數的軟體系統在完成後，比較可能有加成性的維護，適應性的維護居次，矯正性的維護應該最少發生。軟體的維護工作並不比開發工作來得容易，因為從事軟體維護的人員通常在技術和經驗上不及參與開發的人員，再加上維護的時間可能是在軟體完成多年之後，有技術上的代溝，更增添了維護上的困難。

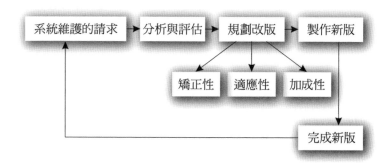

圖 11-5　軟體維護工作的程序

維護工作的程序有很多選擇，圖 11-5 畫出維護工作的基本程序，通常維護的需求累積到一定的份量之後，就可以展開分析與評估，假如系統的變更幅度很大，就有製作新版（New release）的必要，完成新版之後當然有可能繼續收到其他的維護更新的請求。

假如維護的請求非常緊急，例如軟體系統有非常嚴重的錯誤，則可仿照圖 11-6 的流程，做迅速的修補工作，也就是直接從原始程式碼上進行修改，使錯誤消失，這種處理方式雖然暫時解決了問題，卻也降低了系統的可維護性（Maintainability），因為系統的修改有可能破壞了軟體的原有架構，甚至埋下了其他錯誤的根源。

圖 11-6　緊急的維護請求的處理

正式的軟體維護流程應該如圖 11-7，當有維護請求要處理時，先修正原來的需求規格，然後依照新的規格，重新進入軟體開發的程序來完成維護的工作。

圖 11-7　正式的軟體維護流程

前面的討論引申出兩個問題，一個是維護成本的問題，另一個則是系統文件的維護問題。維護成本（Maintenance cost）與應用系統的種類有關，而且不下於系統開發的成本，通常在開發過程中就應該儘可能避免造成維護成本的提昇，影響維護成本的因素很多：

1. **所用的程式語言**：高階易懂的程式語言寫出來的程式比低階程式語言寫出來的程式容易維護。

2. **程式文件的品質**：所撰寫的程式如有完整的輔助說明文件，比較容易維護。

3. **軟體模組（Module）的獨立性**：軟體模組的獨立性高，則彼此間的相依性少，維護起來就比較容易。

4. **程式使用的期限**：使用得越久的程式，可能已被修改多次，破壞了原先的架構，與文件的說明不符，使程式變得不易維護。

5. **硬體的穩定性**：硬體的汰換更新可能會造成軟體系統的修改，假如硬體設備穩定，很少更動，則軟體系統維護的頻率就會降低。

6. **維護人員的流動率**：要維護一個軟體系統必須先深入了解其功能與程式的結構，假如維護人員的流動率很高，則維護工作的時間會拖長，增加維護的難度。

7. **應用領域的特性**：假如應用領域的需求清晰，則軟體系統的需求會比較完整，維護的工作就會減少。

8. **程式設計的模式**：良好的程式設計習慣會使寫出來的程式易讀並且容易修改，反之則維護困難。

系統文件（System documentation）對維護者的幫助很大，這些文件記錄軟體系統的需求、系統的架構、系統規格與設計的描述、原始程式碼、過去的維護修改記錄等。

新知加油站

有沒有聽過小型程式設計（programming-in-the-small）與大型程式設計（programming-in-the-large）。聽到英文的說法可能不清楚到底是什麼涵意，很簡單，小型程式設計是指由一個程式設計師全力完成的小型的專案，而且可以在某個時限之內完成。大型程式設計則是指需由一組人花不少時間才能完成的大型專案。大多數專案的規模落在這兩種極端之間。

11.4 系統組態的管理

大型的軟體系統由很多軟體成份組成，這些組成隨著軟體的使用及維護而改變，因而產生了不同的軟體版本（Version），這些軟體的改變與版本的管理，就稱為組態管理（Configuration management），除了因維護而產生的改變之外，不同的硬體平台或不同的作業系統也會形成不同的版本。組態管理是軟體品質管理工作的一部分，在 ISO 9000 的標準中含有組態管理的標準與程序，是品質認證的項目之一。

進行組態管理之前必須先確定有哪些項目，這些項目包括了組成軟體系統的成份與相關的文件，廣義地說，從專案規劃、規格、設計、程式到測試資料，都可能是組態項目（Configuration item）之一，因為這些資訊與軟體系統未來的維護都有關，由於項目眾多，有需要使用一個組態資料庫（Configuration database）來管理系統的組織，這個資料庫可以告訴我們一些有用的資訊，表 11-1 列出組態資料庫提供的資訊。

表 11-1　組態資料庫提供的資訊

軟體系統版本執行的硬體平台與作業系統
軟體系統的版本與版本建立的日期
當某軟體成份改變時，哪些系統的版本會受影響
某個軟體系統版本的已知錯誤
使用某個系統版本的客戶

11.5 系統變更的管理

系統變更的管理（Change management）可看成是組態管理的一部分，同時也是軟體系統維護產生的管理工作項目，變更管理的程序包括三大項：技術性的變更分析、成本效益分析與變更的追蹤。

對於大型的軟體系統而言，系統的變更隱含著眾多的工作與不可忽視的成本，在正常的程序下，任何變更的請求都要有正式的記錄，同時要儲存於系統組態的資料庫中，然後經過分析，確定是否有變更的必要，因為有些變更的請求可能是重複的，或是因誤解或不了解而產生的。

　　假如變更是必要的，則須進一步地做成本效益的評估，最後由適當的決策成員決定是否進行變更。負責開發與維護的人員針對變更的請求做必要的系統修改與製作，負責組態管理的成員則依照完成的結果組合出新的系統版本，同時將相關的資料輸入組態資料庫中。

　　在系統開發的專案中，所謂的改變是指舊的系統變成新的系統，幫助現有人員接受並調適新系統的環境所進行的工作。這裡所指的人包括 3 種人，第 1 種是改變的資助者（sponsor），也就是啟動或是要求開發新系統的人，通常是組織的高層；第 2 種是改變的執行者（change agent），包括專案的經理與開發的團隊；第 3 種要算是新系統的使用者（potential adopters），這是一定要配合改變的人。有些人對於「改變」是會抗拒的，這時候就需要運用改變管理的方法。

受改變管理影響的 3 種人

11.5.1　從軟體工程的角度看改變的管理

　　從軟體工程的角度來看的改變的管理跟我們這邊探討的概念是不太一樣的，軟體工程比較偏向系統層面的變更。

　　對於大型的軟體系統而言，系統的變更隱含著眾多的工作與不可忽視的成本，在正常的程序下，任何變更的請求都要有正式的記錄，同時要儲存於系統組態的資料庫中，然後經過分析，確定是否有變更的必要，因為有些變更的請求可能是重複的，或是因誤解或不了解而產生的。

　　假如變更是必要的，則須進一步地做成本效益的評估，最後由適當的決策成員決定是否進行變更。負責開發與維護的人員針對變更的請求做必要的系統修改與製作，負責組態管理的成員則依照完成的結果組合出新的系統版本，同時將相關的資料輸入組態資料庫中。

11.5.2 關於系統改變的迷思

人們抗拒改變是有原因的，有時候對於公司大環境有利的改變不見得對於員工有直接的好處，例如傳統的訂單可能都要手工逐筆登打，新系統運用資料庫，只要把資料輸入系統，可以自動從系統取得訂單資料列印，對於公司來說，處理訂單的速度就快了，但是對於員工而言，卻代表工作量要增加了。

所以要人們接受改變通常需要說服他們改變終究是有好處的，這要從成本與效益層面來一起考量，但是一般人往往會高估成本、低估了效益，而成本與效益的發生有個別的可能性，有時候無法完全確定，所以要接受改變的人的觀點跟客觀的第 3 者的立場常會有差距，通常人們會以他們所揣測的成本與效益做為判斷的基礎，而非實際的成本與效益。

有時候不是任何改變都會帶來好處，舉例來說，有的大學可能怕學生在選課時沒有算好應修的畢業學分數，就在選課系統中加入檢查，但是可能影響畢業的條件很多，耗費運算時間，反而讓使用者覺得系統效能不佳。像這樣的改變雖然立意甚佳，但是一般並不建議這麼做。

11.5.3 改變的效益

在改變管理的計畫中要探討改變的效益，通常需要包括兩個部分，一個部分是從組織的觀點列出成本與效益，另外一個部分則是從相關人員的角度列出成本與效益。組織的觀點其實在進行需求分析的時候就會取得一些相關的資訊，在描述上最好涵蓋整個組織，讓相關的人都能深刻感受到新系統的影響。假如能清楚地確認改變的效益，就可以有效降低抗拒改變的阻力。

11.5.4 如何讓改變進行順利

在管理的政策上可以做一些改變來讓轉換更順利，包括標準作業程序（SOP，Standard Operating Procedures）的建立、績效的評估與資源的分配。管理上政策的改變可以搭配新系統上線的時程，讓大家可以一起配合改變的進行。

要讓改變進行順利除了要有計畫之外，觀念上的改變也很重要，我們可以一方面提供資訊灌輸組織成員有關於新系統的優點，讓大家覺得使用新系統好

處多多；另外一方面則是在組織的政策上鼓勵對於新系統的支持，尤其是在新系統的好處對於組織影響大於對於個人的影響時，更需要這種政策上的助力。

最後一個不能忽略的工作是教育訓練，很多人持續抗拒新系統的主要原因可能在於不熟悉使用方式，畢竟新的環境還是需要經過一段學習的歷程才容易上手。教育訓練的方式可以選擇一對一、教室訓練課程或是電腦輔助式的訓練，這一部分多數的組織企業都有經驗，電腦輔助教材的發展需要比較高的成本，但是後續的教育訓練花費比較低，進行也比較方便。中庸的做法是採用傳統的教室訓練，可以一次讓比較多的成員獲得訓練。經過教育訓練以後才能排除因為不會使用新系統而產生的抗拒。

管理的政策改變

11.6　系統版本的管理

系統的版本（Version）代表軟體系統在某一次製作或維護完成之後的組態，不同的版本可能在功能上、效能上或其他的特徵上會有一些差異，系統的出版（Release）則是曾推出售予客戶使用的版本，由於軟體系統的變更改版是無法避免的，產生的眾多版本必須有適當的管理。圖 11-8 列出版本管理（Version management）的例子，從 V1.0 版到 V2.2 版，系統衍生出很多不同的版本，由於版本完成的時間、修改的基礎等特性各不相同，圖 11-8 的編排方式顯得有點雜亂，通常每個版本都會有一些可辨識的特徵，這些特徵應該做為區別不同版

本的基礎，記載在系統組態資料庫中。另外版本的編號也代表了一些特別的意義，例如 Oracle 8i 到 Oracle 9i 應該是變化較多的改版，而 Oracle 8.1.x 到 Oracle 8.1.y 的改變就少多了。

至於軟體系統的推出，也受很多因素的影響，通常系統的功能增加得越多，發生錯誤的機率也越高，但是新的功能對於市場的影響是正面的，所以軟體系統推出的策略通常一次不會加入太多的新功能，推出增強功能版後，先推出幾次修正的版本，等系統穩定之後，再加入新的功能，推出增強功能版。這種方式也造成了組態管理上的一些困擾，因為每逢推陳出新時，使用者會昇級或全新安裝，會產生各種不同的情況。

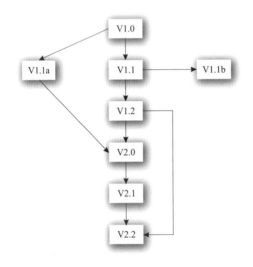

圖 11-8　版本管理的例子

學習活動

UNIX 系統裡頭有兩個跟系統組態與版本的管理有關的程式，即 imake 與 RCS，使用 imake 可以讓大型的軟體系統在更新重編譯時只要編譯更動過的程式就好了。RCS（Revision Control System）則要求軟體程式編輯時要 co（check out）與 ci（check in），讓多人同時進行開發工作。

11.7　建立良好的軟體管理制度與環境

除了前面所介紹的各種管理工作之外，完成的軟體系統在推出之前必須包裝成一個完整而可用的成品，也就是要把軟體系統的各組成依照作業環境的條件，組合成可安裝啟用的檔案系統，這個程序可稱為「系統建立」（System building），一般都歸屬在組態管理的工作項目中。系統開發者與管理者要在一定的程序下，把開發出來的軟體系統轉換成可交給使用者的型態，通常是不含原始程式碼，同時有防止盜版的保護機制。

　　軟體系統管理的工作項目及種類很多，管理本身隱含著成本的付出，管理工作是否落實要靠良好的制度來約束與評估。我們在前兩篇的內容中已經把開發一個軟體系統的程序及方法簡單地說明過了，在本章的內容裡則進一步地介紹了開發程序之外的管理工作。從軟體工程的觀點來看，其實軟體管理的工作應該溶入軟體開發的程序中，從事軟體開發的人要了解軟體管理工作的存在，負責軟體管理維護的人也要有開發軟體的技能。

　　軟體管理的工作有理論基礎，同時也有實務的一面，由於應用系統的特性不同，對於軟體管理工作的需求也有很大的差異，每一種應用領域下的軟體系統，應該要建立固定的軟體管理模式，形成支援軟體管理的環境，然後在適當的人力資源與制度之下，才能真正達到軟體管理的功能與目標。

 學習活動

到底一個軟體專案是不是能在有限的時間內完成？這是一個很耐人尋味的問題，假如這是一個能確定的問題，那麼成本的預估就很單純了。試著從軟體公司接單成立專案的角度來思考看看，需要在成本上考慮哪些問題？

11.8　軟體的變遷

　　軟體系統開發完成以後，會因為使用者的需求改變或是擴增而需要進行修改，這種過程就叫做軟體系統的變遷（software evolution）。所以在軟體的生命週期中會像圖 11-9 中螺旋的形狀，從一開始由內向外發展出多種版本，等於是經歷多次的開發程序一樣。

圖 11-9　軟體系統的變遷
（software evolution）

　　每個軟體系統都有個別的性質，不過軟體的變遷似乎多半遵循著一些常規，所以在學理上有所謂的黎曼定律（Lehman's laws），從表 11-2 的定律來看，軟體系統的變遷是一種必然的現象，但是持續變遷到一定的程度以後就不容易再改變、也不容易維持要求的品質。

表 11-2 黎曼定律（Lehman's laws）

定律	說明
持續的改變	軟體系統必須持續改變才會合用
複雜度增加	變遷的過程中複雜度會增加
大型程式演化	程式演化是一種自我調整的程序
組織的穩定性	通常組織的穩定性不會讓系統的演化有大幅的改變
保留熟悉的介面	系統每次變遷改變的比例約略固定
持續的擴充	軟體系統變遷過程中功能會持續增加
品質下降	軟體系統的品質在演化中會持續下降
回饋系統	演化的程序需要採用回饋的概念來改善

　　軟體的變遷說起來輕鬆，在實務上卻是一個很大的問題，尤其是大型的軟體系統，在經過冗長的開發程序以後，好不容易讓機構的運作自動化了，結果過沒多久就因為各種原因需要修改。一般政府部門在大型的軟體系統委外開發完成後，會以原開發經費的 10% 左右當做未來維護費用的基礎，一旦過了保固期，每年就要支付這 10% 的經費，來涵蓋系統維護的費用。私人機構當然也會有類似的做法，依據黎曼定律，經過一段時間以後，軟體的品質就會下降，有可能某些修改的幅度不大，但是成本很高，最後機構會面臨與其修改不如重新開發的狀況。

11.8.1　反向工程

　　對於老舊的系統來說，不見得能透過軟體變遷的方式來達到新的要求，因此在軟體工程中有所謂的反向工程（reverse engineering）與前向工程（forward engineering）的方法，其概念如圖 11-10 所示。先透過反向工程從舊系統建立系統開發時所需要的文件，再運用前向工程以這些文件開發出新系統來。

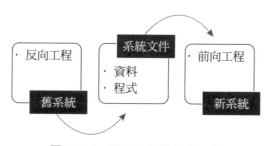

圖 11-10　反向工程與前向工程

TIP

反向工程可以運用在惡意程式的分析與偵測，當然，這麼做的目標就跟重建舊系統的目標不同了。因為惡意程式的樣本多半是可執行碼的格式，無法直接看到原始的程式碼，經由反向工程才能一窺惡意程式的功能，屬於對惡意程式的一種靜態分析（static analysis）。

11.8.2 軟體再生工程

軟體再生工程（re-engineering）就是反向工程與前向工程的結合，不但要承擔舊系統的功能，還要加入新的需求，整個流程可以用圖 11-11 來表示，對於大型的軟體系統來說，從舊系統開始來發展新系統會有一些好處，例如風險與成本會比較低。

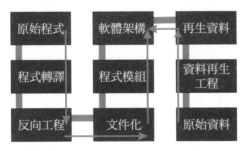

圖 11-11　軟體再生工程（re-engineering）

11.9　軟體的棄用

寫程式進行編譯時，有時候會遇到引用的程序或是語法已經棄用（deprecated）的警告，對於程式設計者來說，可能要想辦法引用其他的程序，為什麼軟體程式碼會碰到棄用的情況？原因很多，因為新的技術會出現，新的程序庫、語言的改變，或是執行環境的改變，都有可能造成一些程式碼被淘汰。

之前曾經介紹過海勒姆定律（Hyrum's law），軟體系統的使用者越多，則越有可能有人以特殊的方式來使用系統，不是預期中的使用方式，在這種情況下，要淘汰系統就越困難，因為越可能影響到很多的使用者。棄用的可能是一個函式，也有可能是一個規模比較大的軟體組成，假如是整個軟體系統要重新開發，則代表軟體系統已經走到生命週期的終點。

摘要

軟體系統的複雜化,使軟體系統的開發需要軟體工程的導入來輔助開發的程序,工程必須有管理來提昇效率並確保品質,從軟體系統的開發工作開始,一直到完成之後,正式上線使用,都有各種管理的工作,這些工作也是軟體工程必須探討的項目。由於軟體的種類很多,所需要的管理工作也各有差異,以套裝出售的軟體而言,開發時程的管理以及未來變更改版的管理非常重要,如此才能在市場上保持競爭力。對於軟體專案而言,開發程序的管理與開發成本的管理將決定專案的成敗。在規劃軟體開發的工作與程序時,就應該將管理的工作釐清,建立良好的管理制度與環境。

 學習評量

1. 軟體開發的管理與專案管理有何差異及相關性?

2. 有哪些軟體管理的工作在軟體系統完成之後還要繼續進行?

3. 試列舉軟體開發的主要成本及費用的項目。

4. COCOMO 模型中以 DSI 來代表所完成的軟體系統的規模,以目前的開發工具而言,例 PowerBuilder、Visual FoxPro 與 Visual Basic 等,程式只是系統的一部分,在這種情況下,COCOMO 模型是否客觀可用?

5. 依照 SEI 所提出的 Software Capability Maturity Model,軟體開發程序的管理可分成五個層次,假如要以這個模型來評估軟體開發業者的能力,應該要有哪些具體的評估條件?

6. 試由 UNIX 系統的 man 指令來查看 imake 與 RCS 指令(即 co 與 ci)的功能。

7. 軟體系統的文件化對於軟體系統的維護有何影響?

8. 試從組態管理的工作性質上推想組態資料庫應該含有的資料種類。

12

軟體系統的品質管理

　　軟體工程提出了軟體開發的流程，系統分析與設計的訓練讓我們在軟體開發流程中逐漸地把軟體建構起來，透過軟體的驗證與測試可以了解開發出來的軟體是否符合原來的規格與使用者的期待，而軟體本身品質的好壞就需要進一步的判斷了。品質好的軟體在維護與擴充時會比較容易，使用時的穩定性也會比較高。

12.1　軟體系統的品質管制

　　軟體開發的目標在於生產品質良好的軟體系統，對於使用者來說，應該要具有評估軟體系統品質的基本能力，對於軟體的開發者來說，則應學習改善軟體系統品質的技巧。**軟體系統的品質可分成外在與內在的因素：**

1.　**外在的品質因素**（External quality factor）：即使用者直接感受到的軟體品質，例如執行的效能、使用者介面的親和力等，外在的品質因素是品質管制最終要達到的目標。

2.　**內在的品質因素**（Internal quality factor）：和軟體系統本身的品質相關的因素很多，例如程式的結構、可讀性等，軟體工程師對於內在的品質因素比較有直接的感受，一般的使用者鮮少接觸軟體內部的設計問題。內在的品質因素常會影響外在的品質因素，是軟體品質管制的根源所在。

　新知加油站

ISO 9001 是系統品質（Quality Systems）的標準，裡頭列出了一個符合品質要求的系統應該具備的條件，對於軟體系統來說，還有一個 IEEE Standard 730（Software Quality Assurance Plans）的標準，針對軟體品質管理應該具有的要素條列出來。

　　程式碼審閱（code review）是確保軟體系統品質的一種方法與程序，可參考 Software Engineering at Google 這本書第 9 章的內容，軟體系統開發的過程本來就有一個流程，其中一定也涵蓋了程式碼審閱的工作。當軟體系統開發完成，需求與功能持續演進的時候，會有新的程式碼加入原本的程式基礎（codebase）中，對於大型軟體系統來說，強調分工分責，新程式的加入通常都需要一個核

准的程序，核准判定的依據就在於程式碼的審閱。Google 進行的程式碼審閱有 4 大類：

1. 全新程式碼審閱（Greenfield reviews）
2. 行為功能的改變或改善
3. 錯誤修改（bug fixes）與重置（rollbacks）
4. 重構（refactoring）與大規模改變

重置（rollbacks）是一個很重要的工作，不過要進行重置沒那麼難，主要是因為只要把系統還原成原來的狀態就可以了。之所以要重置是由於軟體系統的程式之間可能存在相依性，原本的修改若是沒有考慮到對相依程式的影響，就需要重置系統以後，重新修改程式。

12.1.1 軟體系統的外在品質因素

軟體系統的外在品質因素是軟體品管要達到的主要目標。通常內在的品質因素與外在的品質因素之間會有特定的關係，這些關係可進一步地定義軟體度量（Software metrics）來評估。我們下面先介紹各種軟體系統的外在品質因素。

一、正確性（Correctness）

軟體系統的正確性決定於該軟體是否能依照規格的定義來執行其功能，由於軟體的規格來自於需求分析，軟體系統的正確性代表該軟體能否真正發揮其應有的效能。一般人對於軟體正確性的了解多半限於軟體的測試（Testing）與除錯（Debugging），事實上，測試與除錯只是針對軟體執行的結果來判定其正確與否，並不保證軟體的正確性，因為測試本身不見得考慮到所有可能的結果。

在數學上可以建立正規的軟體系統製作方法，對產生的軟體進行以理論為基礎的驗證，由於軟體系統的複雜度日益提升，要做到數學上的驗證越來越難；不過，在軟體開發的過程中，可運用一些技巧來改善軟體系統的正確性，層次化的方法能簡化開發的程序，圖 12-1 畫出系統開發過程中常會遇到的軟體層次，在上層的軟體必須依賴下層的軟體來完成其功能，所以我們可以假設下層的軟體滿足正確性的要求，然後在這個基礎上發展上層的軟體。例如程式

語言的編譯器（Compiler）用來把程式編譯成作業系統可接受的執行碼，我們寫出來的程式及編譯器軟體都必須正確，才會有正確的結果。

圖 12-1　系統開發過程中的軟體層次

二、健全性（Robustness）

健全性代表軟體系統對於異常狀況的反應能力，正確性所要求的軟體系統功能是在正常狀況下預期發生的，可從軟體的規格描述來了解，健全性則缺乏詳盡的記載。當異常狀況發生時，我們通常會希望軟體系統能產生錯誤訊息、結束執行或是暫停，以免對資料的完整性或使用者的作業形成危害。

三、相容性（Compatibility）

相容性指軟體系統與其他軟體之間合作溝通的能力，例如檔案的格式若是一樣的話，軟體系統之間就能直接處理對方的檔案。相容性的關鍵在於資料格式及系統間溝通方式的標準化，例如資料結構、檔案格式、使用者的介面等。相容性高的軟體比較容易與其他的軟體結合。

四、可擴充性（Extensibility）

當需求變更時，軟體系統也要跟著改變，軟體工程所定義的軟體開發程序並未將需求變更引發的軟體變化當做必須解決的設計問題，而是讓開發的程序再循環一次，當軟體系統變得相當複雜時，些微的改變都有可能對整個系統產生重大的影響，在這種情況下，必須從軟體設計的方法上來改善其可擴充性，

基本上架構越簡單的軟體系統可擴充性越高，軟體系統內各軟體成份的自主獨立性越高，產生的變更也比較不容易有擴散的效應。

五、可再使用性（Reusability）

軟體系統中各組成的可再使用性高代表這些組成可以被再使用於其他軟體系統的開發中，節省開發的成本，軟體本身的一些特性會影響其可再使用性。

六、效率（Efficiency）

軟體系統完成同一樣工作所用的資源越少，則代表軟體的效率越高，通常所用來完成工作的時間也越短，在電腦硬體效能越來越高的趨勢下，對於軟體系統的效率有各種不同的看法，一般說來，軟體系統的效率仍是軟體品質的指標。

七、可移植性（Portability）

可移植性高的軟體容易轉移到不同的軟硬體平台上使用，對於使用者來說，在電腦環境的擴充上會比較有彈性，對於軟體開發者而言，可節省不同平台上重複開發的費用。

八、使用的簡易性（Ease of use）

對於使用者來說，軟體系統最好能簡單易學，通常結構單純的系統比較容易提供清晰易懂的介面，不過對於開發者來說，軟體系統的介面仍要依照需求規格來設計，是否能滿足使用者的要求，有各種方式來發掘。

 學習活動

軟體系統還有哪些特性與品質有關？大型的軟體系統與一般小型的應用程式在這些特性的要求與重要性上，會不會有些差異？

12.1.2 軟體品管的標準與程序

ISO 9000 是國際上有關於一般品質管理系統的標準，所涵蓋的行業很多，ISO 9001 與發展及維護產品的組織之品質管理有關，ISO 9000-3 以軟體開發為背景來解釋 ISO 9000，每個國家都會因應國情，在 ISO 9000 的基礎下發展出個別的品管標準。

　　圖 12-2 畫出 ISO 9000 與品管規劃之間的關係，陰影部分代表組織根據 ISO 9000 的品管模型所發展出來的內部品管文件與程序，各專案的品管規劃必須依照該專案的特質訂出品管的項目，以及評估的標準，這些規劃必須支援組織專案品質管理的一般性原則。

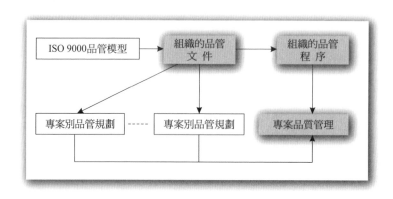

圖 12-2　ISO 9000 與品管規劃的關係

　　開發程序本身的品質直接影響所開發軟體的品質，就好像產品的品質與生產的程序息息相關，透過觀察與記錄可以發現哪些開發的方式比較能製作出品質良好的軟體，然後就能以此為基礎來改善開發程序的品質，這麼說好像蠻簡單的，但是真正做起來會有很多變因。

　　圖 12-3 畫出改良開發程序品質的流程，雖然久而久之能產生一套標準化的開發程序，但是影響軟體系統品質的因素太多了，標準化的開發程序未必能保證開發出來的軟體品質。

　　軟體開發有分成好幾個階段，每個階段都會有一些產出，審閱這些產出也是控制軟體系統品質的方法之一。

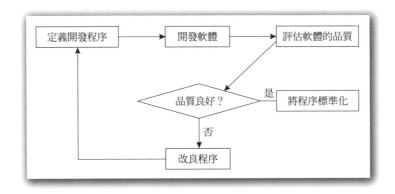

圖 12-3　改良軟體開發程序品質的流程

12.2　能力成熟度模型整合（CMMI）

什麼是 CMM（Capability Maturity Model）？在談 CMM 之前可以從軟體專案開發的實例來談起，由於軟體應用的種類非常多，開發過程中可能遇到的問題也是五花八門，假如開發工作控管得不好，有可能碰到開發到一半無法進展的情形。

為了避免這種情況，有必要尋求一種評估改善軟體開發程序的方法，CMM 提供的就是這樣的架構，CMM 的架構源自 TQM（Total Quality Management），TQM 的基礎是統計品質控制（statistical quality control），CMM 是由 Carnegie Mellon 大學的 SEI（Software Engineering Institute）所發展出來的。

位於 Carnegie-Mellon 大學的美國軟體工程組織 SEI（Software Engineering Institute）提出所謂的 Software Capability Maturity Model，這個模型將軟體程序（Software process）分成五個層次：

1. **啟動（initial）**：第一個層次（Initial）代表開發程序缺乏有效的管理，軟體完成的時程與所需的成本難以預測。

2. **可重複的（repeatable）**：第二個層次（Repeatable）表示開發程序有適當的管理，所以類似的軟體專案可在相似的狀況下完成，時程和成本較容易預估。

3. **定義完善（defined）**：第三個層次（Defined）表示程序本身有正式的程序模型為基礎，所以程序中的步驟明確，任何軟體專案都可依循程序的規範開發。

4. **可掌握的（managed）**：第四個層次（Managed）代表程序本身不但有正式的程序模型為基礎，而且會收集量化的資料來改善程序。

5. **最佳化（optimizing）**：第五個層次（Optimizing）表示程序的改善為規劃中的工作，軟體開發的程序隨經驗的累積而改進。

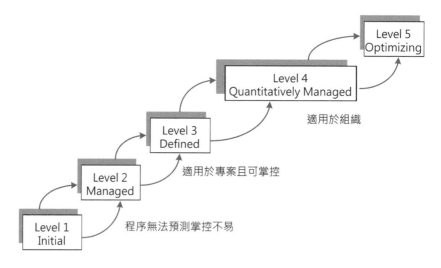

SEI 所提出的模型可用來評估一個軟體開發業者的能力。

CMM 對於軟體開發的成效真的有那麼大的影響嗎？不管怎麼說，軟體開發的主要目的是發展出健全、功能符合預期而且效能佳的軟體，軟體程序（software process）必須幫助我們達成這樣的效果，所以 CMM 是否合乎採用的價值，還是要看軟體開發組織本身的特質而定。

CMM 從 1991 年開始發展以來，出現在很多領域中，例如系統工程（systems engineering）、軟體工程、整合式的產品發展等，所以衍生出很多種模型來，雖然每一種模型可能都有用，可是在一個組織裡頭同時運用這麼多模型會造成一些問題，因此有 CMMI 的發展，I 就是 integration，CMMI 主要整合以下 3 種原始模型：

1. SW-CMM（capability maturity model for software）。

2. SECM（systems engineering capability model）。

3. IPD-CMM（integrated product development capability maturity model）。

整合了這些原始模型以後，組織本身就可以更有效地改善其程序，所以 CMMI 在發展的過程中等於是結合了 SW-CMM、SECM 與 IPD-CMM 的優勢，國內也有許多軟體開發公司試著導入 CMMI，這一項工作需要蠻複雜的步驟與專業的背景，因為所謂的導入並不是表面上的採用，而是真的要改善組織與企業的程序，提昇競爭力。**由於軟體開發廠商在承包軟體專案的時候必須展現本身的專業能力，假如能通過 CMMI 的評鑑，等於是擁有一個客觀的專業能力保證**，有利於跟其他的同業競爭，不過要通過 CMMI 的評鑑得下一番功夫。

CMMI 與前面提到的 ISO 都在於提昇企業的品質，也都是一種評鑑與認證，但是 ISO 的方式主要是證明品質無缺點，CMMI 則需要企業主動證明滿足品質的要求，所以 CMMI 在導入的時候通常會依循下面的程序：

1. 透過訪談了解目前的流程。　　4. 訂定組織流程。

2. 分析現況與目標的差異。　　　5. 推動執行組織流程。

3. 建立組織流程改進的計畫。　　6. 接受評鑑。

在李允中教授所著的「軟體工程」專書中，第 11 章探討軟體流程改善，特別舉出 Standish Group 在西元 1994 年與 2003 年的兩次調查結果，發現軟體專案發展改善與成功的比例大幅成長，並指出其中的一項重要因素就是軟體流程的成熟與進步，由此可見軟體發展程序的重要性。

12.3　軟體度量與軟體的品質

軟體度量（Software metric）是與軟體系統、開發程序或文件相關的任何型式的計量，例如程式碼的行數用來估計程式的大小，就算是一種軟體度量。通常度量可分成兩大類：

1. 控制性的度量（Control metrics）：用來控制軟體開發程序的度量，例如開發所用的人工、磁碟的用量等。從控制性的度量可預測開發程序的品質，甚至進而判斷軟體的品質。

2. 預測性的度量（Predictor metrics）：用來計算軟體特性的度量，可由此判定軟體在某一方面的品質，通常屬於外在品質因素或內在的品質因素，或從某些品質因素推知其他的品質因素。

軟體度量必須經過校準（Calibrated）才能反映實際的狀況，開發者可依照其組織的特性來發展有用的軟體度量，在這種情況下，必須建立與軟體量化資料有關的資料庫，然後經由這些資料的分析來了解軟體系統，或推演出某些結論。我們下面就介紹一些與軟體品質相關的度量。

12.3.1 軟體成份的複雜度與獨立性

某個軟體成份是否很獨立與軟體系統是否容易維護有關，因為軟體系統內的各軟體成份越獨立，則單一軟體成份的改變不會影響到太多其他的軟體成分。圖 12-4 中的軟體成份乙是軟體系統結構圖的一部分，進入乙的箭頭（Fan-in）代表其他程式對乙的呼叫，從乙往外的箭頭（Fan-out）代表乙對其他程式的呼叫。

Fan-in 的數目高表示乙的獨立性不高，因為修改乙會影響這些 Fan-in 另一端的程式，Fan-out 的數目高則表示乙的複雜度（Complexity）高，因為對外的呼叫很多。有一個有名的計算程式複雜度的公式就是以 Fan-in 及 Fan-out 的數目來計量的：

$$複雜度 \leq 程式長度 \times (\text{Fan-in} \times \text{Fan-out})^2$$

這個公式是由 Henry 與 Kafura 在西元 1981 年所提出來的，值得注意的是一般的程式在經過檢視分析以後就可以用上面的公式來提供一種量化的指標，複雜度越高表示越難維護，當然隱含的意義就是軟體的品質不容易維持了。

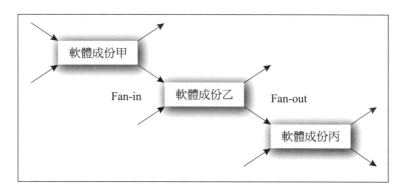

圖 12-4　軟體成份在結構圖中的組態

12.3.2　程式品質的度量

　　程式的品質（Program quality）主要的要求是沒有錯誤並且容易維護，表 12-1 列出一些可預測程式品質的度量，通常這些度量提供的只是一般性的指引，可參考但仍需確認。有關於程式複雜度（Program Complexity）也有一些有趣而簡單的軟體度量，例如 Oviedo 在西元 1980 年所提出來的公式：

$$C \leq aE + bN$$

　　E 代表程式流程圖（Flow graph）中連線（Edge）的數目，N 代表程式內使用到其他地方宣告的資料的次數，C 則代表程式的複雜度。換言之，假如程式中常用到其他程式宣告的變數，則該程式的複雜度會比較高，若是從 Fan-in 與 Fan-out 的觀點來看，就相當於程式的 Fan-out，依照 Henry 與 Kafura 所提出來的公式，也顯示出程式的複雜度較高，所以軟體度量之間有些觀念與法則是互通的。

表 12-1　程式品質的度量

度量名稱	涵義
程式碼長度 （Length of Code）	程式組成的長度越長，則程式越複雜也越容易發生錯誤
名稱的長度 （Length of identifiers）	程式中變數或常數等的名稱越長越可能代表某種涵義使程式易懂
條件巢狀結構的深度 （Depth of Conditional nesting）	用來計算類似於 if-statement 的語法連續巢狀使用的深度，數值越高代表程式愈難懂而且易出錯

學習活動

軟體度量想像的空間非常大,試著自己設計一套檢驗程式的度量方法,討論一下一種軟體度量應該有什麼樣的特徵?

12.4 可靠系統的開發

可靠系統(Dependable system)對於系統的穩定性(Reliability)、安全性(Safety)與保全性(Security)有相當嚴格的要求,系統的穩定性是一個系統品質好壞的象徵,直覺地說,系統的穩定性可從使用者的滿意程度來分辨,要精確地估計穩定性,則必須從系統在作業環境中正確運作無錯誤發生的機率來計算,我們可從各種軟體穩定性度量(Software reliability metrics)來預測軟體的穩定性。

表 12-2 列出幾種穩定性度量,這些度量可用來描述軟體的穩定性規格(Software reliability specification),每種度量的用途都不太相同,例如某些軟體系統重新啟動會造成很大的損失,則 ROCOF 與 MTTF 的要求可以高一點。表 12-2 中所提到的時間單位(Time unit)可使用一般的時間單位、處理器的時間或系統作業的次數等。大多數的穩定性度量都是以系統發生錯誤的機率為基礎。

表 12-2 軟體穩定性度量

度量名稱	用途與定義
MTTF (Mean time to failure)	系統執行失敗的時間間隔,這個間隔必須比系統完成一個正常作業的時間長
POFOD (Probability of failure on demand)	表示系統在進行某項作業時可能發生錯誤的機率,例如 POFOD ≦ 0.001 代表每 1000 次的作業中可能會失敗一次
ROCOF (Rate of failure occurrence)	用來計算系統失敗的頻率,例如 ROCOF ≦ 2 / 100 代表每 100 個作業時間單位裡可能會發生兩次失敗
AVAIL (Availability)	計算系統可用的機率,例如 AVAIL ≦ 0.998 代表每 1000 個時間單位中,系統在 998 個時間單位裡可用

12.4.1　軟體穩定性的規格

　　軟體穩定性的規格是軟體需求規格的一部分，穩定性低的軟體發生錯誤造成系統的失敗（Failure），這種失敗和軟體的錯誤（Fault）不同，系統錯誤並不影響其正常的執行，只是結果錯誤，系統失敗則代表執行停止，無法繼續作業，所以真正影響穩定性的是系統的失敗，系統的失敗可分成不同的情況，表 12-3 列出各種系統失敗的類別，在穩定性的規格中應明確地說明各種類別的失敗如何處理。

表 12-3　系統失敗的種類

失敗的類別	定義
暫時性的（Transient）	只在某些輸入的情況下發生失敗
永久性的（Permanent）	任何輸入都造成失敗
無法恢復的（Unrecoverable）	需要人為中斷來恢復正常
不具破壞性的（Non-corrupting）	系統失敗未破壞資料
具破壞性的（Corrupting）	系統失敗破壞資料
可恢復的（Recoverable）	不必人為中斷可恢復正常

　　大型的軟體系統常含有子系統，各子系統對於穩定性的要求各有不同，所以穩定性的規格也必須針對各子系統來加以描述，圖 12-5 畫出建立穩定性規格的程序，所訂出的規格未來可用統計測試（Statistical testing）來評估。

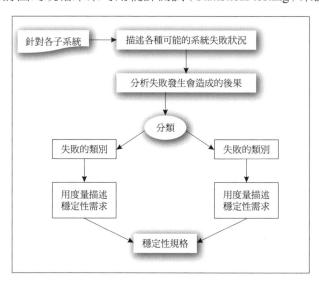

圖 12-5　建立穩定性規格的程序

12.4.2 穩定系統的開發

軟體系統在程式開發技巧的改善與良好的品質管制下，穩定性有逐漸提高的趨勢，從程式設計的角度來看，有很多可運用的技巧使系統穩定，這些技巧有三種主要的效果：

1. **錯誤的避免（Fault avoidance）**：從設計與製作的程序上改良系統的品質，避免錯誤的發生。

2. **錯誤的容忍（Fault tolerance）**：預防考慮到錯誤發生的可能，使系統具有處理的能力，在錯誤發生時仍能繼續執行。

3. **錯誤的偵測（Fault detection）**：在系統正式啟用之前，就以各種驗證的程序（Validation process），試著找出各種錯誤。

程式設計的技巧可以避免各種系統的錯誤，例如**採用強調型式檢查（或稱 Strong typed）的程式語言，在程式編譯（Compile）時期就可以把錯誤的型式使用自動偵測出來**；結構化的程式設計也可以幫助發現錯誤，因為程式變得比較易讀易懂，有些程式語言的語法最好能避免使用，例如「Go to」是從前常見的用法，破壞了程式循序執行的結構，會使錯誤較難以偵測。表 12-4 列出其他較易造成錯誤的語言結構。

表 12-4　易造成錯誤的語言結構

浮點數運算（Floating-point computation）
指標（Pointer）
動態記憶分配（Dynamic memory allocation）
平行運算（Parallel computation）
遞迴（Recursion）
中斷（Interrupt）

系統錯誤的容忍（或稱容錯）也可以利用程式設計的技巧來達成，由於硬體上有容錯的設計，軟體容錯的觀念有大半是從硬體的類似觀念轉換過來的：

1. **多版本的程式設計（N-version programming）**：在相同的規格下，由不同的人發展出幾個版本，使用時一起執行，然後比較輸出的結果，將不一致的結果排除，版本的數目至少要三個。

2. 可復原的程式片段（Recovery block）：在程式的片段中加入測試碼，
   確認該程式片段是否執行成功，假如測試的結果是失敗的，則執行另
   一段程式碼來復原系統的狀態。

當系統發生某種錯誤，或某種未預期的狀況時，我們把它稱為「異常」
（Exception），異常狀況的發生可能源於硬體或軟體的問題，**假如異常是預期中
的，則程式中可事先加入處理異常的程式碼，假如異常不是預期中的，則進入
系統通用的異常處理機制（Exception handling mechanism）**。所謂的「防禦性
的程式設計」（Defensive programming）就是在程式中加入檢查錯誤及錯誤後復
原的程式碼，使系統因錯誤發生而失敗之前能做一些處理來避免失敗。

12.4.3　安全要求高的軟體系統

在某些與人為安全有關的控制系統或監控系統中，軟體系統的要求很高，
因為軟體失常的情況可能會造成重大的災害，這一類系統的開發程序和一般的
程序不同，最主要的目的在於針對各種可能的危害，訂出安全性的規格（Safety
specification），分析各種危害的嚴重性，然後研擬如何使軟體系統結合硬體的
功能，將危害因軟體系統錯誤而發生的機率降到最低。當然，可以在軟體發展
時就採用本書前面介紹過的安全軟體開發方法與流程，畢竟各種危害也包括資
訊安全的危害。

摘要

隨著軟體開發技術的進步以及人們對於軟體系統的了解日益深入，對於軟
體系統品質的要求也越來越高了。不管是個人進行程式的撰寫或是組織進行軟
體系統的開發，都有很多輔助的工具，讓我們在開發的過程中更有效率、把開
發導向正確的方向，甚至於提前告訴我們一些跟軟體品質有關的質性或是量化
的數據。以目前的趨勢來看，CMMI 的導入是很多組織想要達到的目標，一般
的系統分析師也需要有這一方面的基本素養。

學習評量

1. 軟體系統的外在與內在品質因素有何不同？

2. 軟體系統的品質在判斷的時候會不會產生主觀與客觀因素混淆的情況？如何達到公平的要求？

3. 試從網路上或書籍雜誌中找尋和 ISO 9000 相關的資料。

4. 請說明軟體度量的用途。

5. 從整個軟體開發的流程來看，主要的成本會花在哪個階段？

6. 哪一些軟體應用系統算得上是可靠系統？

13

軟體開發工具與
技術的變遷

　　以各種輔助工具來改善軟體系統開發的效率，可節省開發的費用，由於這些工具本身也是電腦軟體，而且支援軟體工程所規範的軟體開發程序，**人們習慣把各種軟體開發輔助工具的使用稱做「電腦輔助軟體工程」**，即 CASE，其實軟體開發工具的種類很多，不見得都稱得上是 CASE 工具。

　　電腦輔助軟體工程（CASE, Computer-aided Software engineering）的目的在於簡化軟體開發的程序，支援 CASE 的工具本身可以和其他的軟體或工具互通，例如資料庫系統、主從架構系統的開發工具等。早期 CASE 工具出現時，人們的期望很高，認為必可大幅降低軟體開發的成本，但事實上由於當時的 CASE 並不成熟，所以並未達到預期的效果，反而使 CASE 沈寂了很長的一段時間。

　　後來由於物件導向技術的發展、資料庫的普及，以及主從架構的興起，使 CASE 工具逐漸回到軟體開發的市場中，由於在功能與技術上都比以前成熟，而且價格也大幅降低，目前 CASE 工具的使用已經相當普遍。我們在本章的內容中將介紹 CASE 工具的功能與種類，同時也說明其與軟體開發之間的關係。

　　由於軟體開發的輔助工具種類日增，我們介紹了 CASE 工具的代表功能，可用來界定某種輔助工具是否算是 CASE 工具；不過由於開發工具的功能越來越豐富，整合性及互通性也大為改善，CASE 已經逐漸變成一種象徵性的涵義，倒是輔助開發工具的選擇顯得更為重要，因為選擇的優劣直接影響所付出的費用、所節省的開發成本、所開發的系統的品質等。

　　我們在本章中也選擇了一些常見的輔助開發工具，做實務性的介紹，體驗 CASE 的功能。表 13-1 列出 CASE 工具預期達到的一些常見的目標。

表 13-1　CASE 工具預期達到的一些常見的目標

預期達到的目標	
改善開發出來的軟體系統的品質	幫助開發程序的標準化
加速系統設計與開發工作的進行	改善專案的管理
運用自動檢查的方式來簡化測試的工作	簡化程式的維護
結合理論上的方法來整合開發的工作	提昇模組與文件的再用性
改善開發文件的品質與完整性	改善軟體的可移植性（portability）

13.1　軟體開發的環境與輔助工具

　　要在軟體開發的過程中運用軟體工程，必須有適當的開發環境來配合，尤其是大型軟體的開發，雖然每個開發的程序都會有一些輔助工具可用，但是工具之間缺乏互通的聯繫；除此之外，開發環境本身也要能支援開發軟體系統時的各種需求。**我們希望軟體的開發能在一個軟體工程的環境（SEE，Software engineering environment）中進行，所謂的 SEE 能整合各種工具和開發環境的資源，使軟體工程引導下的軟體開發程序能得到最佳的支援。**

　　從另一個角度來看，軟體開發的工具在取得時需要費用，學習工具的使用需要時間，對於中小型的軟體系統來說，可能不必大費周章，完全依照正式的軟體工程規範來進行開發工作，不過在個人電腦上各種軟體工具層出不窮的情況下，開發工具的使用已經逐漸變成一種無法避免的趨勢。圖 13-1（A）可以看成是一個軟體開發環境的縮影，對於軟體系統的開發者而言，工具組（Workbench）的使用是最直接的軟體輔助開發的方式，一個工具組包含數種開發工具，可針對開發程序的某個或某些步驟提供支援。

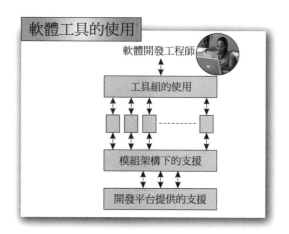

圖 13-1（A）　軟體開發環境與輔助工具

　　開發平台提供的支援（或稱 Platform services）是一般電腦作業環境具備的基本功能，例如檔案管理、網路通訊、視窗作業環境、列印功能等，在某些情況下開發平台和部署平台有可能不相同，不論如何，開發工具主要還是在開發平台上使用的。至於模組架構的支援（或稱 Framework services），是為了支援

各種開發工具的需求，把開發平台提供的支援集合起來或加以擴充，例如資料的儲存與管理、資料的整合、控制的整合（透過工具間的訊息交換）、使用者介面開發的支援等，基本上，這些支援是開發工具需要的。

　　從開發平台的支援到模組架構的支援，我們可以看到軟體開發工具本身必須結合開發環境中的資源，這種結合最好能有系統與組織，可分門別類，讓開發工具能得到必要的支援，這些支援大體上不會因平台的不同而相異，因為平台的差異性應由模組架構的支援所吸收，從圖 13-1 的結構來看，模組架構的支援有標準化的價值。表 13-2 列出 CASE 工具採用時要注意的一些問題。

表 13-2　CASE 工具採用時要注意的一些問題

需注意的問題	說明
管理階層的支持	CASE 的使用需要長期的資金投注，必須取得管理階層的支持。
CASE 的貢獻	CASE 的導入成效必須反映在企業開發系統的工作中。
使用者的預期	CASE 的功效需要一段時間才會展現出來，不是特效藥。
抗力的避免	企業內部與外部都有可能會抗拒 CASE 的導入，除了調整一般人的預期心理以外，最好做好使用的訓練，慎選參與者與應用 CASE 的專案。
部署的策略	使用 CASE 的專案在一開始選擇參與者的時候要很謹慎，必須確定有足夠的背景與熱誠。
評估效用	CASE 導入以後應該經常評估其效用，隨時做適時的調整與改變。

 增廣見聞

所謂的 PCTE（Portable common tool environment）是軟體工程領域努力的目標之一，主旨在於提供平台與開發工具之間標準化的介面，如此一來，不僅開發工具可免於處理平台間的異質性，開發工具間的整合也會比較容易，這樣才能真正建立一個 SEE 的環境。

13.2　電腦輔助軟體工程工具

　　電腦輔助軟體工程工具，或是所謂的 CASE 工具，是用來幫助進行軟體開發的軟體工具，CASE 工具的功能隨理論與技術的演進而變更，一般說來，我們可以把 CASE 工具分成四大類：

1. **上層的 CASE 工具（Upper CASE）**：以輔助較高層次的軟體設計為主，例如資料庫的設計，至於軟體的製作與部署，則不在 Upper CASE 的功能範圍之內。通常 CASE 工具能配合理論上發展出來的方法，引導開發者完成各種開發工作。

2. **下層的 CASE 工具（Lower CASE）**：Lower CASE 和應用系統的製作與部署相關，像程式碼產生器（Code generator）、報表工具（Reporting tool）與介面設計工具（Interface design tool）等，都可以算是下層的 CASE 工具。

3. **整合式的 CASE 工具（Integrated CASE）**：整合式的 CASE 工具包含了 Upper CASE 與 Lower CASE 的功能，提供完整的軟體系統開發的支援，例如早期 SyBase 公司發展的 PowerDesigner（請參考 http://www.sybase.com），或是 Telelogic 公司所發展的 System Architect（請參考 http://www.telelogic.com），都屬於整合式的 CASE 工具。

4. **中介定義的 CASE 工具（Meta-CASE）**：通常 CASE 工具會以某種理論上提出來的方法為基礎，Meta-CASE 工具可以讓使用者依自己的需求自行建立開發軟體的方法，包括各種表示法。

以上的 CASE 工具分類方式並不是唯一的，CASE 工具的功能是用來區別各種分類方式的主要依據，常見的功能包括下列各項：

1. **介面的設計**：提供使用者介面設計所需要的各種控制項，同時可以讓設計完成的介面輸出到各種應用系統開發的環境中。不過目前使用者介面的設計，大多直接在應用系統的開發環境中完成。

2. **設計草圖的繪製（Diagramming）**：CASE 工具通常會提供設計算圖繪製的支援，從草圖中我們可以看到物件的結構、資料庫的模型等與系統設計相關的資訊。

3. **系統資訊庫（Repository）**：和應用系統相關的資訊，可以透過 CASE 工具存放到系統資訊庫中，當新的應用系統開始開發時，CASE 工具就會建立相關的資料，隨後的設計及製作程序所產生的各種資訊，會自動地儲存起來，可提供給 CASE 工具本身或開發者使用。

4. **物件的產生（Object generation）**：根據開發者在 CASE 工具中完成的設計，產生實際開發環境中的物件，例如 C++ 的物件、PowerBuilder 的物件等，這項功能可節省開發者重新撰寫物件的時間。

5. **資料庫定義的產生（Schema generation）**：在資料庫應用系統的開發過程中，資料庫的定義是相當繁瑣的工作，通常支援資料庫應用系統開發的 CASE 工具能讓我們建立資料庫的設計，然後自動產生某特定資料庫管理系統下的資料庫定義。

6. **反向工程（Reverse engineering）**：從資料庫應用系統的相關資訊中，往回建立其原本的資料庫設計與定義，這個程序也被稱為反向工程，CASE 工具也能支援反向工程。

7. **多開發者的協調合作**：當開發者不只一人時，CASE 工具可以提供一些開發者之間協調合作的支援，而開發過程中產生的資訊，則經由系統資訊庫來共享。

　　CASE 工具導入軟體開發的程序需要縝密的規劃，圖 13-1（B）畫出 CASE 工具使用的週期；首先，必須選擇適當的 CASE 工具，通常選擇的根據在於軟體系統的特性，選定之後，必須依照使用者的需求對 CASE 工具做一些調整，使現有的開發環境能和 CASE 工具結合，相關的開發人員也要接受適當的訓練，才能正式啟用 CASE 工具，在開發過程中，CASE 工具也會隨各種需求的產生而演化，等到有更好的工具可用，原本的 CASE 工具就會被淘汰。

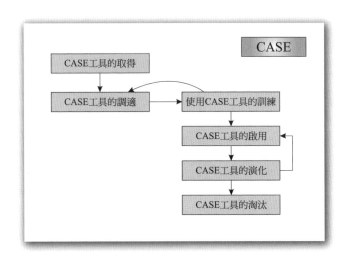

圖 13-1（B） CASE 工具使用的週期

 學習活動

試著到相關的網站上找找看是否有可供下載（download）試用的軟體。透過試用的經驗可以體會軟體開發工具的功能。

13.3 開發工具的選擇

開發工具（Development Tools）的選擇對於系統的開發影響深遠，因為開發的成本、系統的品質、維護的難易等重要問題，都和所用的開發工具有關。我們可以給開發工具一個簡單的定義：

系統開發工具指開發系統者所用的任何程式語言、編譯程式、報表產生工具、開發環境等，以達到快速而有效率地開發並部署應用系統的目的。

通常多數的開發工具都會提供一個整合性的開發環境（IDE, Integrated Development Environment），所謂的整合性是指凡是開發過程中所需的工具或必定歷經的步驟，都會以某種方式存在於開發環境中，適時適切地提供輔助開發的功能。表 13-3 列出開發工具常具有的功能與特徵。

表 13-3 開發工具的功能與特徵

特徵與功能的類別	用途
整合性的開發環境（IDE）	使開發工作簡化及系統化
程式語言	強化開發工具的描述能力
與資料庫管理系統的連結	簡化與資料庫溝通的方式
視覺化的開發工具	減低撰寫程式的負荷
開發元件	提昇程式的再使用率
應用程式介面（API）	使開發工具得以與程式語言結合
應用系統的包裝	使應用程式易於部署與配送

　　開發工具的種類很多，強調的功能各有不同，不同的軟體開發工具適合用來支援什麼樣的系統開發會受工具本身特性的影響。常見的開發工具可以分成下面幾大類：

1. **電腦輔助軟體工程工具（CASE Tools）**：提供較完整的應用系統開發及資料庫設計的支援，藉圖型化介面來表示系統的設計與架構。

2. **第三代語言工具**：第三代語言提供與資料庫連結的介面，雖然具有程式語言的彈性及表達力，但是開發者必須花很大的功夫撰寫程式。

3. **跨平台發展工具**：利用工具完成應用系統的開發後，可以直接移植到各種平台上使用。

4. **報表與線上分析工具**：報表工具（Reporting Tools）可以幫助使用快速地建立自己所需要的報表格式，同時從資料庫擷取資料以報表的格式呈現出來。線上分析工具（On-Line Analytical Tools）則從事更深入的資料處理與分析，使有用的資訊能從大型的資料倉儲（Data warehouse）中萃取出來。

5. **程式碼產生器**：主從架構的應用系統在部署時，客戶端的電腦可能有各種不同的平台，程式碼產生器可以依據應用系統的定義，產生某平台上的程式碼，然後再由使用者將該程式碼以編譯器（Compiler）產生可執行碼。

6. **應用系統分割工具**：這一類的工具可以把完成的應用系統轉換成多重式的（Multi-tiered）應用系統架構，增加可同時上線進入系統的使用者人數。

7. **企業內網際網路（Intranet）開發工具**：用來開發部署在全球資訊網（WWW：World-Wide-Web）上的各種應用系統，雖然這一類工具涵蓋了現有的各種開發工具，但是由於 WWW 瀏覽器的普及率很快，使得 Intranet 上的應用也快速地成長，促成相關開發工具的興起。

8. **以檔案為導向的（File-Oriented）資料庫開發工具**：圖 13-2 繪出這一類工具作用的原理，在這個架構中，並沒有所謂的「資料庫伺服器」（Database Server），只有「資料庫檔案伺服器」（Database File Server），其實只是一般的檔案伺服器，客戶端的程式要含有資料庫的核心引擎，才能處理所收到的資料庫檔案；嚴格地說，這並不能算是資料庫的主從架構，客戶端承擔了資料庫系統的各種工作，每當使用者有資料請求時，客戶端程式不但得從資料庫檔案伺服器上取得資料庫檔案，而且在資料更新維護時，還得獨占資料庫檔案的使用權；一旦使用者的數目增加，系統的效能立即大幅降低。目前常見的 Visual FoxPro 與 Access，都屬於這一類工具。

9. **專門化的開發工具**：提供專門的支援，盡量減低程式撰寫的負擔，同時把應用系統部署的方式與軟硬體平台的特性，都內建在工具所提供的功能裡。

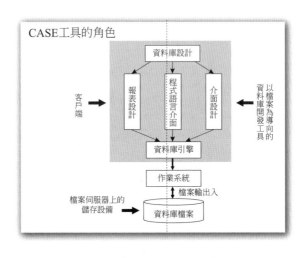

圖 13-2　以檔案為導向的資料庫開發工具

13.3.1 開發工具的內涵

由於開發工具的種類很多，採用的輔助方式又各不相同，使用者要靠經常性的接觸與累積性的經驗來熟悉一種開發工具，進而在應用系統開發的過程當中善用其功能。前面所介紹的幾類開發工具，又可細分成更多類別，但是在功能上各種工具都會擷長補短，所以其內涵漸趨於一致。以專門化的開發工具為例，我們可以從五個層面來描述其內容，也就是圖 13-3 所表示的陰影部分。

1. **資料庫存取**（Database Access）：由於應用系統可能會和多種 DBMS 溝通，開發工具要能使系統開發者免於處理與不同 DBMS 接觸的技術性細節，做法有很多種，前面介紹的 ODBC 是其中一種方法，在與某種 DBMS 溝通時，載入 ODBC 中該 DBMS 的驅動程式，開發者只要熟悉單一的 API 即可。最有彈性和效率的方式，當然是利用 DBMS 本身提供的介面，但是對開發者而言是很大的負擔，一旦能從資料庫獲取資料，剩下來的工作就不必考慮 DBMS 的異質性了。

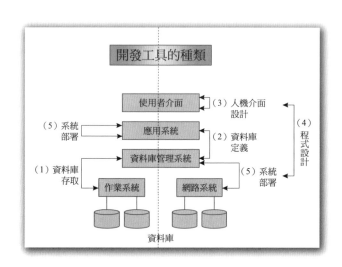

圖 13-3　專門化開發工具的內涵

2. **資料庫定義**：在開發工具中，資料庫所儲存的資料種類很多，除了應用系統本身會用到的資料之外，還包括一些資料的定義資料（Metadata），例如資料的型式與長度，或是資料數值的容許範圍，甚至

於包括所謂的「儲存程序」（Stored Procedure）與「觸發器」（Trigger）等；這些資料隱含了很多應用系統的特性與邏輯，因此而降低了應用系統程式碼的數量與複雜度。

3. **人機介面設計**：目前大多數的開發工具都支援元件化的視窗介面設計，把視窗上呈現的物件當成所謂的「控制項」（Control），像按鈕（Buttons）、下拉選單（Pull-Down Menu）等都是控制項，系統開發者可以把開發工具所提供的控制項放到所設計的介面（例如表單）中，加上調整與定義，就能很快地完成應用系統的介面；我們在 Visual Basic、Delphi、Visual FoxPro、PowerBuilder 等很多開發工具中，都可以看到這一類的功能。

4. **程式設計**：傳統的以主程式為主體的開發模式已經過時了，開發工具是用來降低程式碼的數量，同時也減輕系統開發者的負荷；所以，程式設計反而成為開發過程中的輔助性程序，當開發工具的其他方法無法完成的工作，才有必要透過程式設計來進行。通常程式設計所用的語言大多是開發工具所提供的高階語言，例如第四代語言，即 4GL，也有可能是一般的程式語言或是 3GL。程式設計的場合包括以程式語言來描述應用系統的邏輯、撰寫事件程序（Event Procedure）、呼叫 API 等。

5. **系統部署**：完成應用系統的開發之後，要把系統的元件組合起來，變成可以安裝在實際作業環境中的檔案，大多數的開發工具都能幫我們自動完成這個程序。不過，部署之後的測試成功之後，才算真正完成一套應用系統。通常系統的部署及測試有兩種差異頗大的方式：使用直譯器（Interpreter）或使用編譯器（Compiler）。圖 13-4 繪出兩者之間的主要差異；透過直譯的方式，部署平台上必須有開發工具支援的直譯器，由於每次執行時都要直譯一次，執行的效率較低。假如使用編譯的方式，則應用系統只要編譯一次，產生了部署平台的可執行碼，就可以直接執行，因此效率較高，但是對於大型的應用系統來說，編譯的過程費時，在測試的階段，可能使用直譯的方式較快。

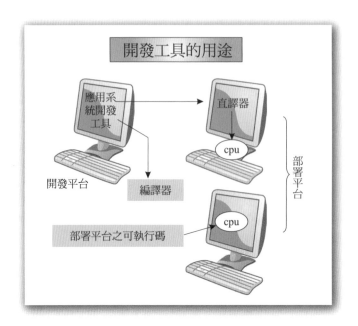

圖 13-4　應用系統的部屬方式

 延伸思考

能不能像實驗一樣給軟體開發工具下一個操作型定義？例如軟體開發工具接受的輸入內容種類、進行開發的過程與輸出的結果。

13.3.2　開發工具的選擇

　　對於系統開發的專業公司或技術人員來說，選擇適當的開發工具可以降低開發的費用，同時加速開發的時程。以跨平台的開發工具而言，最理想的情況是在開發平台上完成應用系統，然後利用開發工具產生各種不同部署平台上的可執行系統，這是跨平台開發工具的最高目標，但是由於平台之間的差異性，並不容易做到；以系統開發的過程來說，和作業系統之間的溝通，以及視窗介面元件的使用，占應用系統的極大部分，假如這兩大成份的移植性（Portability）很高，應用系統就比較容易跨平台。以一個最簡單的例子來說，圖 13-5 中有一個 C 語言寫的程式，只要在不同的平台上用該平台上執行的程式編譯，就可以執行了。潛在的問題可以分成下面幾項來探討：

1. **跨平台的編譯器**：同一種語言的編譯器仍可能有一些語法上的差異性，假如用到的語法剛好就是差異所在，編譯的時候就會發生問題。

2. **作業系統介面的差異**：大部分的程式都會經由作業系統的介面來使用電腦上的資源；一般說來，不同平台的作業系統之間差異很大，解決的方法之一是使用跨平台的程序庫（Portable Library），然後程式利用呼叫程序庫的方式來運用作業系統的功能。

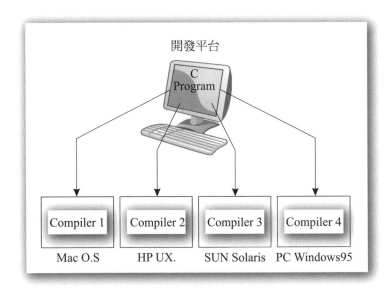

圖 13-5　跨平台系統開發

　　網際網路普及以後，WWW 的使用者大幅的增加，能夠裝入 Web 瀏覽器介面的應用系統，就可以爭取到大量的使用者群；因此，有很多開發工具逐漸地移往 Web 的平台上發展，所謂的「企業網際網路開發工具」（Intranet Development Tool），就包括了和前述類似的各種開發工具。有些跨平台應用系統的開發，將會以 Intranet、Extranet 與 Internet 的環境為主。常聽到的 Java 語言就是在這個環境下的主要語言。對於傳統的開發工具來說，直接轉移到 Web 及 Intranet 的環境下，反而節省了很多原有的跨平台的問題，主要是在系統部署上，可以藉助現有已普及的 Intranet 與 Web 的環境及架構。

13.4　電腦輔助軟體工程的各類開發工具

輔助軟體開發的工具很多，可稱得上是 CASE 工具的，通常要具備常見的幾項功能，由於軟體系統越來越複雜，有時候可能要結合好幾種工具的使用，才能完成軟體系統的開發，也就是我們前面曾提到過的工具組（Workbench）。由於 CASE 工具的定義不是非常嚴謹，一般人習慣把大多數的輔助開發工具通稱為 CASE 工具。

一旦選定了開發工具之後，軟體系統的開發就可以正式開始進入比較密集的階段，開發者最好能相當熟悉工具的用途與用法，未來軟體系統完成之後，任何的維護工作都有可能要再度利用原先選用的開發工具。所以開發工具在淘汰之前，也要確定是否會影響到現有軟體系統的維護。

一般說來，學習開發工具的使用並不難，關鍵在於開發者是否充份了解工具所支援的開發程序及方法，目前複雜的開發工具都相當昂貴，使用不當可能反而會增加開發的成本。

我們在本節中將介紹兩種有名的開發工具：ERwin 與 PowerDesigner，兩者在資料庫應用系統的開發上使用得很廣泛，Erwin 目前成為 CA（Computer Associates）公司的產品，稱為 ERwin modeling suite，SyBase 資料庫與 PowerDesigner 是 SyBase 公司的產品，SyBase 公司已經被 SAP 公司購併。我們可以從本身也是軟體的開發工具中找到各種簡化開發程序的功能，不過**任何的開發工具在開發程序中扮演的只是輔助的角色，軟體工程所規範的開發程序，仍是主導軟體開發的要素。**

 延伸思考

對於各種軟體工具的學習著重於觀念上的延伸，而不在於軟體本身的操作，所以在學習上若有興趣實作，可以到相關網站上去下載軟體，由於版本的更替，畫面可能有所出入，學習上要以觀念的運用為重點。

13.4.1　資料庫設計工具

　　ERwin 是早期很受歡迎的一種資料庫設計工具，可幫助開發者建立資料模型，經由 ERwin 畫出的 ER 資料模型圖（ER diagram）的內容代表資料庫的邏輯設計，ERwin 可以把這個邏輯設計轉換成某種資料庫管理系統裡的實體設計，如此一來，開發者在 ERwin 中可專注於資料模型的設計，不必了解各種 DBMS 的用法與語法。

　　一般說來，ERwin 裡頭的 ER diagram 只是一種資料庫設計的定義，並未受限於任何資料庫管理系統的表示法，所以系統開發者可以在 ERwin 中進行資料庫的分析與設計，一旦確定部署平台上採用的 DBMS，即可透過 ERwin 產生實體的資料庫定義，這樣做一來可節省在特定 DBMS 中定義資料庫的時間，二來可大幅簡化資料庫設計的維護。事實上，大型的資料庫設計可能包含了來自多種 DBMS 的資料，必須有一個整合的環境，儲存完整的設計結果。

　　資料模型是一個應用系統的精髓所在，雖然任何一種繪圖工具都能讓我們繪製資料模型圖，但是開發工具所能提供的支援更多，包括讓設計者輸入資料模型中各種物件的屬性設定、改變資料模型的呈現方式，以及將資料模型轉換成各種 DBMS 中的實體資料庫定義。從跨 DBMS 平台開發的角度來看，概念層次（Conceptual level）的資料庫設計與 DBMS 的特性無關，所以可在各種 DBMS 中使用。不過以 ERwin 的功能來看，主要還是用來進行資料模型的設計與維護，不包含應用系統的製作或自動產生，而且 ERwin 特別適用於資料庫應用系統的開發。

13.4.2　整合式的開發工具組

　　整合式的開發工具種類很多，很少人直接使用單一的編譯程式來進行大型軟體系統的開發，多半都會選擇自己或是開發團隊熟悉的工具。PowerDesigner 是由 SyBase 公司所開發的一組 CASE 工具組，用來輔助軟體應用系統的開發，通常使用在 SyBase 資料庫環境中的應用系統開發，PowerDesigner 包含下面幾項主要的工具：

1. **程序分析工具**：即 Process Analyst，可用來描述應用系統中各種程序與其內涵，包括程序中處理的資料、資料流（Data flow）與控制流（Control flow）等，支援軟體工程中系統分析與設計的步驟。

2. **資料庫設計工具**：即 Data Architect，用來輔助資料庫在概念層次的設計，同時也能產生實體層面的資料庫設計，亦即某特定 DBMS 中的資料庫定義。

3. **資料倉儲的設計工具**：即 Warehouse Architect，資料倉儲的設計與資料庫的設計類似，只是多加了與資料倉儲相關的觀念，形成所謂的「資料倉儲模型」（Warehouse model），支援多維度資料庫（Multidimensional database）的功能。所建立的資料倉儲模型可以和來源資料庫連結，擷取各種資料，形成可供後續分析處理的資料倉儲。

4. **應用系統的產生工具**：即 AppModel，PowerDesigner 支援多種應用系統的開發工具，包括 PowerBuilder、Dephi、Visual Basic、Web、Power++等，可以利用現有的實體資料庫設計，產生這些工具下的各種資料使用與維護的介面，不需要開發者實際地使用這些工具來製作應用系統。

13.4.3　行動裝置應用開發工具

行動裝置普及以後，app 的開發需求大增，以 Android 系統為例，就有 Android Studio 的開發平台，讓我們進行 app 應用的開發。開發 app 時需要考量到行動裝置的螢幕比較小，軟體設計的進行在一般的電腦上進行，完成以後可以透過 USB 介面連到實機上測試，或是透過開發環境支援的模擬器（Emulator）來進行測試。

行動裝置本身還有感測與定位等功能，通常開發平台會提供存取使用這些功能的語法。也有專門提供的程式應用介面，例如 Google 地圖，可以讓一般人運用地圖資訊，開發出各種需要使用地圖資訊的應用。有的軟體應用開發以後，會在多種裝置上使用，為了降低開發成本，會運用跨平台的軟體開發技術。

TIP

Google 公司除了使用市場上的工具之外，也會透過內部自行開發適合使用的軟體開發工具。對於必較有規模的軟體開發業者來說，通常也會發展常用的 API（Application Programming Interface），特別針對自己開發常用的功能寫出適合的函示。

摘要

隨著軟體系統的增加和開發經驗的累積，軟體開發逐漸從理論的探討擴展到實務的領域中，人們從了解軟體工程到靈活運用其技術，完全仰賴各種輔助開發工具的使用，所得到的最明顯的成效則是軟體系統品質的提昇與軟體開發效率的改善。品質的提昇表示軟體功能的擴充和穩定性提高，開發效率的改善則代表成本的降低和軟體更新時程的加速，這些因素都直接影響所開發軟體的市場性與軟體廠商的競爭力。

學習評量

1. 電腦輔助軟體工程和我們所探討的軟體工程有什麼關聯？

2. 何謂「PCTE」？對於軟體工程有何影響？

3. 試描述軟體工程工具的功能。這些功能對於軟體系統的開發有什麼樣的幫助？

4. 選擇開發工具時，應該要考慮哪些主要的因素？

5. 試選擇一種熟悉的開發工具，詳列其功能，並說明該工具對於軟體系統開發的輔助效果。

6. 從網路上找尋和 ERwin 相關的資料與文件，了解其支援軟體開發的方式。

7. 試從網路上找尋 PowerDesigner 中各種工具組的相關資料與文件，並了解其功能。

8. 試從網路上找尋與 SyBase 相關的各種軟體工具組，並了解其功能。

9. 蒐集各種軟體開發工具的資料，試著找出一種分類的方式來歸納這些工具的特徵。

10. 行動裝置的應用有哪些開發工具可用？

14

軟體元件與再使用

成功的軟體系統開發代表軟體品質的提昇、開發時程的縮短與軟體價格的下降，要達到這些目標，很明顯的有兩個主要的方式：

1. 軟體開發的效率要大幅提昇。

2. 或是軟體系統的大部分是由軟體元件的再使用來完成的。

在軟體開發的效率方面，由於各種開發工具（Development Tools）的普及，以及開發環境的進化，已經對軟體工業產生了相當大的影響。**而軟體元件的再使用方面，則仍是有待研發的領域，尤其是在實際的應用上，必須能和現有的軟體開發技術及開發環境結合。**

我們在本章中將介紹軟體元件再使用工程的涵義，然後說明系統架構在再使用技術中的重要性，以及各種再使用進行的程序與管理。軟體元件再使用的方式很多，在哪些情況下該用哪種再使用的方法，往往會影響再使用的效率，以跨平台的軟體系統開發為例，很明顯地會有功能相同的軟體在不同的硬體平台上使用，假如能把與硬體有關的差異性析出，剩下來的系統設計就是部署在各平台上的軟體的共同特徵，可重複使用。

 TIP

假如在開發的過程中，能預先洞悉再使用的特性，就可以盡量利用各種技巧把與硬體無關的系統設計放在一起，一旦要把同樣的系統部署到新的硬體平台上時，就不必重新開發與硬體無關的系統設計。軟體元件再使用的研發目標，就是希望能有系統地引導系統開發者在依循某些方法與準則來進行系統開發時，能自然而輕易地引入可再使用的軟體元件，降低開發的成本並縮短開發的時程。

14.1 軟體元件再使用工程

軟體系統的需求與結構日趨複雜，利用軟體元件（Software Component）的觀念來進行開發的工作，能使共用元件經由再使用的方式，降低開發的成本，再使用的規模越大，則節省的成本越多，表示重複開發的比例越低。亦即所謂的「以元件為基礎的開發」（Component-based Development）或是「以元件為基礎的軟體工程」（Component-based Software Engineering）。軟體系統的建立涵蓋

了各種層面和領域的問題，參與一個軟體系統開發的人很多，圖 14-1 是各種參與者從不同的角度來看系統開發的示意圖，雖然參與者的專業背景和任務互有差異，為了達到軟體元件再使用的目標，所有的人都要在嚴謹的軟體系統開發的程序下，建立再使用的模式：

1. **軟體架構與再使用元件**：軟體的整體架構中可再使用的元件能被析出，個別完成其設計，或是從現有的可用元件中選用適當的來加以修飾，成為軟體架構中的一部分；換句話說，再使用的軟體元件在軟體架構設計時，就應該要明確地定義出來。

2. **可再使用軟體元件的開發**：軟體元件可經由適當的介面技術溶入軟體系統中；因此，個別的軟體元件應能獨立地開發與測試。

3. **可再使用軟體元件的組合**：所謂的組合有兩種不同的涵義，將軟體元件依性質或用途分類，然後組合成供人取用的軟體元件庫（Software Component Library），是其中的一種涵義；從各種軟體元件庫中萃取軟體元件來合成一個軟體系統的架構，則是另一種涵義。

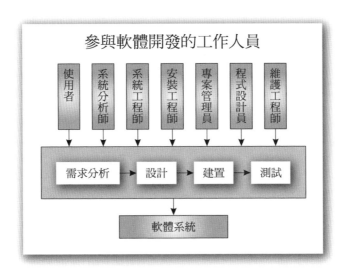

圖 14-1　軟體系統開發過程中的各種參與者

　　雖然軟體元件再使用有許多明顯的優點，在執行上卻有各種層面的阻力。以工程與技術上來說，軟體系統本身要能在開發的過程中必須有可區隔的成份，成為運用軟體元件再用技術的地方，另一方面，可再使用元件是否充裕仍舊是主要的問題，雖然過去累積的軟體程式眾多，但並非所有的程式都經過再處理，使其適合被再使用，再使用軟體元件也有可能缺乏彈性的介面，無法使用在多數的場合中；當然，引導再使用程序的工具欠缺，也是工程技術上所面臨的問題之一。

　　在軟體開發的程序上，傳統的方式並未替再使用技術預留空間，促成軟體元件再使用需要做哪些工作也沒有很明顯的導引法則，如此一來，自然會造成實現軟體再使用的阻力。通常軟體開發的專案會使用到的再使用軟體元件很可能來自很多其他的專案，有時候開發的組織或企業必須要能對相關的軟體專案有所掌握，甚至於把再使用的方法變成開發過程中的步驟，在專案管理的層次上掌控可再使用的軟體元件。

　　實現軟體元件再使用的另一個阻力來自於組織或企業願意投注的成本與努力，通常再使用的方法與環境需要一段時間來建立，技術人員要有足夠的專業訓練及經驗，才能逐漸地把可再使用的軟體元件與技術帶入軟體系統開發的專案中。

 新知加油站

軟體再用的工作有兩種不同的模式，一種是運用再用的技巧來進行開發（software development with reuse），另一種則是為了產生可再用的軟體元件所進行的開發工作，我們下面用兩個圖把這兩種模式的差異呈現出來。

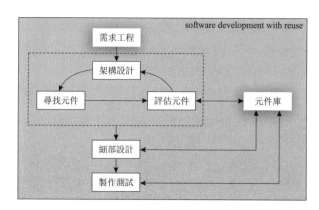

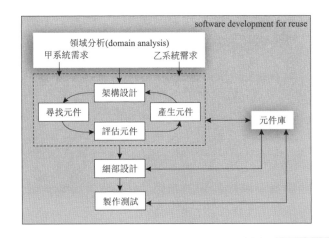

軟體元件的再使用是一項工程，因為所牽涉的人員、資本與技術絕不下於大型的軟體開發專案，而且實施的程序有一定的法則，可應用於各種軟體系統的開發，從軟體系統架構的觀點來看，軟體元件再使用的工程將既有的軟體元件堆砌成穩定、健全而有用的軟體架構，由於再使用的緣故，大幅降低了系統開發的複雜度與成本。圖 14-2 是再使用工程的簡易組成圖，我們可以看到軟體元件再使用施行時的成員。

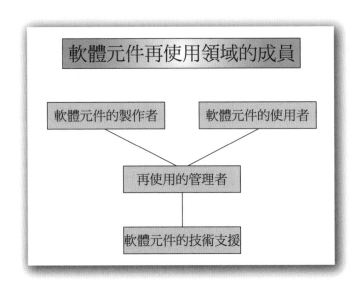

圖 14-2　再使用工程的成員

我們下面給「軟體元件」訂出比較明確的定義，這些定義以軟體元件的特徵為導向，至於軟體元件以什麼樣的型式存在，並沒有嚴格的限制：

1. **軟體元件應具有市場性**：要再使用必須要能先共享，所以軟體元件要自成可供人使用的商品。

2. **軟體元件要有定義完整的介面**：透過介面來使用軟體元件的功能是最方便的，因為使用者不必了解軟體元件內部的技術性細節。

3. **軟體元件應具有隨插即用的特性**：隨插即用（Plug and Play）代表加入軟體元件容易，而移除也同樣的簡單。

4. **軟體元件要有相容互通性**：由於軟體元件可能會用在各種平台及軟硬體的環境中，本身應該要有相當高的相容性與互通性，才容易與其他的軟體元件組合。

5. **軟體元件不是一個完整的系統**：軟體元件必須放到軟體系統中，在一個完整的架構下執行其功能。

由於軟體元件再使用技術的重要性日增，如何把系統開發的成本藉著軟體元件再使用而大幅降低，已經成為軟體工程領域研究的重點之一，在相關的研究主題中，軟體系統的架構扮演著非常重要的角色，因為從系統架構中可以看到再使用的時機，或是萃取出可再使用的軟體元件，我們下面就開始介紹軟體系統架構與再使用技術之間的關係。

TIP

軟體元件再使用到底是一種技術還是一種技能，有時候還不太容易分辨，因為技能純熟的人似乎本能地知道如何善用現有的軟體模組，這是經驗法則的引導，思考一下，以技術而言，軟體元件再使用應該具有什麼樣的功能與理論架構？

14.2　系統架構與再使用

　　軟體元件再使用的比率和軟體系統的架構（Architecture）有很大的關係。在軟體工程的程序中，我們通常會把系統的需求以各種模型（Model）來表示，然後在系統部署的平台上完成可執行的程式碼。模型是用來描述規格和需求的嚴謹方式，所描繪的結果即是軟體系統的架構。在完整的模型與架構中，比較容易看到可再使用的組成，把這些組成包裝成「可再使用的元件（Reuse Component）」，相關的可再使用元件能進一步地組成「元件系統（Component System）」，在以元件為基礎的軟體工程中，軟體系統可以在元件系統的基礎上建立起來。

　　圖 14-3 繪出可再使用的元件與軟體應用系統之間的關係，我們可以看到由元件庫來建立軟體應用系統需要的工程技術，以及軟體元件本身的種類與階層式的相關性，在軟體應用系統的架構中，能更清楚地看到這些關係與特性。

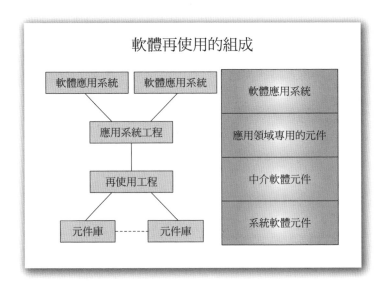

圖 14-3　可再使用元件與軟體應用系統

14.2.1 層次化架構

　　大型的資訊系統越來越複雜，主要的原因是各種標準的經常性變更、分散式運算的需求、各種技術的整合、以及異質性系統與平台的相容性問題。既然無法避免系統複雜度的提高，只好運用軟體架構的技巧來簡化大型系統的開發與設計，我們可以將軟體架構定義如下：**軟體架構（Software Architecture）將系統的組成分成由各種介面（Interface）連結的子系統（Subsystem）的組合，同時定義出執行各子系統的電腦節點之間的交互作用。**

　　建立系統的軟體架構就像蓋房子一樣，必須考慮所用材料的特質，堅固耐用的材料適合用來做為基礎，損壞率高的材料要易於更換。常更動的軟體成份對於系統的整體架構影響較小，穩定而少變更的軟體成份則決定系統的整體結構。層次化的軟體架構能簡化系統的複雜度，圖 14-4 將軟體分配在一個層次化的系統（Layered System）中，越下層的軟體成份有越廣泛的使用率，越上層的系統則與應用領域特殊需求越有關。**通常軟體的結構所記載的屬於靜態的資訊，可以層次化，至於動態的特性，則和系統各組成的功能及交互作用有關，必須以動態的模型（Dynamic model）來描述。**圖 14-4 的層次化系統只是一個參考的例子，任何軟體系統都有可能根據其特性與需求，形成個別的層次化結構。

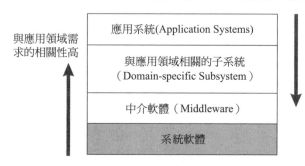

圖 14-4　層次化的系統

　　層次化的架構（Layered Architecture）可以讓我們把軟體系統有效地分割，在開發過程中將人力資源依技能與背景分配在不同層次上工作，對於軟體元件的再使用而言，也可依照同樣的層次化架構，使再使用者能更容易地找到所工作層次上需要的軟體元件。目前軟體開發的趨勢傾向於結合各種現有的資源，包括開發者之間的合作、各種開發工具的互通性、與依專案形成工作群組等，

在這種情況下，有所謂的「分散式物件架構」（Distributed Object Architecture）的興起，主要的目標在於利用物件的觀念，使軟體的介面與功能定義能有一致的格式，而這些物件的定義可不受限於某種程式語言或執行環境，如此一來，所發展出來的分散式物件就可以讓大家共用，容易組成軟體元件系統供再使用，也可進一步地放在層次化的架構中分門別類。其實分散式物件的軟體開發方式就像是隨插即用（Plug and Play）的觀念，使軟體系統的開發能像積木的堆砌一樣，不管是功能的加入或是移除都相當的方便。在商業市場或研究領域中，都不乏分散式物件架構的例子：

1. 由廠商合作研究而得的標準 CORBA（Common Object Request Broker Architecture），以標準化的 IDL（Interface Definition Language）語言來定義移植性高的軟體系統，在 CORBA 中，系統的定義與其實際的製作（Implementation）是分開的。

2. OLE（Object Linking and Embedding）是微軟公司所發展出來的一種物件運算架構，其具體的實例就是 ActiveX，OLE 使用 COM（Common Object Model）為其理論基礎，所謂的 OLE 元件可以透過所謂的 OCX（即 OLE Control Component）介面來取用，其實也就是 ActiveX。

除了層次化的架構之外，我們也可以用再使用軟體元件的大小來區分再使用的層次，通常層次越高的再使用，所用的軟體元件越大，而再使用率也越高。以分散式物件的觀點來看，最小的軟體元件就是物件（Object），其次依序為微觀架構（Micro-architecture）、巨觀架構（Macro-architecture）、子系統、系統架構等。

14.2.2　物件導向軟體工程的影響

物件導向軟體工程（OOSE，Object-oriented Software Engineering）利用物件（Objects）、型式（Type）與類別（Class）來建立軟體系統，物件導向模型提供完整的語法，使我們能精確又詳盡地描述所開發的軟體系統。物件是相當有用的程式語言資料結構，同時也是用來描述各種事物的基礎，把軟體工程的方法建立在物件的觀念之上，可以獲得物件導向特性所支援的各種功能。圖 14-5 列出軟體工程的主要工作，簡單地說，軟體工程的目標在於將抽象的需求轉變成具

體可用的軟體系統，為了能有效地讓系統的功能與原來預期的需求吻合，軟體工程提供了系統化的方法，如圖 14-5 所列的各步驟，由於物件的觀念應用得非常廣泛，圖 14-5 的各項工作可以完全以物件導向的模型為基礎，用來描述抽象的觀念、具體的系統設計或是系統的架構及組成。

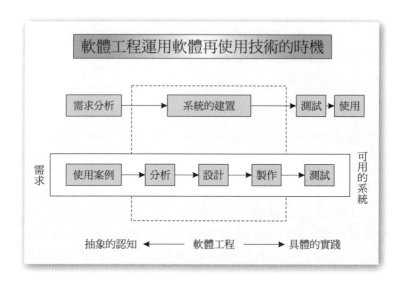

圖 14-5　軟體工程的主要工作

　　圖 14-6 中的各項工作從所謂的「使用案例」（Use Case）開始，使用者或操做者（可稱為 Actor）與應用系統溝通，產生的一連串反應（或稱 Transaction），就是使用案例，因此使用案例有各種情況，可用模型來表示，也就是所謂的「使用案例模型」（Use Case Model），所描述的代表應用系統的需求。圖 14-6 以銀行金融系統為例，說明銀行客戶和銀行之間可能發生的各種接觸情況，例如開立帳戶、存款、提款等，銀行客戶算是一種 Actor，開戶的事件是一種 Use Case，而兩者之間的連線則代表所存在的關係。

　　使用案例模型的建立代表應用系統需求的規格化，這種規格可以在後面的軟體工程步驟中轉變成各種其他的模型。圖 14-5 中的分析工作將描述系統的架構，分析步驟中的系統架構只包含較高層次的設計，並沒有細節，主要是各種型式（Type）的定義、子系統，以及存在的關聯性。例如圖 14-6 中的存款使用案例就可以用圖 14-7 裡的分析模型來表示。陰影部分代表處理存款作業的子系統，客戶透過櫃台介面向銀行提出存款的請求，隨即進入辦理存款的手

續，查驗客戶的身份並確定帳戶是否存在，最後再向客戶確認存款金額，修改
帳戶餘額並完成存款作業。

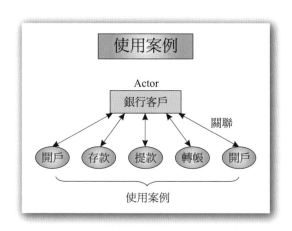

圖 14-6　自動提款系統的使用案例模型

　　分析模型（Analysis Model）雖然還缺乏足夠的細節來製作一個系統，但已
經相當完整地描繪出系統的功能與架構，我們可以採用各種方式來表示分析模
型，圖 14-7 有點像類別結構圖（Class Diagram），前面對於圖 14-7 的解釋則屬
於書面的描述，假如以事件發生的順序及事件的參與者為基礎，可以更清楚地
看到系統未來使用時的行為。另一種角度則是從各子系統間的合作關係來看整
個系統的功能。這些表達的方式都能詳盡地說明分析工作的結果，但和實際的
製作並沒有非常直接的對應。完成分析之後，接下來的設計與製作工作就有十
分密切的相關性。

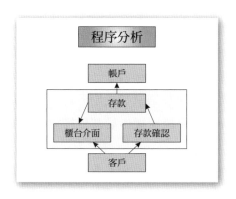

圖 14-7　存款作業的分析模型

設計模型（Design model）可以看成是原始程式碼的縮影，必須考慮執行的環境、所用的程式語言、可用的開發工具等。圖 14-8 是存款作業的設計模型，通常分析模型和設計模型之間會有一些簡單而直接的對應，但是設計模型涵蓋了更多的細節，圖 14-8 是以一個網路的作業環境為基礎，帳戶管理伺服程式負責對銀行帳戶的資料庫進行各種資料的處理與維護，存款作業伺服程式負責和客戶端的介面程式溝通，完成存款的手續。圖 14-8 的虛線所形成的分割代表系統部署時的各網路電腦節點。

更為詳細的設計模型應該還要包括各程式或子系統內的組成，例如物件與類別的定義。設計模型的內容尚可與部署平台的特性分開，一旦開始撰寫程式，就會指定所用的平台，假如不同平台可共用相同的設計模型，則代表設計階段及之前的工作不必重新再做一次，換句話說，設計模式可以具有平台間的移植性。

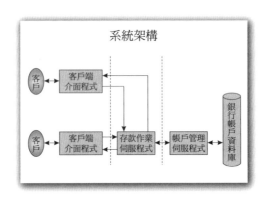

圖 14-8　存款作業的設計模型

物件導向軟體工程中有一個很重要的趨勢，就是介面（Interface）與實際程式製作（Implementation）的分隔，所謂的「物件導向架構」（Object-oriented Architecture）定義軟體模組應如何整合在一起，經過物件導向軟體工程的程序之後所得到的物件導向架構可以很清楚地劃分各軟體模組的功能以及其間的交互作用，模組之間的介面或是模組提供給其他模組使用的介面與模組內的功能如何撰寫是分開的。圖 14-9 畫出介面與實際程式製作的分隔，同一個介面的定義，可能會被寫成好幾組程式，介面本身對外所代表的功能及涵義只有一種，但是這些功能會在不同的平台或環境下提供，所以產生了不同的程式，當介面

被使用時，到底要啟動哪一組程式，決定於當時的情況與環境。把介面定義和製作組合在一起，就形成了物件導向架構。以分散式物件的觀點來看，每個物件都有其介面與行為，應用系統的功能可以看成是物件之間透過介面進行訊息的交換，觸發的一連串事件與程序的組合。

我們前面曾介紹未來分散式物件運算架構的趨勢，物件導向軟體工程在分散式物件的環境中將更容易發揮其效用，尤其是在軟體元件的再使用以及元件系統的介面上，都比傳統的開發環境及方法更具有彈性及效率。

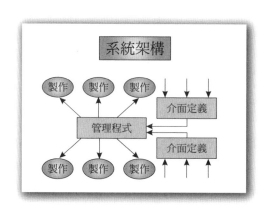

圖 14-9　介面與製作的分野

14.3　進行系統化再使用的程序

再使用的程序包含了兩項重要的工作，一項是應用系統使用者本身的改變，另一項則是軟體工程程序的改變，使應用系統的開發能受益於軟體元件的再使用。應用系統使用者改變的例子，最常見的是所謂的「行業程序再生工程」（Business Process Reengineering），通常組織或企業所需要的資訊系統可經由行業工程（Business Engineering）的程序來詳加定義，圖 14-10 畫出行業工程的幾個主要步驟，首先是行業再生工程目標的訂定，然後透過這些目標來建立行業再造的模式，包括行業程序及行業成員必須配合與調整的工作與程序，接著可以進行所謂的「反向工程」（Reverse Engineering），將現有的行業程序詳盡地描述出來，同時標定必須再造的部分，「前向工程」（Forward Engineering）則是將程序所需要的資訊系統逐漸地開發出來，而執行與製作的過程正式把新程

序導入行業的運作中。如此一來，行業的程序與需求將會很清楚地呈現在各種文件化的模型中。

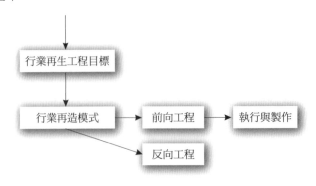

圖 14-10　行業工程的主要步驟

14.3.1　再使用程序的涵義

以軟體工程的程序而言，系統化的再使用包含了三種主要的工程：應用族群工程（Application Family Engineering）、元件系統工程（Component System Engineering）與應用系統工程（Application System Engineering）。三者之間的關係可以用圖 14-11 來表示。元件系統工程將軟體元件組合成所謂的「元件系統」，開發者必須考慮元件系統的潛在用途，主要來自於應用系統的需求，例如多數應用系統都會用到的軟體元件，就值得特別集合在一起，讓應用系統的開發者能很方便地再使用這些軟體元件。應用系統工程將來自於各元件系統的軟體元件拿來組成應用系統，有的軟體元件可直接再使用，有的則要經修改後才能使用。

由於再使用的效率決定於現有的元件系統的大小及相關性，當應用系統之間有某種程度的關係時，通常系統化的再使用程序都要有通盤的考量，也就是說圖 14-11 中的系統架構中應含有哪些元件系統、支援哪些應用系統，以及系統之間的介面，必須經由應用族群工程來統籌規劃，使系統化的再使用能有最好的效率。

以上所介紹的系統化再使用工程的項目，必須和傳統的軟體工程結合，讓軟體元件的再使用成為系統開發者不可忽略的程序。從組織或企業的觀點來

看，所需要的資訊系統將隨著行業營運程序的變更而改變，假如能有效地建立一個層次化的應用系統架構，妥善運用再使用工程，則必能大幅降低資訊系統開發和維護的成本。

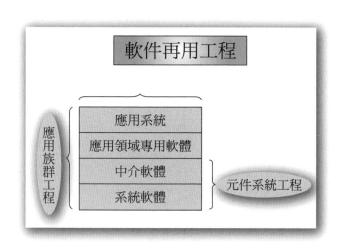

圖 14-11　系統化再使用工程的項目

　　目前較常見的軟體元件再使用大都限於程式語言層次或是程序庫（Library）層次的再使用，比較高層次的再使用雖然見諸於文獻的探討中，仍缺乏大規模的應用，現有的軟體程式也不見得適合再使用，有可能修改的成本過高，不如重新開發；因此，在系統化的再使用程序中，可再使用的元件系統應該經由軟體工程的開發流程，在再使用的考量下，發展出適合再使用的元件系統。事實上，除了元件系統的建立之外，再使用的過程中如何把軟體元件組合在一起，或是如何修改軟體元件使其適用於應用系統的架構，仍然需要一套完整的方法與程序來指引。至於軟體元件應如何組合成元件系統，或是如何包裝在方便取用的架構中，同樣是重要而必須解決的問題。系統化的再使用工程不但要達到再使用的目標，而且要能提高再使用的效率，真正的降低開發的成本，尤其是對於同一個組織或企業而言，應該要有整體性的系統開發規劃。

14.3.2　應用族群工程

　　應用族群工程（Application Family Engineering）是層次化系統的關鍵，圖14-11 中的架構是以應用族群工程來做縱向的連繫，使元件系統和應用系統之

間能有健全的介面,同時也整體性地規劃元件系統的開發,使用使用的效率能提高。

應用族群工程也有一個類似於圖 14-5 的流程,但是為了能做到縱向的整合,應用族群工程必須要掌控整個系統開發的時程(Schedule),包括上層的應用系統及下層的應用系統,然後適時地提供兩者之間整合的介面。

14.3.3 元件系統工程

元件系統工程可以採用類似於物件導向軟體工程的模式,在一套完整的程序下建立並包裝可再使用的元件系統。圖 14-12 為元件系統工程的流程,在需求分析、設計與製作的過程中,必須詳細考慮相關的應用系統及元件系統的需求,因為未來元件系統會和這些系統一起用在開發的程序中,假如能預貿介面或釐清功能所屬,對於整個再使用工程的程序會有很大的幫助。

元件系統本身要具有一些特質,這是開發過程中必須考量的條件之一:一個元件系統可能會用於多個應用系統的開發中、元件系統開發完成後會變成可再使用的軟體資產、元件系統的規格化會有許多權衡得失的抉擇。通常元件系統的需求分析會比較著重於所支援各類應用系統的共通性與差異性,這些特性會影響未來元件系統被使用的方式。

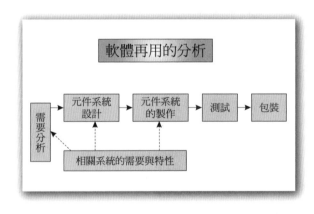

圖 14-12　元件系統工程的流程

完成元件系統的設計及製作之後，必須進行測試，元件系統的測試要考慮到軟體元件各種再使用的情況，通常測試的層次可以用軟體元件為單位、以使用時軟體元件的交互作用為基礎、或是以整個系統的運作來進行測試。完成測試之後，最後的工作就是把元件系統包裝起來，包裝的方式將影響元件系統使用的難易。商業化的元件系統種類很多，例如微軟公司的 MFC、Visual Basic 等。包裝的方式之一是把軟體元件與其他的相關工具整合在一起，讓使用者容易學習如何運用元件系統的內涵。

元件系統的建立是實踐系統化再使用的基礎，現有的軟體程式也可以在適當的轉換下，變成可再使用的元件系統。以資料庫應用系統的開發為例，應用系統的資料模型就是一種可再使用的元件，因為同一個資料模型可以轉換成不同資料庫管理系統的資料庫定義，對於應用系統的開發者來說，同樣一種產品可能需要移植到不同的平台及環境下執行，假如能避免重複的開發工作，自然可節省可觀的成本。在資料庫應用系統的開發環境裡，有很多工具支援資料模型轉換成特定的資料庫定義。

所謂的「軟體元件」，隨著技術的進展而衍生出很多不同的種類，從程式片段、類別（Class）、模組架構（Framework）、程序庫（Library）到子系統（Subsystem），都有可能自成一種軟體元件的單位，比較難用標準化的方式來限制；不過，有很多軟體元件或是元件系統是和開發工具結合在一起，使用者得工具之助，可迅速地享用各種軟體元件。真正理想化的元件系統應該算是分散式物件（Distributed Objects）的觀念，有統一的格式與介面，可確實支援軟體 IC 的目標。

TIP

提到軟體 IC 可能會吸引不少人的注意，只是在軟體開發的領域中，軟體元件的建立、使用與管理牽涉了不少技術性的細節，思考一下，到底要達到軟體 IC 的目標需要先完成哪些基本的工作？

14.3.4 應用系統工程

應用系統工程（Application System Engineering）是最終產生有用的應用系統的步驟，應用系統工程的程序類似於圖 14-5 列出的物件導向軟體工程的程序，但在執行時有下面的特點：

1. **找出可再使用的軟體元件**：我們可以用層次化系統為參考模型，看看所開發的應用系統包含哪些層次，再從這些層次中尋找可再使用的軟體元件。

2. **將應用系統包裝成可安裝的型式**：包括安裝程式、安裝過程的使用說明、常見問題集、範例等。

應用系統工程的流程只是一個一般性的指引，要提高再使用的效率，必須仰賴其他的特殊方法。事實上，應用系統工程、應用族群工程和元件系統工程都有類似的程序，只是在整個系統化再使用工程中，各有其扮演的角色。

14.3.5 系統化軟體元件再使用的管理

早期的程式片段再使用往往是程式設計者本身就能處理的工作，隨著軟體系統規模的擴大，以及系統需求的複雜化，必須仰賴系統化的軟體元件再使用才能大幅地降低開發成本，但是系統化再使用需要成本的投注，以及專業技術的採用，稍一不慎，可能無法達到預期的成效，所以系統化軟體元件再使用要運用管理的技巧使再使用作業的成功率得以提昇。

圖 14-13 可以用來說明程式碼層次的再使用（Code-level reuse）與設計層次的再使用（Design-level reuse）之差別，以程式碼為主要的再使用單位時，完成應用系統的組成時，仍有大部分的設計待完成，也就是圖 14-13 左邊的陰影部分。假如以設計內容為再使用的單位，則完成應用系統的組成時，剩下來的只是一些零星的程式碼的撰寫，也就是圖 14-13 右邊的陰影部分。相較之下，顯然設計層次再使用的效率要好得多。

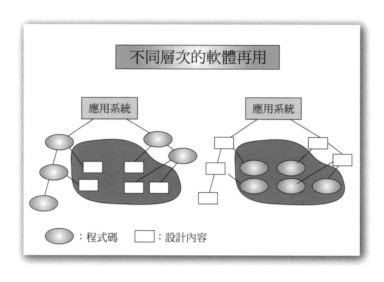

圖 14-13　再使用的層次與其效率

14.4　系統化軟體元件再使用的方法與研究

軟體系統因電腦與通訊技術的進步以及應用領域需求的增加而日趨複雜，軟體程式則在多年的開發累積之下，形成了可反覆使用的軟體基礎（Software Base）。為了提昇軟體開發的效率，除了尋求更好的開發技術與環境之外，利用現有的軟體基礎來簡化開發的複雜度並降低開發成本，是目前有待研發的領域，尤其是再使用率要求高的情況，勢必要能把軟體再使用的技術整合到軟體工程的程序裡，才能真正讓系統開發工程師有效地再使用軟體基礎。雖然有很多再使用的方法見於文獻和軟體工具中，但仍未能解決下面的癥結：

在軟體系統架構的設計相當複雜而且有多重選擇的時候，系統開發工程師如何在進一步撰寫系統之前得到適當充裕的資訊來決定哪一個設計方式優於（例如以開放性、移植性等特徵來比較）其他的設計方式而且可節省最多的開發成本。

軟體再使用技術是解決以上癥結的重要關鍵，而軟體系統架構的設計（Architectural design）則是促成軟體再使用的核心，以大型的資訊系統來說，由於組成眾多，部署的環境具異質性，僅只子系統的設計就可能有 2^n 種以上，

n 可代表子系統的組件或是架構設計時的選擇等，假如我們以軟體再使用率的高低做為選擇設計方式的主要條件，計算各種系統架構設計再使用率將是極為困難繁複的問題，當再使用率高低差距振盪懸殊時，精確的抉擇會產生可觀的成本效益上的差異，而直接反映在軟體開發的時程、品質與競爭力上，所以我們又勢必要能經確快速地得到再使用率的數據。假如能把上面提到的問題轉換成有理論基礎的演算法，則可借助電腦的運算能力來幫助我們快速選定高再使用率的軟體系統設計。

　　除了找尋理論上的解答之外，我們希望能以軟體再使用為主，把選擇高再使用率軟體系統設計的方法融入軟體工程的程序中，讓軟體系統的開發者有可依循的指引，同時把重點放在可因再使用而大幅降低成本的系統上。此外，軟體工程的發展取決於軟體開發技術與環境的配合，由於電腦與資訊網路的迅速建置，大型分散式軟體系統的需求日增；相對地，這類系統的複雜度及開發成本，也隨著網路的擴增及異質性而大幅增加，軟體工程與軟體開發工具的運用，將是軟體業未來成敗的關鍵。**以開放式模組架構（Open frameworks）為基礎的軟體開發方法，是近來國內外在軟體工業的領域中，學術與業界努力的焦點，目標是達成大規模的軟體元件再使用率（Software Component Reuse Efficiency）**，這些新技術將可應用到目前及未來廣域網路中各類大型軟體系統的開發；例如：資料庫系統，多媒體系統，遠距教學系統等。大型軟體系統開發時，最顯著的特徵是：

　　軟體元件重複使用的機率大增，若是程式設計員與軟體工程師無法有效地發現這些軟體元件，將會導致同樣的程式被一再地重新撰寫與設計，浪費人力與電腦資源。相對地，若是我們能運用這樣的特徵，提升軟體元件的再使用率，將可大幅降低軟體系統的開發成本，並且加速軟體的推出使用與更新週期。

　　各種物件導向技術與以軟體元件為主的系統開發方法，提出了程式與系統設計可再使用的重要性，至於在開發過程中，如何發掘及再使用軟體元件，卻一直沒有系統化的理論及方法可循。對於大型軟體系統的開發，近年來有模組架構的研究，例如 Choices 計劃，主要是把模組架構當作軟體元件再使用的單位，但對於模組架構之間的再使用關係，卻沒有進一步的探討。因此，雖然有軟體業

者不斷地推出各類的模組架構，軟體系統開發者卻一直無法有效地使用這些架構來設計一個完整的系統而又同時達到大規模的軟體元件再使用率。另一項附帶的缺失是，商業化的模組架構像黑盒子，缺少擴充及修飾的空間與彈性。

TIP

隨插即用（Plug and Play）是從另一方面來看軟體元件的再使用，假如把軟體元件看成是可輕易增減的軟體系統組成，顯然整個系統的功能在擴充或是縮減上，都將有極大的彈性。軟體元件再使用研究的最近發展更提出所謂的設計模式（Design Patterns）的觀念，理論上我們可以把現有的軟體元件轉換成設計模式的目錄（Design Pattern Catalog），如此一來，軟體元件的再使用在整合及分享上將更為方便。

軟體開發過程中採用系統化軟體元件再使用的技術，所涵蓋的問題層面相當地廣泛，包括軟體工程的技術、再使用的方法論、以及各種開發工具的應用。我們預期系統化再使用將需要專業背景、成本與時間來建立實踐的基礎與環境，一旦成功地踏出了這一步，則未來在資訊應用系統的開發上，必能節省大量的費用與資源。

14.5　善用開放的資訊資源

在 20 多年前 X Windows 系統正流行的時代，一個熟悉 X 程式設計的工程師一年的年薪可以超過 10 萬美元，可是沒有多久就沒有這樣的需求與行情了，因為資訊技術不只在進步，而且很多資源都是開放與共享的。就以現在流行的 Python 程式語言為例，不管理是各種數據分析的演算法或是資料的圖表化，都是直接使用現有的套件，不需要自己撰寫。

網頁設計與開發也是一樣，不管是內容的格式或是頁面程式的樣式，都有很多現成的資源，不必自己設定與設計。這些都算是軟體元件與再用的概念，所以現在的程式語言教學很強調運算思維，也就是解決問題的思考與表達能力，資訊專業人員要能在資訊技術不斷進步的情況下，依然能掌握合適的技能與資源，維持軟體系統開發的生產力與競爭力。

摘要

軟體系統的功能越來越多，造成系統的架構複雜化，由於各種軟體系統開發的經驗日積月累，假如能有效利用現有的軟體程式庫，將能大幅簡化軟體系統開發的複雜度。**所謂的「軟體元件再使用」，就是用來將現有的軟體程式重複使用於各種軟體系統開發的技術**，為了讓再使用的技術能有效發揮其效用，不管在理論上或是實務上，都需要系統化的方法。我們在本章介紹了各種軟體元件再使用的方法，同時說明如何將這些方法應用到軟體系統開發的程序中。

 學習評量

1. 在結構化的程式設計方法中，我們可以把程式片段當成能重複呼叫使用的副程式，在這種情形下，所用的副程式就能看成是可再使用的軟體元件。試從這個例子中說明副程式如何在開發軟體程式時隨插即用。

2. 從圖 14-1 中我們可以看到使用者和系統工程師都會參與軟體系統的開發，在軟體元件再使用的運用上，使用者和軟體系統工程師會有哪些不同的考量？

3. 從軟體元件的定義中，我們看到了軟體元件的各項特徵，試列舉三種軟體元件。（例如副程式就可以看成是一種軟體元件。）

4. 軟體元件和元件系統有何差異？

5. 層次化的軟體架構有哪些優點？

6. 在物件導向軟體工程中運用軟體元件再使用的技術，會有哪些好處？

7. 為了要實踐系統化的軟體元件再使用，傳統的軟體工程方法應該要有什麼樣的改變？

8. 目前市場上有哪些開發工具能幫助我們達成所謂的軟體再用的目標？

15

設計模式與軟體重構

設計模式（Design pattern）是軟體開發經驗累積而得的成果，圖 15-1 畫出設計模式與軟體開發之間的關係，從過去開發的軟體基礎中，可以整理出曾遭遇過的設計問題，以及所建立或使用的設計方法，然後透過設計模式把這些經驗表示成別人容易接受及再使用的型式，支援軟體開發過程中的設計工作，陸續開發出來的軟體系統可以提供更多的軟體基礎與設計模式。這樣的循環能促進軟體開發經驗的共享，加速軟體的更新，至於共享的範圍，可以在組織內部，或是擴大成全球性的合作。

圖 15-1 中的陰影部分表示除了設計層次的共享之外，假如開發環境和作業環境的各種條件近似，其實也有程式碼層次共享的可能，不過設計層次的再使用所能節省的開發成本一般要大於程式碼層次的再使用，而且設計層次的再使用比較容易做到。

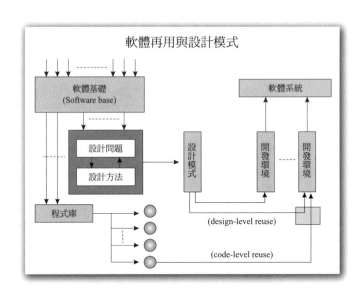

圖 15-1　設計模式與軟體的開發

 TIP

設計模式除了提昇軟體設計與經驗的共享再用之外，還有一個很重要的功能，就是改善軟體系統的架構與品質，這是因為一般人的程式設計經驗不一，寫出來的程式可能品質不佳、漏洞百出，運用大家共同培育出來的設計模式，可以避免一些個人經驗不足的問題。

15.1 設計模式的定義

一般人對於模式（Pattern）的意義應該不會生疏，只要是有常規可循，能一再反覆的程序，都可稱之為模式，假如以解決問題的觀點出發，則所謂的「模式」是指所要解決的問題本身，以及提供的解決方法，只要是類似或相同的問題，都可以用同樣的模式來處理。**在軟體開發的領域中，設計模式（Design pattern）主要用來解決設計上的問題，我們可以把設計模式的組成分成四個部分：**

1. **名稱**：為設計模式定名有利於未來的溝通，因為系統開發者可藉著這些名稱來探討系統設計上的種種問題，不必把每一個步驟都解釋清楚，當然，先決條件是所用的設計模式是彼此通用的。

2. **問題的描述**：設計模式所解決的問題必須有明確的描述，說明在什麼樣的時機與條件下，適合使用該設計模式。

3. **解決方法**：描述問題的解決方法，以軟體的設計問題而言，其實就是系統設計的方式。通常設計模式並不提供具體的設計（Concrete design）或系統製作的方式，以免無法通用，我們可以把設計模式中的解決方法看成是一種抽象的描述，但具有實體設計的整體架構。

4. **結果**：說明採用該設計模式會產生的一些結果，例如設計本身的一些特性、時間上的預估、對開發程序的影響、對開發環境的要求等。

設計模式在物件導向的開發環境下特別有用，透過設計模式的表示法可以描述軟體系統組成的類別（Class）與物件（Object），說明如何在這些類別與物件的交互作用下完成各種功能，一個設計模式定義成用來解決某種物件導向設計的問題，未來該設計模式可以在類似的設計問題中被再使用。

 TIP

Java 的設計模式是資料相當充裕的例子，試從網路或相關書籍中查看 Java 的設計模式是如何建立的？

　　著名的程式語言 Smalltalk 採用所謂的 MVC 的類別組合，而 MVC 則代表 Model/View/Controller，主要用來建立使用者介面，Model 表示應用系統物件（Application object），View 為應用系統物件的螢幕外觀，Controller 則定義使用者介面與使用者輸入之間的關係。圖 15-2 畫出 Model 與 View 之間的關係，在這個例子中，Model 記錄 A、B 與 C 的數值，$View^1$、$View^2$ 與 $View^3$ 則代表這些數值的各種表現方式，當 Model 的狀況改變時，View 的外觀也會跟著變化，圖 15-2 中的例子可以提供一個讓使用者更改 A、B 與 C 數值的 Controller，當鍵盤輸入發生時，該 Controller 決定系統應如何回應。

　　Smalltalk MVC 的觀念運用了各種設計模式，例如 View 與 Model 的分離，各代表不同的物件，但其中某一物件的狀態改變時，會影響其他物件，在進行系統的設計時，雖然有這些關係的存在，我們卻不必在設計個別的物件時查看相關物件的設計細節，**這種設計的模式叫做 Observer 設計模式**。另外一種設計模式，Composite，也可以應用在 Smalltalk MVC 中，我們定義複合資料集（Composite view），把它當成一種 View，但在設計上卻內含其他的 View，例如一系列的按鈕，Composite View 本身在處理上可看成與一般的 View 完全一樣。View 在外觀上提供了視覺化的介面，使用上要借助 Controller 來決定如何回應鍵盤或滑鼠的輸入，假如 View 使用了不同的 Controller，則其回應的方式就會不同，這種 View-Controller 的結合關係運用了 Strategy 的設計模式。

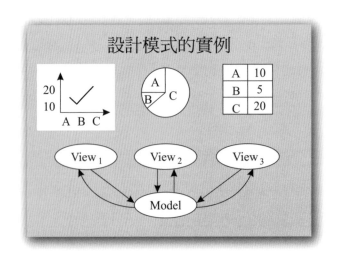

圖 15-2　Model 與 View 之間的關係

　　我們在 Smalltalk MVC 的觀念下看到了 Observer、Composite 與 Strategy 設計模式的使用，這些設計模式也可以應用在其他的開發環境，最主要的是設計模式本身必須有明確的定義，讓採用者能很快地了解設計模式是否能用於軟體開發的程序裡。因此，目前設計模式逐漸傾向於統一的表示法，同時也適當地分門別類，成為一種輔助軟體開發與設計的資源，隨著軟體系統開發經驗的累積，設計模式的種類也會逐漸地增加，未來軟體開發的方式，將會因設計模式的採用而大為簡化。

15.2　設計模式的表示法與分類

　　設計模式要普遍地被人使用，必須有詳細而清晰的表示方式，單純地以類別（Class）及物件（Object）的關係圖來表示設計模式，所能提供的資訊不足，表 15-1 列出一個設計模式應該提供的各種資訊。我們前面所介紹的 Smalltalk MVC 的觀念，也可以看成是一種設計模式，表 15-2 列出對應於表 15-1 的部分 MVC 設計模式的定義。由於設計模式隨軟體開發經驗的增加而累積，最好能有適當的分類，用來分類的依據有很多選擇，例如設計模式的目的（Purpose）與應用範圍（Scope）就是兩種常見的分類依據，依照目的可分成建造式的（Creational）、結構式的（Structural）與行為式的（Behavioral）的設計模式，依應用範圍則可分成類別（Class）為主的與物件（Object）為主的設計模式。建造式的設計模式和物件建立的程序有關，結構式的設計模式與類別及物件的組成方式有關，行為式的設計模式則與物件及類別的功能和交互作用有關。以類別為主的設計模式描述類別之間的關係，這種關係屬於靜態的，以物件為主的設計模式則描述物件之間的關係，屬於動態可變的。

表 15-1　設計模式的表示法

名稱與分類	設計模式的名稱與歸屬的種類
目的	說明設計模式的主要功能
別名	該設計模式的其他名稱
動機	說明設計問題及所提供的解決方式
應用性	設計模式適用的場合，設計模式本身的優點
結構	以圖型的方式來表示設計模式中所用的類別，以及物件之間的關係與交互作用

名稱與分類	設計模式的名稱與歸屬的種類
軟體成份	設計中所用的類別、物件及其角色
合作	軟體成份之間應該要配合的項目
結果	使用該設計模式可能產生的結果、對於軟體結構的影響等
製作	設計模式在製作時曾遇到的問題、所使用的技巧、與語言的相關性等
範例程式碼	設計模式實際被製作出來的程式碼
已知的用途	曾經被採用的實際範例
相關的設計模式	與其他設計模式的差異與相關性

表 15-2　MVC 設計模式的部分定義內容

名稱與分類	MVC（Model-View-Controller）
動機	支援應用資料模型讓各種使用者介面及作業共用

依照目的及應用範圍來對設計模式進行分類，可以得到如表 15-3 的分類方式，等於有六大類的設計模式，這些設計模式形成了所謂的「設計模式目錄」（Design pattern catalog），有了這個目錄之後，對於軟體系統的開發者來說，多了一項有力的資源，由於設計模式很多，採用前必須有一個選擇的過程：

1. 了解設計模式所解決的設計問題：設計模式適用的場合很多，要先確定是否對所開發的軟體系統設計有幫助。

2. 瀏覽設計模式表示法中的目的部分。

3. 了解設計模式之間的關係，有時候設計問題要利用多種設計模式來解決。

4. 認識性質與目標相近的設計模式，歸納出其應用上的差異性，以確定為何選用某種設計模式。

5. 了解各種系統需要重新設計的原因，想辦法利用設計模式讓系統的設計具有變更的彈性。

6. 考量系統的設計中有哪些部分應該要有變更的彈性，主動地避免未來系統重新設計的原因，同時選擇可以幫助達到這個目的的設計模式。

表 15-3　設計模式的分類

		設計模式的目的		
		建造式的	結構式的	行為式的
設計模式的應用範圍	以類別為主的	（I）	（II）	（III）
	以物件為主的	（IV）	（V）	（VI）

15.3　設計模式對於軟體開發的影響

　　設計模式對於軟體開發最主要的影響在於解決各種設計問題，以目前的發展而言，在物件導向設計方面的進展最大，已經有很多設計模式產生，解決常見的物件導向設計問題：

1. **物件的定位問題**：在軟體系統的設計中，物件為主要的組成，一個軟體系統應該由哪些物件所組成的，是很微妙的設計問題，有些抽象化的設計必須由類別來表示，使設計的問題變得更為複雜，雖然我們可以透過分析所得的結果，將主要的內容轉換成物件，但是有很多內容並沒有直接對應的物件，可能要用類別來表示較為恰當。設計模式可以幫助我們釐清軟體系統設計中該有的物件，簡化由分析到設計過程中的轉換動作。

2. **物件大小的問題**：物件的大小（Object granularity）也是設計時必須取捨的問題，設計模式可以引導我們設計各種大小的物件，有的物件可包含其他多個物件，形成子系統（Subsystem），有的物件可用來建立其他的物件，設計模式描述這些物件產生的方式及運用的場合。

　　以上的設計問題只是設計模式所能解決的問題中的一小部分，傳統的軟體開發程序應該要把設計模式的選擇及採用歸納到系統規劃與設計的步驟中，讓各種設計模式能被再使用，對軟體系統的設計產生引導及簡化的影響力，同時未來系統完成之後的文件中，可記載所用的設計模式。

15.4 分散式物件環境下的設計模式

分散式物件的環境是未來軟體開發的趨勢,物件有標準化的表示法,提供介面讓不知其內涵的人也能使用其功能,早期最受人矚目的分散式物件架構為 OMG(Object Management Group)所提出來的 CORBA(Common Object Request Broker Architecture),CORBA 使用一種標準化的介面定義語言(IDL,Interface definition language),語法與 C/C++ 類似,但其主要的功能是用來定義物件的介面,至於這些介面底下的功能是如何製作出來的,則與 IDL 寫出來的介面定義無關,我們可以把 CORBA 看成是分散式物件管理的軟體,圖 15-3 中的陰影部分代表 CORBA 所定義的標準,不同廠商的 ORB 會遵循這個標準,讓不同的硬體平台及作業系統上產生的物件能互相溝通及交換。

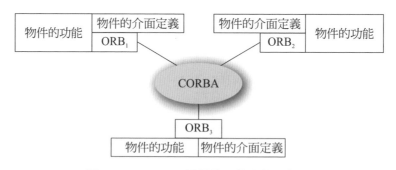

圖 15-3　CORBA 提供的分散式物件架構

物件的介面定義與物件的功能是分開的,一般說來,介面定義可用像 IDL 的標準語言來寫,不同廠商的 ORB 所支援的 IDL 語法與語意是一樣的,至於物件功能的製作(Implementation),則和所在軟硬體平台的特徵關係密切。因此,**在分散式物件架構下分享設計經驗的關鍵,就在於使用一個標準化的介面定義語言,以及一個能夠幫助解決分散性(Distribution)與異質性(Heterogeneity)的中介軟體,IDL 與 ORB 就是這樣的一個組合。**

在分散式物件環境中設計模式的表示法可仿照表 15-1 中所列的各項資訊,設計模式也可經由分類形成設計模式目錄,甚至進而使用設計模式語言(Design pattern language)來描述相關的設計模式。圖 15-4 畫出設計模式被組合與處理的方式,經過這些組合、分類與處理之後,設計模式的使用可以變得更為系統化,我們在第三篇中所介紹的軟體開發實務,在分散式物件的環境中將更為簡

化，因為設計模式能形成類似於圖 15-5 的層次化結構，一般軟體系統都能分成較小的組成分別開發，各組成面臨不同的設計問題，組成的大小及複雜程度不一，有的可透過軟體元件的再使用來簡化開發的工作，有的則可利用像圖 15-5 中某一層次的設計模式來完成系統的設計。

TIP

設計模式對於軟體的開發真的有很大的幫助嗎？Java 裡頭 JavaBean 的觀念與設計模式有什麼不同？兩者的目標不是都為了軟體的再使用（reuse）嗎？

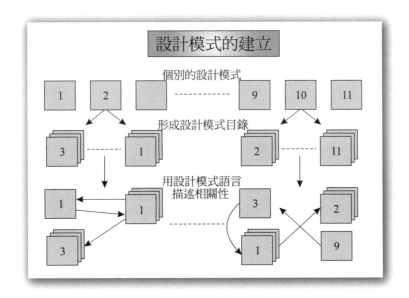

圖 15-4　設計模式分類組合與處理的方式

　　在分散式物件的基礎下，設計模式的運用可以大幅簡化軟體系統的設計，設計模式的範例程式碼與軟體成份的定義，會有更高的共用性，尤其是未來分散式系統及網際網路上的應用系統逐漸普及，更需要利用設計模式的觀念來簡化軟體系統的開發。

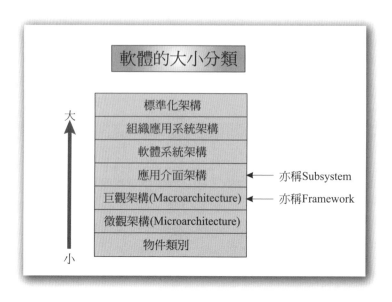

圖 15-5　設計模式的層次化結構

15.5　設計模式的實例探討

我們前面曾經提到過在選擇設計模式時必須考量的各種因素,包括對於設計模式的了解、避免重新設計等,在選定了設計模式之後,也有一連串的步驟來引導我們使用設計模式,圖 15-6 歸納出使用設計模式的主要步驟,這些步驟可區分成三個階段:

1. **第一階段**:認識設計模式的目的及功能,設計模式的表示法中提供了各種有用的相關資訊,甚至包括了具體的範例程式碼,對於使用該設計模式的人來說,有很大的幫助。

2. **第二階段**:圖 15-6 的陰影部分為使用設計模式的第二階段工作,主要是把設計模式轉換到所開發的應用系統領域中,轉換時必須完成各種命名與定義,這些命名與定義具有和應用系統相關的同質性,讓人能從命名中得到與應用領域相關的額外資訊。

3. **第三階段**：主要的工作是實際的製作（Implementation），包括第二階段所命名及定義的各種作業與類別。一旦完成了這一階段的工作，等於解決了所開發的軟體系統的部分設計問題。

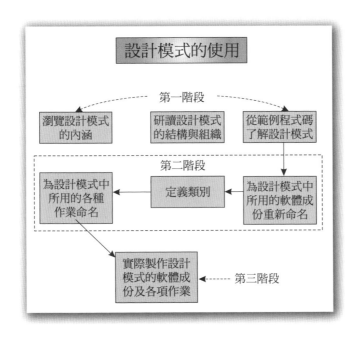

圖 15-6　使用設計模式的主要步驟

我們下面就以一個文件編輯軟體的開發來說明設計模式的用途，首先必須就文件編輯軟體開發時的設計問題進行分析，列舉其中兩項如下：

1. **文件的結構**：文件的表示法將影響文件處理時的方式，由於文件的內涵包括文字、線條、圖形等各種資訊，而這些資訊本身也可能包含更小單位的資料，當使用者處理文件或文件中的某一部分時，必須以任何範圍或大小為處理的單位，不論文件內涵是什麼，都應該有統一而一致的處理介面。從另一個角度來看，某些處理卻和文件的內涵有關，例如拼字檢查只會用在文字資料上，在這種情況下，軟體系統要能針對作業的性質對不同格式的文件內涵做不同的處理。

2. **支援多種視窗系統**：我們希望所開發的文件編輯軟體能移植到各種視窗系統（例如 Microsoft Windows、Mac O.S.、X Windows 等）下使用，如此一來，文件編輯軟體的設計最好和任何視窗系統的特性都無關，才能達到較高的移植性（Portability）。

針對第一個設計問題，我們可以利用遞迴（Recursion）的特性來表示文件的結構，**所謂的 Composite Pattern 就是支援遞迴組成（Recursive Composition）表示法的設計模式，任何的文件內涵都以物件來表示，而物件本身可能還包含其他的物件**，這些物件的類別定義了處理物件的介面，介面中包含了對於物件統一的處理方式，因物件特性而相異的處理，例如拼字檢查，則可透過子類別（Subclass）的定義來區分。

針對第二個設計問題，由於不同的視窗系統有很多相同的功能與特徵，我們可以利用抽象化（Abstraction）的方式把這些共通性分離出來，定義成類別的架構，至於視窗系統的程式介面（Programming interface）則是差異最大之處，針對各視窗系統的程式介面，可以建立不同的類別架構。如此一來，具有共通性的類別架構可用來設計視窗使用者介面，這一部分將有跨視窗系統的移植性，而與程式介面相關的類別架構，則用來製作設計出來的使用者介面，在某特定的視窗系統下使用。

所謂的 Bridge Pattern 可用來建立以上兩種類別架構之間的相關性，使用這個設計模式的好處是可以讓邏輯化的視窗介面設計被再使用，而視窗介面製作的程式碼則不會受其他視窗系統的影響。以上兩個設計問題可分別由 Composite 與 Bridge 兩種設計模式解決，這也就是在實際的軟體系統開發的程序中，我們可能會遇到的實際狀況，以及設計模式可提供的協助。

15.6 重構與設計模式

前面在第 9 章曾經介紹過重構（refactoring）的概念，當我們在寫程式開發一個軟體系統時，常面臨一個抉擇，就是要完整考慮系統未來的需求，讓系統變得更有彈性與複雜一些，還是只考量目前的需求，盡量簡單。一般人多半採中庸之道，因為系統太複雜，維護或是改善都要耗費更多的人力，太簡單則可能很快就要面臨修改更新的問題。

設計模式可以幫助我們改善軟體系統的架構與品質，所以進行重構的時候當然可以運用設計模式來改善系統。不過對一個有經驗的軟體設計師來說，不見得所有的設計都要仰賴設計模式，有時候簡單的問題還是有單純的解決方法，能簡化還是要盡量簡化。

15.7　反模式的文化

在 Software Engineering at Google 的書中有提到所謂的反模式（antipattern），也就是常見的不該做的事或是採取的方式，該書把這個問題當成企業文化來探討，主要是因為問題大多沒有跟資訊技術直接相關，例如雇用容易受別人影響而無法堅持自己的看法的人，或是忽略團隊中表現不好的成員，這些問題或許不是技術人員的專長領域，卻會影響整體的工作效率。

摘要

軟體開發經驗的共享可以節省開發的成本，縮短開發的時程，但是軟體的種類很多，開發的環境又各不相同，如何共享開發的經驗是主要的難題。通常程式碼層次（Code-level）的共享固然可行，但是對於希望利用別人寫的程式片段的人來說，必須要使用相同的程式語言，而且要了解該程式片段的內容，這樣的經驗共享缺乏效率。**假如能把軟體開發的經驗與方法以比較高層次的方式表示，則對於其他人而言，將容易受用，不必花費太多額外的功夫。設計模式的主要目的就在於把各種設計問題及其解決方法以適當的表示法分門別類，成為解決設計問題的資源，達到設計層次的再使用（Design-level reuse）**，事實上，只要在設計層次上能再使用現成的設計方法，程式碼層次的再使用只是開發環境與開發平台的問題。

學習評量

1. 設計層次的再使用（Design-level reuse）與程式碼層次的再使用（Code-level reuse），何者的再使用效率較高？試說明其原因。

2. 設計模式和軟體系統的開發經驗之間有何關聯？

3. 設計模式目錄是設計模式的集成，可以提供給軟體系統的開發者參考，試從書籍雜誌或網路上尋找現有的設計模式目錄。並比較其表示法與表 15-1 的異同。

4. 從網路與相關資料中找找看是否有完整的以設計模式來進行軟體開發的經驗與實例。

5. 軟體工程中發展出來的軟體開發程序，應如何導入設計模式的觀念？

6. 分散式物件環境下的設計模式有什麼特色？（試列舉三項）

7. 文件編輯軟體除了課文中所列舉的兩種設計問題之外，還有哪些其他可能的設計問題？（試列舉三項）

16

資料庫系統的開發

很多軟體系統都需要一個資料庫系統來管理所處理的大量資料，過去這些資料庫系統多半都儲存結構化的資料。現在大數據分析也處理非結構化的資料，而且數量更大，但是處理的重點在於運用數據分析的方法來得到一些潛在的資訊，跟一般使用資料進行交易處理或是企業資訊管理不太一樣。本章以關聯式資料庫為例，說明軟體工程會進行的資料庫設計工作。

關聯式資料庫系統有相當優美的理論基礎，這要從關聯式表格（relational table）的觀念談起，跟其他的資料模型比較起來，以表格來描述資料應該是最單純的。在表格的觀念上，關聯式資料庫系統發展出關聯式的理論（relational theory），可以很嚴謹地規範資料庫的設計，同時定義出關聯式資料庫的查詢。由於現有的 DBMS 有很多都是關聯式的資料庫系統，建立起關聯式理論的背景將有助於我們運用關聯式資料庫系統。

資料庫系統在企業與組織的資訊系統中所扮演的地位與日俱增，1960 年代主要的資訊系統（information systems）還是檔案系統，到了 1970 年代以後才逐漸地轉移到資料庫系統。由於資料庫系統所支援的資訊系統越來越龐大，在人力的投注上也就跟著增加，而且**資訊資源的管理**（information resource management）開始成為一種大型組織必須進行的重要工作。既然資訊資源很多也很重要，在運用上就要注意到品質與整合，讓最適當的資訊能即時地在必要的場合中發揮功用，為了要達成這樣的目標，資料庫的設計（database design）就很重要了，資料庫的設計需要什麼的方法與技術呢？是否有可以遵循的流程？這些都是以下所要探討的主題。

16.1 　關聯式理論的源起

關聯式資料模型雖然觀念很簡單，但是相關的理論卻十分龐大，雖然不見得都很實用，但是有不少理論的確對於關聯式資料庫的設計有相當深遠的影響。關聯式資料庫的原理是以表格的觀念為基礎的，所以我們必須先釐清表格的涵義。表格的正式定義包含表格的六大特徵：

1. 欄位數值必須是單純的（atomic），無法再分割。

2. 欄位在表格中要有唯一的名稱。

3. 同一欄位的數值要有相同的類型（Type）與寬度（Width）。

4. 欄位在表格中的次序沒有特定的意義。

5. 記錄在表格中的次序沒有特定的意義。

6. 不可以有重複的記錄。

16.1.1 表格設計上的缺陷

大家不妨試著檢驗一下所看過的表格是否滿足以上的特徵。關聯式資料庫系統有完備的理論基礎，再加上觀念簡單，很容易讓人接受。圖 16-1 顯示表格設計上的缺陷所造成的不良特性。

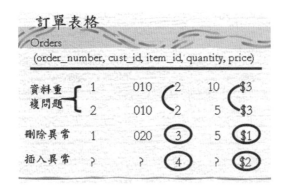

圖 16-1　表格設計上的缺陷所造成的不良特性

表 16-1 列出一個簡單的訂單基本資料表格，看起來很簡單，似乎沒有更好的安排了！但是表 16-1 的例子有下面幾個問題：

1. 項目編號為 2 的價格是 3 元，這項資料重複出現在第一個和第二個記錄中。我們把這個問題稱做「資料重複」（Data redundancy）的現象。假如該項目的銷路好的時候，重複的情況就更嚴重。

2. 編號為 4 的項目尚未接到任何訂單，但是價格已經有了。若不輸入表格中，則無法反映該項目的價格，但輸入後卻又缺訂單資料，這種現象叫做「插入異常」（Insertion anomaly）。當項目銷路差時，就有可能發生這種現象。

3. 號碼為 3 的訂單在結案一段時間後，應該要從表格中刪除，但是這麼做會把編號為 3 的項目的價格資料也刪除掉。這種現象叫做「刪除異常」（Deletion anomaly）。此外，假如某項目的價格變更，在修改時，由於有資料重複的現象，必須做多筆資料的更新，這種現象叫做「修改異常」（Update anomaly）。

表 16-1　訂單基本資料表格

訂單號碼	顧客編號	項目編號	數量	價格
1	010	2	10	3
2	010	2	5	3
3	020	3	5	1
		4		2

　　為了要解決上面的問題，關聯式資料庫的理論提出了所謂的標準化理論（normalization theory）。目的是使表格的設計能避免上述的問題，我們可以由表格是否滿足所謂的「標準化格式」（Normal forms），來判斷會不會產生某些問題，以下所列的就是三種最常見的標準格式：First Normal Form（1 NF）、Second Normal Form（2 NF）與 Third Normal Form（3 NF）。由於解釋標準化會用到關聯式代數，我們要有一點關聯式運算的概念，然後再了解標準化理論。

16.1.2　欄位相依關係

　　介紹標準化理論之前，要了解「欄位相依關係」（Functional Dependency）的定義，表 16-2 列出的表格中有 C → D 的欄位相依關係，因為只要知道欄位 C 的值，就能決定欄位 D 的值。只要 C 是吐司，D 必定是 30，若 C 是牛奶，則 D 必是 50；我們可以把 D 看成是物品 C 的價格。欄位相依關係可以定義如下：欄位 A 與欄位 B 若有存在欄位相依關係，而此關係為 A → B 時，則任何記錄的欄位 A 的值將只有唯一的欄位 B 的值與其對應，此關係也可表示成「A determines B」。欄位相依關係的定義會用來定義標準化格式,所以要先建立這個觀念,不過理論的建立還是有一些很直截的原因,等到看到標準化格式的定義以後,可以再回頭思考為什麼需要欄位相依關係的定義。

表 16-2　欄位相依關係的例子

A	B	C	D	E
001	03/10/85	吐司	30	45
002	02/11/85	餅乾	15	21
003	04/01/85	牛奶	50	45
004	03/10/85	糖果	20	36
005	02/10/85	牛奶	50	22
006	05/09/85	吐司	30	40

　　圖 16-2 列出一個表格中可能有的各種欄位相依關係。顯然 A → B、B → C、B → A 與 A → C 是成立的,C → A 與 C → B 則不成立。另外我們也可以檢驗 {A,B} → C 是否成立,或是 A → {B,C} 是否成立。要找出一個表格所有的欄位相依關係是不容易的,因為大的表格要考慮的情況太多了。

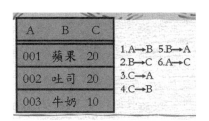

圖 16-2　欄位相依關係

16.2　標準化理論

　　標準化理論(normalization theory)可以在資料庫設計時幫助我們避免設計出有各種異常現象的表格,本節介紹的三種標準化格式是最常用到的,其他的標準化格式較少用於實際的資料庫設計中。由於標準化理論的定義非常明確,進行資料庫設計時,可以將各表格拿來做標準化格式的測試,假如表格不滿足某個標準化格式,可以考慮將表格分割,直到標準化格式能滿足為止。

　　標準化理論是 Codd 在西元 1972 年提出來的，以 functional dependency 為判定的基礎，定義了 1 NF、2 NF 與 3 NF。BCNF（Boyce-Codd normal form）是一種條件更嚴格的 3 NF。後來出現的 4 NF 與 5 NF 是以 multivalued dependency 與 join dependency 的觀念為基礎而發展出來的。我們在此只介紹前 3 種標準化格式。在探討標準化理論的同時有兩個很重要的工作，一個是學習判定表格是否符合某種標準化格式，另一項工作則是了解該如何改變表格的設計來滿足某些標準化格式的要求。圖 16-3 中的表格 P 有五個欄位，欄位 A 與 B 形成 P 的主鍵值，從 P 的資料特性中，已知有兩種欄位相依永遠成立：A → C 與 D → E。我們下面就以這個例子來解釋標準化理論。

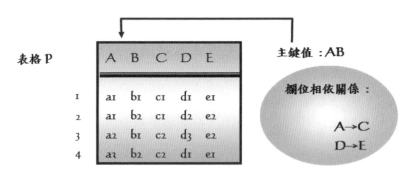

圖 16-3　標準化理論的實例

1. **第一標準格式（1NF, First Normal Form）：滿足 1NF 的表格中的任何屬性值都必須是單純的（Atomic）**；例如數值 12 就是單純的值，而「12 —男」就不是單純的值，因為還可以拆開成兩個值。滿足第一標準格式的表格才算是關聯式資料庫的表格，換句話說，任何一個關聯式資料庫表格都滿足第一標準格式，表格內的任何一個欄位值都必須是單純的。圖 16-3 中的表格 P 滿足第一標準格式。圖 16-4 舉了另外一個單純化的例子。

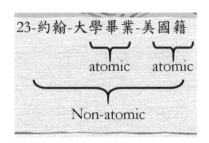

圖 16-4　atomic vs. non-atomic

2. **第二標準格式（2NF, Second Normal Form）**：滿足 2NF 的表格，其任何主鍵值的任意子集合均無法決定其他非主鍵屬性的值，既然主鍵值在資料表格中是唯一的，所以表格不會有重複的記錄。不滿足 2NF 的表格，會有插入與刪除異常的情況。圖 16-3 中的表格 P 不滿足 2NF，因為 {A} 為 {A，B} 的子集合，AB 為主鍵值，A → C 成立。假如表格 P 的第 1、2 兩個記錄刪除，就失去了（a1，c1）的資訊。

3. **第三標準格式（3NF, Third Normal Form）**：滿足 3NF 的表格，必先滿足 2NF，而且沒有任何非主鍵屬性值可以決定其他的非主鍵屬性值。滿足 3NF 的表格可以更有效地避免前述的異常現象。表格 P 也不滿足 3NF，因為表格 P 不滿足 2NF。此外，D 與 E 為非主鍵屬性，D → E 成立，也違反了 3NF 的條件。資料庫的設計可以用上面這些標準格式來避免異常的問題。

以表 16-1 的資料表格為例，我們可以它分割成像表 16-3 中的兩個資料表格，這個程序叫做**表格的分解**（Decomposition）。**目的是使分解後的表格能符合關聯式理論中的標準格式。表格分解有一個很重要的前提，就是分解後的表格必須能再透過關聯式運算還原成原先的表格，代表分解後的表格並未喪失任何原有的資訊，這種分解也稱為「無資料流失的分解」**（Lossless decomposition）。我們可用表 16-3 中的兩個表格進行 X Y，看是否會得到表 16-1 中的原表格。

表 16-3　分解後的表格

訂單資料表格：X

訂單號碼	顧客編號	項目編號	數量
1	010	2	10
2	010	2	5
3	020	3	5

貨品資料表格：Y

項目編號	價格
2	3
3	1
4	2

表 16-3 中的兩個表格有一個相同的屬性（即項目編號），這個屬性保留了原表格中的資料關係，也就是訂單資料與所訂購項目之間的關係；在這個例子中，所存在的是一種一對多的關係（One-to-Many relationship），因為同一個項目可能被很多個顧客訂購。同樣地，資料之間也可能有一對一的關係（One-to-One relationship），或是多對多的關係（Many-to-Many relationship）。

關聯式資料庫系統中，資料間的關係隱含在表格的屬性之間，這些關係有各種不同的表示方法，不同的資料模型的表達能力也不同，目的都一樣，就是要精確地描述所支援的應用系統。表 16-3 的資料表格可以用圖 16-5 來描述資料之間的關係。我們以 1:N 來代表一對多的關係，圖 16-5 的箭頭是由貨品資料表格指向訂單資料表格，這代表同一筆貨品資料可能會出現在多筆的訂單資料中。

 觀念追蹤

我們現在可以再回想一下前面談到的資料模型，當初的介紹只提到為了要描述現實世界的事物，所以會運用各種表示方式。現在我們可以看到關聯式表格為了達到比較好的設計而分割成多個表格，但也衍生了表格之間的關係，這就對應到像 ER diagram 中所畫出來的資料模型。顯然要得到那樣的結果不但要有分析的能力，還要有設計上的技巧。

圖 16-5　資料關係圖示

　　比較複雜的應用系統，也相對地會有比圖 16-5 要複雜得多的資料關係圖，必須透過系統分析與設計的過程來完成。關聯式資料庫理論的發展非常成熟而且完整，觀念也很簡單，但是關聯式資料模型對於應用系統的描述能力，有一些限制，尤其是具有複雜結構的資料；因此，有所謂的進階資料模型的出現，例如物件導向資料模型，目的就是要改善資料庫設計時，用資料模型來描述應用系統的能力。

　　我們下面就來看看如何把圖 16-3 的表格 P 分解成同時滿足 1NF、2NF 與 3NF 的資料庫設計。由於 A → C 是表格 P 違反 2NF 的主因，所以可能的一種分解方式是將 A 與 C 拿出來另外成立一個表格，也就是把 A → C 的關係從表格 P 中去除，欄位 A 重複出現在分解後的兩個表格中，讓這兩個表格仍可透過連結（Join）運算還原成表格 P，圖 16-6 中的表格 Q 與 R 就是分解後的結果，Q 與 R 都滿足 1NF 與 2NF。

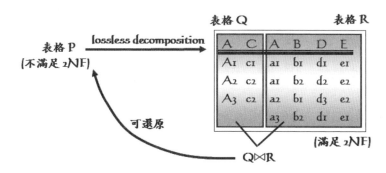

圖 16-6　表格 P 滿足 2NF 的分解方式

　　表格 R 中 D → E 仍舊成立，違反 3NF 的條件，所以我們可以把表格 R 進一步地分解成圖 16-7 中的表格 S 與表格 T，如此一來，新的資料庫設計包括 Q、S 與 T 三個表格，同時滿足 1NF、2NF 與 3NF，而且 Q⋈S⋈T 可還原成表格 P。新的資料庫設計有效地防止了前面所介紹的一些異常的現象。雖然標準化理論可以引導我們改良資料庫的設計，對於比較複雜的資料庫設計來說，測試是否滿足標準化格式是相當困難的計算，而且標準化理論只是資料庫設計的一面，仍有其他各種應考量的設計因素。

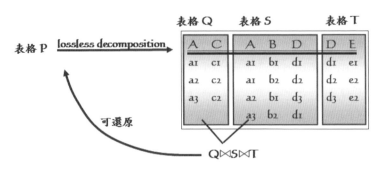

圖 16-7　表格 P 滿足 3NF 的分解方式

16.3　資料庫設計簡介

組織與企業對於資料的運用與處理隨著科技的進步而變得越來越複雜，大型組織中僱用了 CIO（chief information officer），總管資訊系統的運作，資料庫系統也需要專業的資料庫管理師（DBA，database administrator）來負責管理，在資訊的使用上產生了下面的影響與趨勢：

1. **資訊即資源**：資料成為組織的資源或資產，必須有效地管理與維護才能維繫組織的運作。

2. **資訊資源的成長**：組織內越來越多的工作電腦化之後使得資料的數量大增，而且快速地累積。

3. **資訊資源的組織**：資料量增加以後，資料之間的關係也變得複雜了，需要以資料模型加以描述，並且經常性地維護。

4. **資訊資源的整合**：資訊資源的整合與合併（consolidation）成為一種趨勢，資訊的處理需要更系統化的方法。

在大型組織中，資料庫系統是整體資訊系統中的成員之一。**整個資訊系統的作業中包含了資料、DBMS、電腦硬體、儲存媒體、人員、應用軟體與應用軟體的開發者等成員**。資訊系統的生命週期可以看成是一種巨觀的生命週期（macro life cycle），巨觀的意思是指從比較廣泛的角度來看事情，先不管枝節，所以微觀的意義就是要把詳細的內容加以分析與探討，包括最底下的資訊。包括以下各階段：

1. **可行性的分析**：了解潛在的資訊應用，預估成本與效益，建立各種應用的優先次序。

2. **需求分析**：與使用者溝通，了解實際的需求。

3. **設計**：進行資料庫系統的設計與資訊系統的設計。

4. **製作**：建立資訊系統，載入資料庫，進行資料庫交易的測試。

5. **驗證與接受測試（acceptance test）**：了解所建立的資訊系統是否能滿足使用者的需求。

6. **上線作業**：讓資訊系統正式上線作業。

資料庫系統的生命週期可以看成是一種微觀的生命週期（micro life cycle），從上面的 macro life cycle 可以發現，資料庫系統的建立其實就發生在資訊系統建立的過程中，micro life cycle 包括以下各階段：

1. **系統的定義**：了解資料庫系統的使用者有哪些、主要的應用是什麼等問題，規範出資料庫系統的使用範圍。

2. **設計**：在選擇的 DBMS 上完成資料庫系統的 logical design 與 physical design。

3. **製作**：實際完成資料庫的定義，建立資料庫檔案，完成應用軟體的開發。基本上，這個階段之後資料庫系統已經可以使用了。

4. **資料的輸入**：把資料載入或輸入到資料庫中。

5. **應用系統的轉換**：舊有的應用系統可能需要轉移到新系統中。

6. **驗證與測試**：驗證並測試剛完成的新系統。

7. **上線作業**：將資料庫系統與其應用軟體部署到作業環境中。

8. **監控與維護**：維護資料庫的正常作業，必要時可能需要進行一些重組與擴充。

16.3.1 資料庫設計的理論基礎

標準化理論是引導關聯式資料庫設計最重要的基礎，通常在了解應用系統的需求之後，應該對於應用系統中使用的資料有足夠的了解，能進行資料庫的設計，這時候可以建立一個所謂的完整表格（universal relation），包含所有的資料欄位，然後在這樣的基礎上繼續分割（decomposition），讓得到的表格能滿足某些標準化格式（normal forms）。**理論上有一些演算法的發展，專門用來幫助我們進行關聯式的資料庫設計，目的是要得到良好的資料庫設計。**

舉例來說，在分割的時候可能需要要求欄位的保存（attribute preservation），而相依性（dependency）可能也需要保留，這叫做 dependency-preserving 的要求，透過演算法可以用步驟式的描述來引導資料庫的設計，讓我們的設計能自動滿足一些要求。至於標準化格式的要求，主要是針對表格來驗證的，可是一個好的資料庫設計必須整體性地同時考量所有的表格。

16.3.2 資料庫設計的程序

圖 16-8 畫出簡單的資料庫設計程序（database design process），第 1 個步驟是需求分析（requirement analysis），這一部分可以分成兩大部分，一部分與功能上的需求（functional requirement）有關，另一部分則與資料庫的需求（database requirement）有關。功能上的需求會衍生出交易的規格，資料庫的需求會發展出概念式的設計（conceptual design），兩者都與特定的 DBMS 無關。不過一旦進入資料庫的 physical design 與應用邏輯的開發時，就會選定特定的 DBMS，當然資料庫應用的作業環境也開始建立起來了。圖 16-8 等於把資料庫的設計畫分為兩個方向，一個與資料的關係密切（data-driven），另一個則強調處理的邏輯（process-driven）。

1. **需求的搜集與分析**：與使用者面談，了解資料方面的需求，使用者可能不只一個，大家的資料需求之間也可能存在著一些關聯。

2. **應用系統的功能性需求（functional requirements）**：使用者可能會描述一些操作，有點會有交易（transactions）的特徵，包括資料庫的存

取與更新作業。在溝通的過程中可能需要像資料流程圖（data flow diagrams）之類的工具來表示與記載結果。

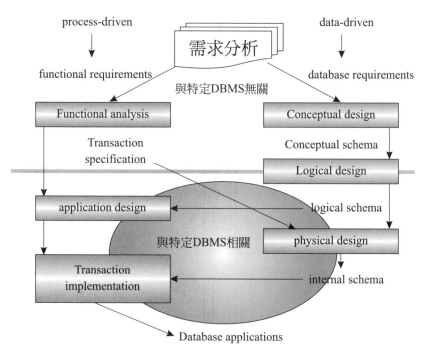

圖 16-8　資料庫設計的主要階段

　　資料庫系統的生命週期中的第 2 個步驟是資料庫的設計，這是一個很重要的步驟，主要的目的在於設計出滿足使用者與組織應用需求的資料庫的邏輯結構與實體結構。圖 16-9 畫出資料庫設計的 6 大階段，在設計的過程中有兩種並行的工作，一種專注於資料的內容與結構，相當於圖 16-8 中 data-driven 的設計，另外一種則偏向資料庫的處理與軟體應用，相當於圖 16-8 中 process-driven 的設計，這兩種設計工作彼此之間的關係密切。

　　以所得到的結果來說，第 2 階段、第 4 階段與第 5 階段最為顯著。雖然各階段之間有先後的順序，實際進行的時候可能會有一些階段之間的循環，因為設計本身有可能因為一些調整而必須回到之前的設計階段重新評估。

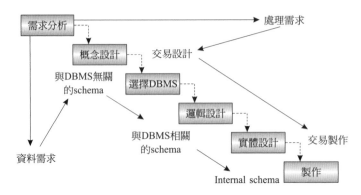

圖 16-9　資料庫設計的程序（database design process）

1. **概念式資料庫設計**（conceptual database design）：為資料庫建立 conceptual schema，這是與特定的 DBMS 無關的（DBMS-independent）的設計。可以使用像 ER model 一樣的表示法。

2. **邏輯資料庫設計**（logical database design）：將 conceptual schema 轉換為某種 DBMS 的資料模型的表示法。等於是在特定的 DBMS 中定義出我們所設計的資料庫。

3. **實體資料庫設計**（physical database design）：設計資料庫的實體儲存結構、資料記錄的擺設與存取的路徑等，相當於所謂的 internal schema。

16.3.3　輔助資料庫設計的軟體工具

關聯式資料庫的設計在理論上的探討相當複雜，在實務上真的有用嗎？軟體工具能幫助我們完成一個良好的資料庫設計嗎？前面所介紹的資料庫設計的步驟真的在軟體工具中能派上用場嗎？這些都是很實際的問題。其實資料庫系統的生命週期不僅是整體資訊系統生命週期的一部分，而且資料庫系統的建立也是應用系統開發的步驟之一，通常整合式的軟體開發工具（IDE，integrated development environment）在整個開發過程中都扮演著相當重要的角色，例如在 Delphi 中進行開發工作，使用者自己會明瞭該在什麼時候啟用什麼樣的功能。大型的 DBMS 有時候會提供專門的資料庫設計工具，例如 Sybase

的 PowerDesigner，進入製作（implementation）階段時則需要使用另一種工具來開發，像 PowerBuilder。

16.4 　關聯式資料庫的設計實例

各行業在資料庫的使用上都有一些差異，所謂的「應用領域」（Application Domain）可用來區分不同行業在電腦及資料庫使用上的特別需求。有些應用領域對於各行業都有用處，例如會計系統與財務管理系統、人事薪資系統等，也有一些應用領域只適用於某種行業，例如房屋仲介資訊系統、股票證券資訊系統等。

市場上的各種應用系統，多半屬於套裝軟體，功能固定，比較難配合使用者的所有需求，不過其價格較低。至於完全依照使用者的需要所發展的資料庫應用系統，一般都要經過比較正式的「系統整合」過程，相對的費用甚高。我們在本節中以紡織業為例，說明其營運的方式，然後探討如何用套裝的商用軟體來支援自動化作業，最後則以一套成本分析的模式，來說明依行業需求開發資料庫應用系統的過程。

16.4.1　紡織業的營運與自動化的需求

紡織業雖然是相當傳統的工業，但是營運作業繁瑣，製造過程的連絡與確認事項眾多，因此自動化的需求殷切。我們先從圖 16-10 中的料項流程來了解這個行業，所謂的「料項」可能看成是製造過程中的原料、半成品與成品。紡織業中，少廠製造的紗種是織廠的原料，所織成的胚布算是半成品，胚布進染廠染完色以後，就成為可出貨的成品布。在製造過程中，料項的轉移是動態的，圖 16-11 畫出所謂的「庫存調撥」的流程。

圖 16-10　料項流程

新知加油站

行業別會產生資料庫應用系統在設計上的差異，例如紡織業與電子業顯然就會有很多不同的需求。至於在相同的行業中，則有可能需要幾種資料庫應用系統來支援各種作業，例如會計系統與生管系統等，而這些系統因為屬於同一個組織，又需要整合在一起。所以我們可以從這些線索看到近年來資料庫應用的領域中一些相關的發展。

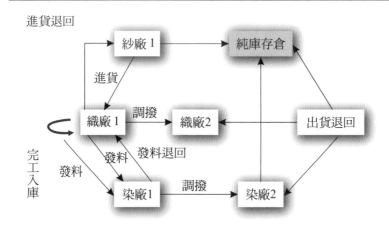

圖 16-11　庫存調撥

　　對於紡織業來說，庫存占有非常高的成本比例，最好能盡量減低，或是在生產過程中想辦法用完，因此，料項在生產地及庫存倉之間的調度頻繁。例如紗廠 1 生產的紗種入織廠 1 織成胚布，這個過程的發料作業指入紗，產生的胚布一部分調撥至織廠 2 當成庫存，另一部分則發料至染廠 1。這些調度要靠一些報表來追蹤，表 16-4 列出一些常見的料項流程追蹤報表，對於工作人員來說，當然希望能掌握每個庫存倉及生產地的料項進出狀況，同時要能依廠商、庫存地及料項分別統計調度的數量及現有的庫存。

表 16-4　料項流程追蹤報表

報表名稱	追蹤料項	分類依據	其他分類方式
紗廠訂貨明細	紗	紗廠	依紗種
織廠入紗種明細	紗	織廠	依紗種
織廠出胚布明細	胚布	織廠	依布種
染廠入胚布明細	胚布	染廠	依布種

在紡織業的辦公室中，所有的業務、生產、財務等作業，都要整合在一個完整的作業流程中，圖 16-12 就代表一個標準的從接訂單到出貨結案的流程。在這個流程中，有兩個主要的生產管制程序；生產 A 表管制紗種的採購與織造的過程；生產 B 表則管制染整的過程。管制表的主要功能是讓我們掌握生產的進度，使訂貨合約的交期能順利地達成。在生產及進出貨的過程中所衍生的費用及應收付帳款都會匯整到會計部門處理。而生管部門依料項分類帳所記載的庫存變動資料也要整合到對帳單中，以核銷因生產而發生的應收付帳款與費用。作業流程中的每個步驟都隱含著一些複雜的程序，圖 16-13 是其中的一例。

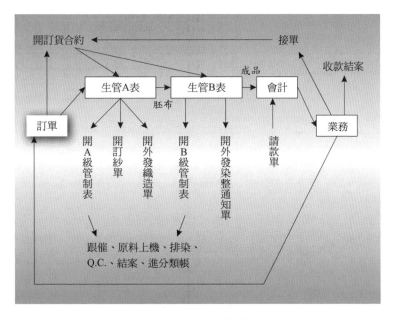

圖 16-12　作業流程

 深入探討

圖 16-13 看起來十分地繁雜，對於技術專業的人員來說，有時候可能早已失去耐性。但是對於作業人員來說，這些作業早就習以為常，資訊科技的導入是要幫助他們更有效率地完成這些作業，假如沒有深入地了解作業的流程與細節，是無法設計出符合需求的資料庫應用系統的。這就是為什麼需求分析在很多專案的初期具有決定成敗的關鍵地位。

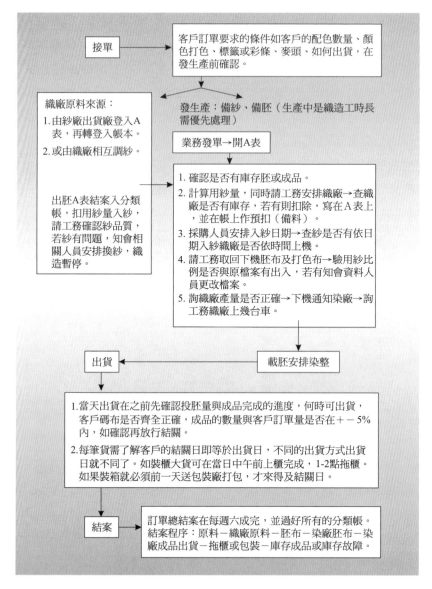

圖 16-13　作業細節與順序

　　從圖 16-13 的作業明細中，我們可以看到生產過程中非常重要的工作就是生產進度的追蹤，因為訂貨合約規定的交期將影響客戶的付款時機，假如無法趕在交期出貨，將造成財務上的損失，同時也會傷害企業的信譽。圖 16-14 是進度追蹤的另外一個例子。

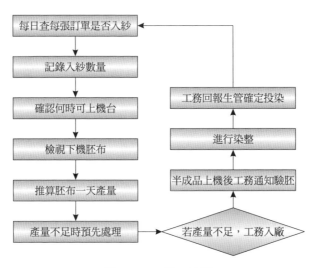

圖 16-14　進度追蹤

從這些例子中可以發現紡織業在生產過程中的緊湊流程與壓力，要透過電腦及資料庫來使部分的工作自動化，最主要的關鍵在於表單、憑證及報表的使用：

1. **表單**：表 16-5 中列出許多生產過程中會用到的表單，表 16-6 將各種表單的分類。從資料庫的觀點來看，這些表單上的資料是建立資料庫的要素；一旦資料庫中存有生產過程的各種記錄，我們就可以精密地統計並隨時查詢各種生產的資訊。例如所有未結案的訂單，或是某料項的庫存量等。表單的另一個用途是當成書面的通知或存證，例如出貨故障退回，可填出貨退回單。

2. **憑證**：表單輸入資料庫之後，會改變庫存帳及會計帳，未來在盤點或月結時，假如帳面資料與實際數額有差距，可調出原表單進行核對，所以有些表單也可看成是一種憑證，必須留存備查。

3. **報表**：報表將資料庫裡的內容經過整理後呈現給使用者，對於作業流程中的各種工作，有很大的幫助。例如訂單確認後，要依訂購數量來規劃原料的採購需求，此時就需要相關原料（即紗種）的庫存報表。表 16-5 也列出了各項表單、憑證、報表的負責部門，可看到企業內的分工。

表 16-5　作業流程的表單、報表與憑證

名　稱	負責部門	特殊用途
報價試算	業務	預估利潤與成本
報價單	業務	報價憑證
報價歷史明細	業務	分析客戶特性
訂單	業務	訂貨合約
原料需求計劃表	生管	庫存調度
詢價單	採購	詢價憑證
詢價歷史明細	採購	分析原料價格
原料採購單	採購	採購訂貨合約
進貨單	採購	進貨憑證
進貨退回單	採購	進貨退回憑證
原料應付帳明細	會計	對帳
委外通知單（織造）	生管	織造通知
委外發料（織造）	生管	發料憑證
庫存調撥（織造）	生管	庫存調度
完工入庫（織造）	生管	完工入庫憑證
完工退回（織造）	生管	完工退回憑證
發料退回（織造）	生管	發料退回憑證
委外織造應付帳明細	會計	對帳
委外通知單（染整）	生管	染整通知
委外發料（染整）	生管	發料憑證
庫存調撥（染整）	生管	庫存調度
完工入庫（染整）	生管	完工入庫憑證
完工退回（染整）	生管	完工退回憑證
發料退回（染整）	生管	發料退回憑證
委外染整應付帳明細	會計	對帳
出貨單	生管	出貨憑證
出貨退回	生管	出貨退回憑證
出貨應收付帳明細	會計	對帳

表 16-6　各種表單的分類

類別	名稱	用途
基本資料	料項資料表單	記載原料、半成品、成品的相關資料
	客戶資料表單	記錄往來客戶的基本資料
	廠商資料表單	記錄協力廠商的基本資料
營業循環	報價單	提供成品價格的資訊
	出退貨單	記錄成品出退貨的資訊
	詢價單	記載原料採購的詢價結果
	採購單	申請採購原料憑證
	進退貨單	採購原料進退貨的資訊
	訂單	客戶訂購成品的憑證
加工	織造通知單	發織造通知，扣除紗種庫存，產生應付帳
	染整通知單	發染整通知，扣胚布庫存，產生應付帳
會　計	應收帳款	記錄因出貨而產生的應收帳款
	應付帳款	記錄因採購、工加或退貨而產生的應付帳
	請款對帳單	記載非訂單出貨產生的應收帳款
庫存管理	庫存調撥單	記錄料項庫存在庫存倉之間調度的明細
	盤點單	記錄盤點的結果
	庫存異動單	記錄庫存的強制異動

16.4.2　紡織業營運與自動化作業的配合

　　我們在上一小節中介紹了紡織業營運的特性，以及使用表單建立資料庫來支援自動化的方式，在實際的營運狀況下，員工如何與自動化的作業配合，將影響電腦化的成敗。圖 16-15 畫出自動化作業的主要流程，也就是從接受訂單到出貨與結案的整個過程，我們希望每一筆客戶訂單都能依照此流程進行；接收訂單前可從資料庫中取得成本的資料，進行報價的試算，同時分析客戶詢價的歷史與下單的統計；訂單進行的過程中，資料庫經由表單的輸入而建立，因生產而造成的庫存變化自動反映到資料庫中，所有的費用則自動送往會計人員掌控的應收付帳款與對帳單中。

　　假如以「事」為基礎來描述紡織業的營運，我們可得到像表 16-7 中的資料，在這個表格中，各項作業以三種特性來描述：所需的人力、聯絡工作的份量以及電腦化的需求。我們以符號「↑」代表所需的人力多、聯絡工作份量高

或是電腦化的需求高，而「—」則代表在人力、聯絡及電腦化方面沒有特別高的需求。

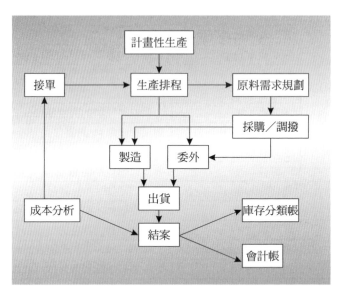

圖 16-15　自動化作業的主要流程

表 16-7　作業明細與分析

事（Job）	人力	聯絡	電腦化需求
開立訂貨合約	-	↑	↑
追 L/C	-	↑	-
顏色確認	-	↑	-
發打色	-	-	-
寄顏色	-	-	-
催收配色	↑	↑	-
開立 B 表	↑	-	-
染整通知	-	↑	-
追蹤胚布	↑	↑	↑
安排下染	↑	-	-
查詢投胚單	-	↑	↑
開立訂船通知	-	-	-
發 S/O 及領櫃通知	-	↑	↑
通知放櫃地櫃號	-	-	-
確認大貨成品量及碼單	-	↑	-

事（Job）	人力	聯絡	電腦化需求
分析檢驗 Shipping Sample	-	-	-
寄發 Shipping Sample 給寄戶	-	↑	-
安排出貨	↑	↑	-
開立請款單	-	-	↑
匯整結關文件	↑	↑	↑
寄件給客戶及押匯	-	↑	-
B 表結案	↑	-	↑
入分類帳	↑	-	↑
歸檔	-	-	↑
月結	↑	-	↑
盤點	↑	-	↑

　　由於各項工作都有負責人，有了這種表格以後，在工作的分配上就有比較清楚的指引。人力需求的高低可代表工時的長短或是人手的多少，聯絡工作的份量高的事務最好指派給溝通能力佳的員工，而且要及早進行，又能負全責；電腦化需求高的工作表示負責的員工應具備電腦方面的技能，而且要接受適當的訓練。有了這些分工之後，才能有效地運用現有的人力資源來配合自動化的作業。從電腦化的角度來看，自動化作業本身有類似於圖 16-16 中的流程，在正式作業之前，有幾項必須完成的工作。

1. **基本資料的建立**：料項資料、客戶廠商資料、人事資料等要先建立，同時在企業內部共用以求一致，輸入表單時可直接取用基本資料，不必重新輸入。

2. **使用環境的建立**：雖然自動化作業帶來了很多的優點，但是這也代表企業對電腦系統的倚賴加重，一旦電腦故障，營運就會受影響。所以整個電腦化的環境必須力求穩定與安全，例如伺服器的不斷電系統、資料備份（Backup）設備等，都應該在系統正式上線使用前做好。

3. **平行作業測試**：自動化作業要能更有效率地達到原來作業所能完成的工作，要確認這個事實必須進行比較，所以正式上線啟用之前，要同時保留兩種作業的模式，一方面是測試，一方面是讓員工得到應有的訓練及調適。例如人工結算的分類帳，應能與電腦產生的帳目吻合。

所有電腦資料庫內的資料，一定要留存一份硬拷貝（Hard Copy），也就是書面的表單或報表。

4. **開帳與正式作業**：一旦做好了事前準備的工作以後，可以進行所謂的「開帳」，因為很多系統內的資料，例如料項庫存、會計科目等，都有一個初期，設定好之後，才開始正式的作業。經由像圖16-15中的流程，各種庫存分類帳與會計帳會有動態的變更。從關聯式資料庫系統的角度來看，以上所介紹的紡織業的自動化需求，可以經由關聯式資料庫系統發展出來的應用系統，做有效的支援；我們在此對於紡織業營運所得到的了解，事實上就是系統分析和設計時的重點。在實務上可以從一個套裝商業應用軟體的使用上，來看紡織業的營運如何自動化。

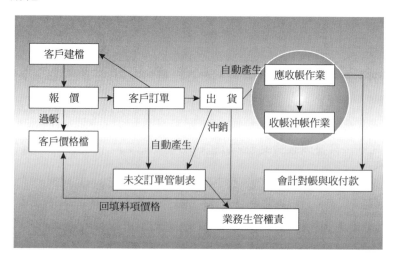

圖 16-16　自動化作業的流程

16.4.3　進行資料庫設計

在資料庫設計之前應該進行詳盡的系統分析與測試，我們在本章中使用的例子是一個紡織業的成本分析系統，這個系統的主要用途可以描述如下：

成本分析系統將用來計算每一筆訂單的原料成本、製造與委外成本、毛利、與毛利率，列印成本分析報表，同時可以做為業務接單時的報價試算系統。

從上面這一段描述中,我們可以大致看出系統的需求,但是還有很多細節沒有呈現出來,對於每個系統開發的案例,我們都會聽到使用者的簡要需求,接下來的規劃與設計就得靠系統開發者的溝通技巧與專業能力。

16.4.3.1 系統分析與設計

我們前面曾看到過紡織業的料項流程,其實也就是製造的過程,圖 16-17 把這個流程更明確地畫出來,顯然主要的原料成本來自於入織廠的紗種,主要的製造與委外成本則來自於織工與染工,當然在製造與加工的過程中會有損耗,所以我們可以根據這個觀念來塑造出紡織業成本分析的模式。首先,成本分析是針對每一張訂單的,訂單上的主要資料是訂購的數量(Q)與發票的金額(M),以及成品布的類別;假設客戶訂購的成品布是 SD-321,這種布的組成如表 16-8 所示。

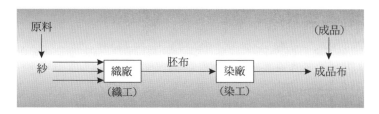

圖 16-17　紡織業織造與染整的流程

表 16-8　成品布的組成分析

布號	紗號	比例	單價(元/Kg)
SD-321	A-101	40%	40
	A-102	60%	20

進行系統分析與設計的過程中必須花費相當多的時間來了解組織與行業運作的細節,即使是相同的行業,仍然會有個別的差異存在,最好的了解方式是從實際的例子著手!我們下面就以一張訂單為例來計算一些相關的數據:

訂單數量 Q = 1500 kg 發票金額 M = 250000 元
織損 = 2%　染損 = 3%　織工 = 40 元/kg　染工 = 30 元/kg

1. **計算用紗量**：將損耗考慮在內，先算出染前量（即織後量）與織前量，然後再用織前量與用紗比例算出用紗量。

> 染前量 W1 ＝（訂單數量 Q）／（1 －染損）＝ 1500 kg ／0.97 ＝ 1546 kg
> 織前量 W2 ＝（染前量 W1）／（1 －織損）＝ 1546 kg ／0.98 ＝ 1578 kg
> 用紗量＝織前量 × 用紗比例
> QA-101 ＝ 1578 kg×40％ ＝ 631 kg
> QA-102 ＝ 1578 kg×60％ ＝ 947 kg

2. **計算成本**：根據用紗量與紗種單價計算原料成本，以織前量與織工計算織造費用，以染前量與染工計算染整費用，兩者加總可得到製造委外成本。

> 原料成本 X ＝ QA-101×40 ＋ QA-102×20 ＝ 25240 ＋ 18940 ＝ 44180 元
> 織造費用＝織前量 × 織工 ＝ 1578×40 ＝ 63120
> 染整費用＝染前量 × 染工 ＝ 1546×30 ＝ 46380
> 製造委外成本 Y ＝ 109500 元

3. **計算毛利與毛利率**：

> 稅後收益＝發票金額／（1 ＋稅率）＝ 250000 ／1.05 ＝ 238095 元
> －原料成本＝ 44180 元
> －製造委外成本＝ 109500 元
> ─────────────────
> 毛利＝ 238095 －44180 －109500 ＝ 84415 元
> 毛利率＝（毛利／稅後收益）×100 ＝ 35.5％

透過以上的分析，我們可以把每一張訂單的成本與毛利計算出來，列印成報表。另外一種用途是把同樣的計算用於報價的試算上，假設客戶將訂購的數量，正在詢價階段，此時可將其他的資料先確定，例如紗種的價格、織工、染工、織損、染損等，然後修改成品布的售價，看所得的毛利率是否在合理的範圍之內。不管是哪一種用途，計算的部分必須由電腦依公式執行。

16.4.3.2 資料庫的設計結果

經過上一節的分析之後，我們可以把系統所用的資料歸納成三大類：成品布的基本資料、訂單資料與成本分析的資料。表 16-9 所列的是有關於成品布的基本資料，通常成品布的用紗比例、織損、染損、織工、染工與用紗單價，雖然每一次的製造或委外過程中，都有所更動，差異並不大，可當成基本資料來處理。

表 16-9　成品布的基本資料

成品布編號	基本資料
原料	紗種
	比例
	單價
製造與委外	織工
	染工
	織損
	染損

有關於訂單的資料，最主要的有三項：成品布種類、訂單數量與發票總額。除此之外，像訂單日期、發票日期、退貨、折讓等，都算是與訂單相關的資料。和成本分析相關的資料大多是計算所得的數值，包括染前量、織前量、用紗量、原料成本、織費、染費、毛利、毛利率等。從上面的分析中，我們可以得到兩種資料庫設計的方式，一種是將成品布的基本資料獨立成一個表格，訂單資料在另一個表格中，成本分析的資料只出現在成本分析的報表中。圖 16-18 是簡單的資料模型圖，成品布資料表格與訂單資料表格之間有 1 對多的關係，成本分析資料集依成品布的編號連結兩個表格，所得到結果用來產生成本分析報表。

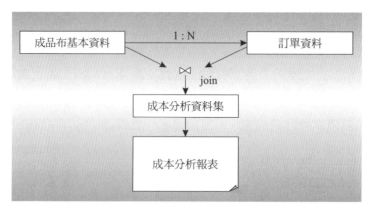

圖 16-18　成本分析系統的資料模型圖

　　另外一種資料庫設計的方式是只用一種表格，將訂單資料及與成品布相關的資料全部放在同一個表格中，成本分析報表直接從該表格中擷取資料進行運算，在這種方式下，每一張訂單的實際織損、染損、紗價、織工、染工、用紗比例等，都直接反映到報表中。表 16-10 綜合了以上兩種資料庫設計的優缺點，以紡織業來說，織損與染損的變化不大，織工、染工與用紗單價則時有波動，假如把這些成品布的資料當成所有訂單通用的基本資料，勢必無法反映出訂單所產生的實際數值，所得到的成本資料和真正的數值會有出入。把所有的資料放到同一個資料表格中，勢必要在每一張訂單中輸入成品布的基本資料，很有可能重複輸入，但是所得到的成本分析報表是精確的。

表 16-10　資料庫設計的取捨

資料庫設計方式		優缺點的比較
使用兩個表格	優點	減少輸入的資料量 成品布基本資料容易維護
	缺點	無法反映訂單所產生的實際數值 較難支援報價試算作業
使用單一表格	優點	可反映訂單產生的實際數值 可直接支援報價試算作業
	缺點	輸入的資料多，可能重複 成品布基本資料較雜亂

　　以上兩種資料庫的設計方式各有優缺點，可依使用者的實際需求來做選擇。另外一個需考慮的因素是每一種成品布的紗種數目不固定，有的布是由

兩種紗織成的,也有的布要用 4 種紗去織。上面的兩種設計方法可以把紗種數目設成 6 種或 7 種來涵蓋所有的情況,但沒有用到的欄位將浪費系統的儲存空間,所以我們也可以嘗試用物件導向資料模型來設計,圖 16-19 就是成本分析系統的物件導向資料模型。

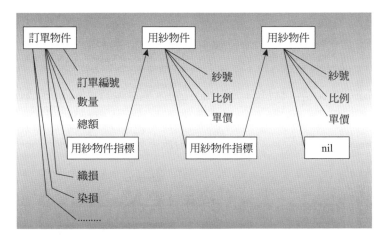

圖 16-19　成本分析系統的另一類資料庫設計

16.5　追根究底

提到資料庫的設計總免不了想到 DBMS 軟體的選擇,這是一般企業在資訊化與電腦化的過程中都無法避免的問題。大型的 DBMS 的價格很高,除了提供一般 DBMS 的功能之外,還有搭配所謂的第 4 代語言(4 GL,fourth generation language)的工具,包含類似於下列的功能:

1. 編輯與瀏覽介面。

2. 圖型化的設計工具。

3. 報表產生與管理的工具。

4. 通訊與中介的支援軟體。

5. 與資料管理與處理相關的功能。

6. 應用程式設計介面(API,applications program interface)。

選擇 DBMS 的時候通常會考量現有的軟硬體環境,看看是否需要添購或建置新的環境,有的 DBMS 軟體支援多種平台,很適合大型的組織,除了一般的資料庫管理的功能之外,檢視一下 DBMS 對於備份、安全、效能、資料完整性(integrity)與復原等功能的支援。由於 DBMS 的功能已經越來越成熟與完整,所以 DBMS 的廠商也朝向所謂的完全解決方案(total solution)的配套軟體的方向來發展,直接針對企業資訊系統的需求提出軟體建置的方案。

組織與企業在電腦化的時候可以有很多不同的思考,因為各種組織的特性與成員都不一樣,需求更是有很大的差異,所以也有一種情形是組織本身有能力進行資訊系統的開發與統整,所謂的組織內部軟體開發(in-house software development)就是這種情況,當然也有的組織需要完全委外諮詢(outsourcing),讓外部的資訊專業廠商輔助建置。那麼 DBMS 廠商要有什麼樣的專業呢?這是很複雜的問題,因為這一方面的技術發展得相當快速,廠商本身也持續在轉變。

 TIP

軟體系統要自行開發還是委外建置,一直是很多機構面臨的問題。委外建置除了要花費開始的建置成本之外,未來系統的維護通常也要持續仰賴廠商。自行開發縱然省下了維護的費用,但是機構必須長期維持專業開發人力的聘用,成本也不低。

16.6 參考文獻與資料

資料庫的設計在文獻書裡頭有相當多的介紹,就像軟體工程的領域一樣,會談到生命週期(life cycle)與流程(process)的觀念。但是在實務上到底我們會怎麼做,其實還是要看軟體工具提供了什麼樣的支援。我們可以從 DBMS 相關的軟體來觀察。以 Sybase PowerDesigner 為例,資料庫的設計包含了以下的各種模型:

1. CDM(conceptual data model):資料庫邏輯結構的設計,結果可以自動轉換成 PDM 與 OOM。

2. PDM(physical data model):資料庫實體結構的設計,考量特定的 DBMS 與儲存的結構。有效的 PDM 可以自動轉換成 CDM 與 OOM。

3. OOM（object-oriented model）：資料庫物件導向模型的設計，適合與物件導向的程式語言結合。有效的 OOM 可以自動轉換成 CDM 與 PDM。

4. BPM（business process model）：描述商業應用中各種作業的程序完成的方法。

5. FEM（free model）：使用任何方式來描述應用系統，包括圖表等方法都算。

當 DBMS 的軟體本身有支援這些觀念時，就代表在功能上可以進行相關的設計。所有真正經歷過一次軟體輔助的設計與開發工作以後，應該比較能體驗出理論與實務之間的相關性！

摘要

在之前的學習中，我們先建立資料庫系統方面的基本觀念，然後介紹關聯式的資料庫系統，同時也透過一些實際的 DBMS 軟體取得使用的經驗。假如要建置比較大型的資料庫，最好能有系統化的方法來引導我們，因此本章介紹資料庫設計（database design）的方法。

資料庫設計的程序可以遵循一個流程來進行，有點像軟體開發的流程一樣，通常資料庫設計是軟體系統分析與設計的過程中要完成的工作之一，不過理論上的流程往往無法讓我們體會到實務上的經歷，因此，在這一階段的學習中可以透過軟體工具的使用來印證資料庫設計的程序，像 Sybase PowerDesigner 與 Oracle Designer 都是這一類的軟體工具。

本章最後以一個實際的例子來說明資料庫的設計，我們可以發現光說明應用系統的作業就要花蠻多的篇幅，因為必須先了解需要哪些資料以及這些資料會如何使用。在進行了解的過程中，除了要具有與一般人溝通的能力之外，還要知道自己需要什麼樣的資訊來進行設計，在設計的過程中，則要運用前面學過的標準化理論來避免一些設計上的問題，當然設計的結果也要有足夠的資訊讓後續的開發工作能順利地進行。

學習評量

1. 請說明資訊系統（information system）的 macro cycle 與 micro cycle。

2. 資料庫定義的設計與應用邏輯的設計是否需要一起進行？為什麼？

3. 為什麼資料庫設計會有 DBMS-independent 與 DBMS-dependent 兩部分？

4. 請說明 DBMS 軟體的選擇需要考慮哪些因素。

5. 在實際的資料庫設計中有進行 physical database design 嗎？試著描述 physical database design 的細節。

6. 思考一下在使用不同的 data model 的 DBMS 中所進行的 physical database design 會有什麼不同的地方？

7. 假如找得到試用版的 database design 的軟體，試將本章的實例用軟體的功能設計出來。

17

跨平台可移植性軟體開發

由於電腦軟硬體平台的種類很多，軟體系統的開發者非常希望能把在某特定平台上完成的軟體，以最低的人力與成本移植到其他的平台上，如此一來，馬上可以增加龐大的客戶群。**所謂的可移植的（Portable）軟體系統就是指能移植到多種平台上執行的軟體，而跨平台的（Cross-platform）軟體開發技術則是用來使移植的程序簡化。**由於硬體之間的異質性是固有的，而軟體系統的功能又越來越複雜，要進行跨平台的軟體系統開發，需要非常專業的背景與經驗，當然也更需要各種電腦輔助的開發工具。本章將介紹跨平台可移植性的軟體開發技術，同時以實例來展示這種開發技術的優點。

17.1　跨平台的軟體開發技術

跨平台軟體開發的技術是很多系統開發者曾嘗試過的經驗，詭是部分開發工具支援的觀念，在軟體系統品質的評估項目中，可移植性（Portability）也是一個受到高度重視的指標。不過，跨平台的軟體開發比較難整理出一般性的、與平台及工具種類無關的法則，而且由於平台固有的異質性，往往在軟體的功能、效能與移植性之間，要做適當的權衡。

在了解跨平台軟體開發的技術之前，對軟體系統的開發過程要有深入的認識，**開發完成的軟體是以可執行碼（Executable code）的形式在各種平台上使用，只要平台不同，執行碼的格式就不相同，所以通常在 UNIX 工作站上的可執行檔案，拿到個人電腦上就無法使用。**所謂「跨平台」的軟體，是指在原始程式碼（Source code）的層次或設計的層面上，軟體系統在各平台上有相似的內涵與格式，事實上從原始程式碼產生可執行碼只是一個簡單的步驟，只要原始程式碼可用，就能在各平台上產生可執行碼。至於設計內涵的跨平台特性則更為重要，因為分析與設計的結果應該要避免受限於某種或某些平台的功能，否則在軟硬體環境更新時，軟體系統就得完全重新開發。從設計的結果自動產生原始程式碼是某些開發工具已經提供的功能，所以跨平台的軟體設計所能節省的人力、時間與成本更顯著。

學習活動

原始程式碼可以跨平台，以 Java 來說，不但原始程式碼跨平台，而且編譯以後得到的位元碼（byte code）跨平台，Java 的這種特性有什麼額外的好處？

17.2 可移植性的軟體開發技術

　　所謂的「平台」（Platform）可以看成是資訊裝置與作業系統的組合，例如個人電腦＋微軟 Windows 作業系統、MacBook＋macOS、iPhone＋iOS 等，都代表不同的平台，假如同種軟體系統能在多種平台上使用，則該軟體在市場上的潛在客戶群將不受平台種類的限制，對於使用者來說，能跨平台使用的軟體系統將使未來平台的擴充採購上有更大的彈性，因為購買不同平台的硬體仍然可使用現有的軟體。對於開發者而言，客戶群廣代表銷售的市場大。因此，跨平台的軟體系統有很多優點。

　　軟體系統能否跨平台使用與軟體本身的可移植性（Portability）有關，移植性高的軟體系統比較容易在各種不同的平台上重新開發，並且重複使用原有的開發成果，避免完全重新開發所造成的高成本。從開發工具的觀點來看，要使軟體系統具有高度的移植性，在功能上、開發工具的特性上、或是平台的優勢上，常要有所割捨，因為某種平台上有的特殊工具未必存在於其他工具上。不過整體說來跨平台的軟體開發利多於弊，要具有競爭力，就應朝這個方向發展。

 延伸思考

所謂的平台（platform）在更廣泛的定義下其實可以包括軟體架構的概念，例如 Web 的平台是指像 Web client-server 的環境，或是雲端的平台，例如特定雲端業者的 PaaS（Platform as a Service）環境。

17.2.1 程式碼層次的移植

　　程式碼層次的可移植性（Code-level portability）並不難達成，只要把與平台有關的程式碼區分出來，當平台改變時，只要抽換這一部分的程式碼即可，

不過由於軟體系統越來越複雜，這種方式相當費時。因此，有人想出使用可移植的類別庫（Portable class library）或第四代語言的工具，圖 17-1 畫出這些工具所提供的環境，對於軟體系統的開發者而言，只要會使用與開發環境相關的 API，就可以寫出所要的軟體，因為開發工具會將其提供的 API 呼叫轉換成對所在平台的 API 呼叫。**與開發環境相關的 API 也叫做「專有式的」（Proprietary）API，因為只在特定的開發工具與環境中有用，與平台有關的 API 也稱為「原生性的」（Native）API，只能在所在平台上使用。**

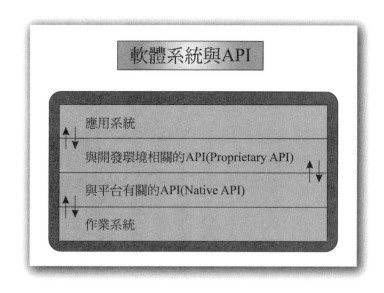

圖 17-1　層次化的應用程式介面

使用專有式的 API 所得到的移植性可從圖 17-2 解釋，同樣的應用系統程式碼可以直接在兩種不同的平台上使用，當然先決條件是所用的專有式 API 必須存在於兩種平台上。通常這種移植性將受專有式 API 是否普及與完整的影響。當然 API 只是程式呼叫的程序庫（Library），程式本身所用的語言也會影響其移植性，即使是同一種語言，在不同的環境下，例如不同的編譯器（Compiler），語法與語意上都可能會有一些差異，解決的辦法是在撰寫程式時盡量以標準化的語法及語意寫，例如 ANSI C 與 ANSI C++ 的標準就可以當做程式設計時的規範。

可移植性高的軟體系統除了可節省開發成本之外，也比較容易維護，當系統的環境變更時，可能軟硬體的平台都變了，移植性高的軟體系統在這種情況

下，比較容易在短時間內轉移到新的平台上使用。另外一種情形是當開發工具變更時，軟體系統也有必要移植到新的開發環境中。

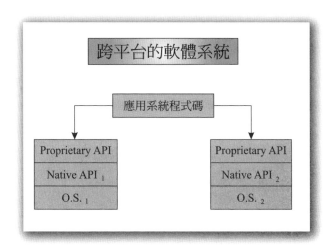

圖 17-2 專有式 API 提供的移植性

17.2.2 可移植性軟體開發的方法

通常軟體系統的開發者在熟悉一套開發工具之後，都會逐漸地利用工具的特點發現一些使軟體系統具有移植性的方法，但這種方法多半會隨著工具的改變或開發環境的變遷而失去效用。不過，仍有一些可常運用的方法，來幫助我們提高軟體系統的移植性。

一、使用原生性（Native）的資源

由於各種平台之間的差異相當大，有些功能無法在開發工具中找到，與其將就開發工具的環境，可能還不如直接使用原平台上的資源。例如 HP 工作站的 UX 作業系統，不同版本之間的差異不大，但 HP UX 與 SUN 工作站的 Solaris 作業系統之間，差別就比較大了，不過 HP UX 與 SUN Solaris 同屬於 UNIX 作業系統，所以共通之處很多，相對地軟體系統可移植的成分應該也比較多。假如是 UNIX 的平台與一般個人電腦 Windows 或 Mac O.S. 的環境比較，則差異甚大，使用原生性的 API 等資源，可移植的成分多少就很難說了。我們可以從下面幾個角度來看這個問題：

1. **應用系統邏輯的移植性**：對於邏輯複雜的應用系統而言，我們希望系統的設計與規格能適用於各種平台，從這個角度來看，應有很高的比率是可移植的。使用原生性的資源應不致大幅影響這一部分的移植性。至於結構簡單的小型系統，假如平台差異本來就很大，則移植的成分就不高，當然也就不必特別考慮移植性。

2. **開發程序的配合**：假如跨平台的發展是可預見的，則開發初期就應該有所規劃，不要讓規格與設計受限於某種平台。由於各平台的開發環境不同，在選擇開發人員時，就要偏向具有跨平台背景的人，或是要確定不同平台的開發人員之間未來會有很好的溝通與聯繫。

3. **由應用系統各成分的本質來決定**：軟體系統的某些部分可能比較適合採用某種可移植性的開發方法，例如使用者介面的開發，若有很適合的工具，可以直接設計視窗介面，由工具產生多平台的原生性程式碼。在這種情形下，同一個軟體系統的開發過種中，就可能會採用好幾種提昇移植性的開發方法，對於開發者而言是一種挑戰。

二、取共通點

　　避免使用特有的原生性資源可以提昇移植性，某些平台特別提供的功能很可能在其他平台上找不到，假如能避而不用，就能省略未來移植軟體系統時的問題。不過，在某些情況下，不使用原生性的資源，可能也會失去一些平台的特性，例如 Mac O.S. 中的應用程式在外觀上具有一些特性，假如在 Mac O.S. 中執行的程式看起來像是個人電腦上的視窗程式，可能會造成一些錯覺。

三、不使用原生性（**Native**）的資源

　　假如開發工具本身能深入各平台，自行建立開發所需要的系統呼叫，則開發者就可以完全避免和每一種平台的原生性資源打交道，圖 17-3 畫出這種可移植性開發的觀念，由於應用系統所用的工具資源在每種平台上都是一樣的，當然就具有完全的移植性。這個方法的問題是工具本身的建立困難度高，而且其效率通常不及原生性的資源，算是一種高成本又難以預見回收的方式。這種移植性開發的方式可以看成是用工具來模擬原生性的開發資源。

四、混合的方式

依照軟體系統各成分的特性來決定是否使用原生性的資源，圖 17-4 畫出這種可移植性開發方法的觀念，對於開發者來說，使用陰影部分的開發資源可以提昇移植性，使用原生性的開發資源則會降低移植性。可移植性的軟體開發方法不太容易找出具有權威性的規則，工具的使用與開發經驗扮演很重要的角色。通常在工具的選擇上，必須考慮效率的問題，工具對於各平台的支援程度也很重要。未來的趨勢也將影響我們的決定，例如微軟（Microsoft）公司提供的環境相當完整，等於直接把移植性的問題矮化了。網際網路的應用系統則在開放性與標準化的要求下，具有先天的移植性。

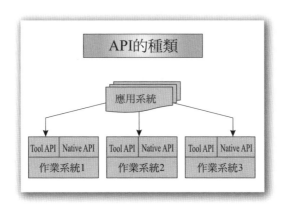

圖 17-3　不使用原生性資源的可移植性軟體開發

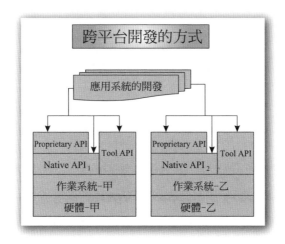

圖 17-4　混合式的可移植性開發方法

17.3 跨平台軟體系統開發工具的實例

跨平台的軟體系統開發工具種類很多，常見的可移植的 C++ 程序庫（Portable C++ library）就是一種跨平台的軟體系統開發工具，圖 17-5 畫出這一類工具的使用方式，應用系統可使用 C++ 程序庫中的類別，這些類別對於所在平台資源的使用可經由專有式的 C++ 類別庫（Proprietary C++ class library）來呼叫原生性的 C++ 類別庫（Native C++ class library），對於系統開發者來說，只要會用工具所提供的專有的 C++ 類別庫就可以發展出多平台的軟體系統。使用專有的 C++ 類別庫有一些潛在的問題：

1. **未能充分使用語言的功能**：由於程式設計時受限於專有的 C++ 類別庫的使用，比較無法充分利用程式語言的特性。

2. **工具的熟悉費時**：要利用工具的功能，必須先熟悉 C++、開發的環境、類別庫中各類別的定義、API 呼叫的用途等，在真正能製作出可移植的軟體系統之前，得下不少功夫。

3. **效能的問題**：專有的 API 呼叫轉換成原生性的 API，其效能很可能不如直接使用原生性的 API。

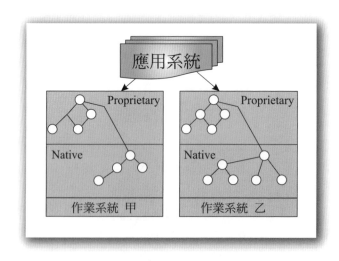

圖 17-5 可移植性 C++ 程序庫的使用方式

使用程式語言來製作軟體系統，可以得到的效能較佳，程式設計者可運用各種經驗與技巧，使程式執行時的效率高，一旦受限於現成的 API，就失去了這種彈性。有些特殊的跨平台開發工具以較高層次的語言，例如第四代語言（4GL），做為開發的語言，同樣有效能上的問題。

 學習活動

看起來似乎使用跨平台的開發工具會喪失一些優勢，例如無法充分利用平台本身特有的性質來改善開發程序或是軟體的品質，以現有的工具來說，是否有運用一些技術或技巧來解決這些問題？以 Java 為例，對這些問題做比較深入的探討。

17.3.1　跨平台開發工具的選擇

從前面的介紹中，我們可以看到跨平台開發工具常有效能上的問題，或是未能充分利用原平台的各種特性與優勢，因此在選擇的時候應該要仔細考慮相關的因素，通常我們會從幾個不同的角度來評估：

1. **支援的平台種類**：所開發軟體的移植性來自於工具在不同平台上的支援，圖 17-6 是一個很簡單的概念圖，各平台的異質性被開發工具吸收了，所以開發工具支援的平台越多，代表軟體系統可移植的平台越廣泛。除了所支援平台的數量之外，也要考慮工具對於各平台支援的功能是否豐富，以免限制軟體開發時可用的資源。

2. **對於資料庫的支援**：由於大多數的軟體應用系統都會使用資料庫的功能，而資料庫系統和平台一樣，有很多種類，所以跨平台的開發工具最好也有跨資料庫的溝通能力，可和多種資料庫伺服器交換資料。

3. **對於資料庫設計的支援**：既然資料庫的設計本身最好能跨 DBMS，開發工具最好能支援資料庫的設計，以及與設計相關的資料之保存與管理。

4. **了解工具的特性**：開發工具對於提昇移植性所採用的方式各不相同，使用者要先了解工具的特性，然後從系統開發的程序及技巧上來配合。

5. **工具的效能與可靠性**：開發工具支援多平台、多種 DBMS 的開發，對開發工具的原設計者來說，是相當複雜的工作，因此，經由這些工具來開發軟體系統，其效能及穩定性是否能接受，必須有詳盡的測試；此外，開發出來的系統在各平台上的功能與外觀是否合乎要求，也應該一併考量。

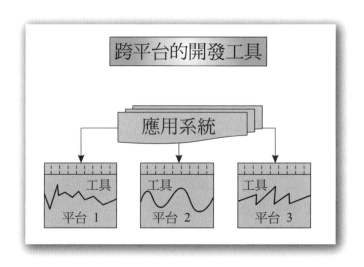

圖 17-6　跨平台開發工具的特性

17.3.2　跨平台開發工具的種類

開發工具的種類很多，例如有的開發工具可以讓我們畫出程序分析的內容，由於這些內容和開發的平台或是所用的資料庫管理系統無關，基本上具有全面的移植性，假如開發工具本身又能自動從分析與設計的內容產生應用系統，則軟體系統的開發就大功造成了。不過，完全自動化的結果會限制軟體系統在功能上的彈性與多元化，因為很多系統的特徵是經由選項的方式，套用既有的格式產生的，不一定完全符合使用者的需求。圖 17-7 從三種角度來看開發工具對於跨平台軟體開發的影響，A、B 與 C 三條曲線代表開發工具自動化的程度、開發掌控的程度與移植性之間的交互影響，我們希望三者的值都能偏高，但事實上是彼此牽制，開發者要能權衡得失。

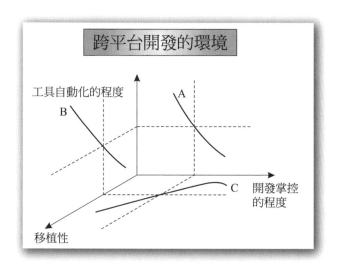

圖 17-7　跨平台開發工具的分類

17.4　跨平台軟體系統開發的程序

　　跨平台的軟體系統開發一樣要依照軟體工程所訂定的程序，但在各程序中必須加入對於軟體系統移植性的考量。例如在需求分析時若已知未來作業環境中會有多種平台，則應先了解各平台之間的異同，做為選擇開發工具時的參考。通常我們會先考慮下面幾個問題：

1. **未來部署的平台種類**：各平台上提供的開發資源與支援不同，平台的種類應成為系統架構設計的考慮項目之一，然後成為規格的一部分。

2. **跨平台軟體系統開發的管理**：不管各平台上的軟體系統是同時開發或是在不同的時期完成，對於原始程式檔案、規格與設計的內容應該要有適當的管理與組織，使開發的工作在不同的平台上能善用共通性，減少重複開發的比重。

3. **平台間差異的化解**：對於使用者來說，跨平台開發的結果是功能一致的軟體系，在不同平台上執行時所呈現的介面不應該有太大的差異，開發過程中要針對可能產生的明顯差異，做必要的化解。

4. **系統部署的方式**：完成後的軟體系統要包裝成能在各平台上安裝的形式。

圖 17-8 將跨平台軟體系統開發應考量的各種因素加入傳統系統的軟體開發程序中，在實際的開發過程中，所用的軟體開發工具與所在的開發環境，對於跨平台的軟體開發有很大的影響，有很多細節是真正有了開發經驗之後才會發現的，我們下面就整理出一些跨平台軟體開發程序中的技術性細節。假如想對跨平台軟體開發的實務有進一步的了解，最好先知道底下的技術性細節。

17.4.1　平台之間檔案的共享

開發過程中或是系統部署時，可能會發現有些是可以共享的，由於檔案的種類很多，所以處理的情況也很多，以原始程式碼（Source code）、中間碼（Object code）與可執行碼（Executable Code）的管理而言，最有名的是各種 **UNIX 平台在網路檔案系統環境下的軟體開發**，圖 17-9 是其中的一個例子，在 UNIX 的各種平台上以 C 程式語言來撰寫軟體系統時，不同平台上的原始程式碼之間差異並不大，有時候我們可以用 C 語言中的特別語法來處理平台間的差異，如此一來，原始程式碼的檔案就可以在不同平台間完全地共用。

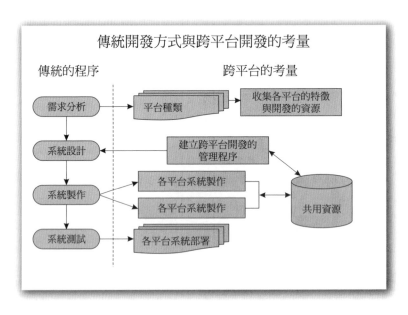

圖 17-8　跨平台軟體系統開發的程序

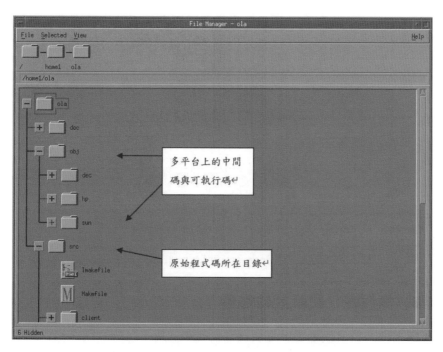

圖 17-9　跨平台軟體開發中的檔案管理

早期 UNIX 作業系統中有 Makefile 與 Imakefile 兩個程式，可用來管理軟體系統編譯（Compile）與連結（Link）的過程，以跨平台的軟體開發程序來說，有三個主要的要求：

1. **不同平台能共享原始程式碼**：雖然最後在各平台上產生的可執行碼是不同的，一般仍希望原始程式碼是一樣的，如此一來，當與平台特性無關的軟體系統功能改變時，只要修改原始程式碼，然後在各平台上重新產生可執行碼就完成了變更，不必一一地在各平台上修改程式碼，增加維護上的困擾。

2. **盡量減少重新編譯與連結的次數**：大型的軟體系統所含的檔案數目非常多，當部分系統的檔案變更時，不見得所有的檔案都要重新編譯與連結，Makefile 程式設定系統編譯與連結的過程，Imakefile 則是讓使用者設定系統檔案之間的相關性，然後以此為依據來產生 Makefile，以減少重新編譯與連結的次數。

3. **提供多人合作開發的環境**：通常不同平台上系統的開發與維護適合由具有各平台背景的人負責，既然原始程式碼要能由所有的人共享（因為只有一份），則開發時必須有適當的管理，才不會產生各種不同的版本。在 UNIX 平台上有一個簡單的 RCS（Revision Control System）程式，能讓開發者領出（Check-out）一個或多個共享的檔案，完成修改之後再歸還（Check-in）。

學習活動

UNIX 系統所提供的一些與軟體開發相關的功能，其實從使用者的角度來看是相當原始的，立意很好，但是多數人可能無法有效地運用，那麼是否有些開發工具能提供類似的功能呢？

17.4.2　使用者介面設計的考量

　　不同平台的視窗作業環境都有些微的差異，**跨平台的軟體系統開發要求不同平台上的軟體系統要有相同的使用者介面，因為對於使用者來說，在切換平台時，就不必再重新學習。**由於平台之間的異質性差異甚大，有時候開發者要有所取捨，假如真的有些介面元件的呈現全然不同時，可能就要在設計做一些修改。

　　在程式碼的層次上可以利用各種技巧來克服平台不同的問題，例如利用繼承的方式來產生各平台上的視窗（Window），或是用特殊的函數呼叫來決定所在的平台，然後再決定應該執行的程式片段。**各種平台上的視窗介面設計通常都有所謂的「型式導引」**（Style guide），提供介面設計上的注意事項，跨平台使用者介面的設計者最好能熟悉每一種平台的型式導引文件。

學習活動

觀察跨平台使用者介面設計最好的地方應該是 Macintosh 的平台，因為麥金塔在圖型化介面的設計上一直都有創新與領導的角色，只是在市場上競爭激烈，目前各種作業系統的介面都相當成熟，倒是在介面開發的支援上，可以看看一些跨平台的軟體是如何移植到 Macintosh 的平台上？

17.4.3 程序庫的共享

　　大型軟體系統常會依賴各種程序庫（Library）所提供的功能，不同平台上有不同的程序庫，但是呼叫的名稱可能相同，在這種情況下，原始程式碼是完全相同的；開發工具常提供各種現成的程序庫供開發者使用，我們前面曾提到過原生性（Native）與專有式的（Proprietary）API，對於程式設計者來說，在使用上有各種彈性，以圖 17-10 的情況為例，程式設計者可用的 API 種類很多，程式甲使用專有式的 API，不同平台上的呼叫語法一致，具有移植性；程式乙選用原生性的 API，雖然呼叫語法不同，但開發工具的 API 提供了辦別平台種類的呼叫，因此程式乙同樣具有移植性。

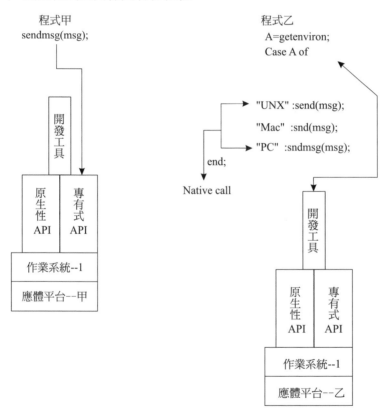

圖 17-10　跨平台的程式設計

17.4.4 檔案與資料格式的問題

由於近年來檔案格式的標準化進展得很快，各種平台大都能接受標準化格式的檔案，即使有些微的差異，對於軟體系統開發的影響也不大。至於資料庫的使用上，目前以主從架構的情況居多，資料庫伺服器上執行資料庫管理系統（DBMS），各平台上要有能和 DBMS 溝通的客戶端程式，而 DBMS client 對於應用系統所提供的 API 假如在不同平台上都用相同的語法，則應用系統的原始程式碼將會有很高的移植性。

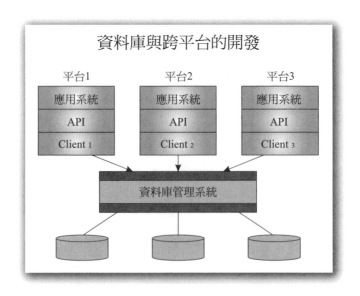

圖 17-11　跨平台軟體系統對於資料庫的使用

17.5　跨平台軟體系統開發的實例

我們在這一小節中以早期的 Metrowerks CodeWarrior、HTML 與 Java 為例，來探討跨平台軟體系統開發的實務性細節。展示的例子屬於比較早期的開發環境，我們可以特別由此看出平台之間的差異性。雖然現在的開發環境變化很快，但是基本的概念是一樣的，可以自己嘗試找尋適合需求的工具。

17.5.1　整合式的開發工具

Metrowerks CodeWarrior 是一種整合式的開發工具（Integrated development tool）從程式的撰寫、編譯、連結、測試到除錯，都在同一個環境下進行，由於 CodeWarrior 在一般個人電腦平台與麥金塔電腦平台上都存在，也可用來做這兩種平台上的跨平台軟體系統開發。圖 17-12 的視窗就是 Metrowerks CodeWarrior 啟動後呈現的介面，我們可以在這個開發環境中撰寫 C、C++、Java 或 Pascal 的程式，進行編譯、連結之後產生可執行碼。

圖 17-13 顯示出在 Metrowerks CodeWarrior 中開啟的專案，除了原始程式檔案（即 Helloapp.cpp）之外，還包含很多程序庫，程式設計者必須懂得如何使用這些程序庫，才能善用其功能，在麥金塔的平台上，Metrowerks CodeWarrior 所提供的則是另一組不同的程序庫。選擇執行（Run）專案，Metrowerks CodeWarrior 會檢查目前專案內的檔案，自動編譯、連結，然後產生可執行檔，圖 17-14 就是進行編譯與連結時顯的狀態視窗。執行後的結果則顯示於圖 17-15 中。

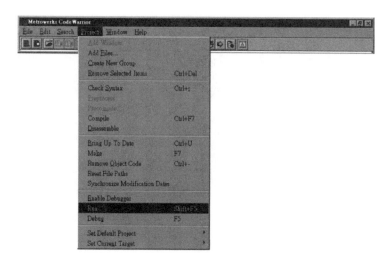

圖 17-12　Metrowerks CodeWarrior 提供的開發環境

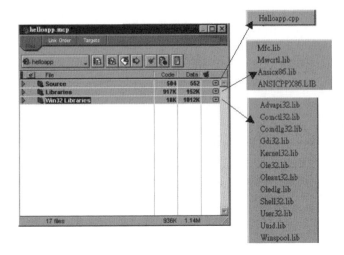

圖 17-13　Metrowerks Code Warrior 中的專案

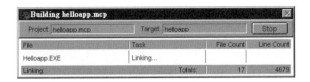

圖 17-14　連結中的專案

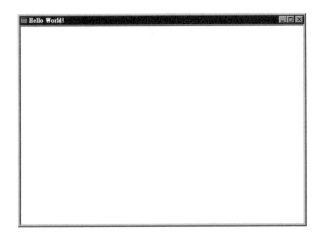

圖 17-15　執行的結果

　　圖 17-15 中的結果，是由圖 17-16 中的 C++ 程式碼所完成的，我們可以看到程式中所定義的視窗類別 CHelloWindow 繼承類別庫（class library）中定義的 CFrameWnd，應用程式類別 CHelloApp 則繼承自 CWinApp。

```cpp
// helloapp.cpp : Minimal MFC Windows app.
// This is a part of the Microsoft Foundation Classes C++ library.
#include <afxwin.h>
// Define a window class derived from CFrameWnd
class CHelloWindow : public CFrameWnd
{
public:
    CHelloWindow()
      { Create(NULL, _T("Hello World!"), WS_OVERLAPPEDWINDOW,
        rectDefault);
        }
};
// Define an application class derived from CWinApp
class CHelloApp : public CWinApp
{
public:
    virtual BOOL InitInstance();
};
// Construct the CHelloApp's m_pMainWnd data member
BOOL CHelloApp::InitInstance()
{
    m_pMainWnd = new CHelloWindow();
    m_pMainWnd->ShowWindow(m_nCmdShow);
    m_pMainWnd->UpdateWindow();
    return TRUE;
}
CHelloApp HelloApp;  // HelloApp's constructor initializes and runs the
                      app
```

圖 17-16　產生圖 17-15 結果的原始程式碼

　　在麥金塔的平台上由於所用的類別庫或程序庫不同，所以原始程式碼也不相同，圖 17-17 是在麥金塔平台上執行 Metrowerks Warrior 之後得到的介面，和個人電腦上的介面（即圖 17-13）十分類似，對於使用者來說，只有類別庫與程序庫所提供的介面不同，程式語言的語法大同小異。圖 17-18 是在麥金塔平台上執行一個類似的程式所得到的結果。

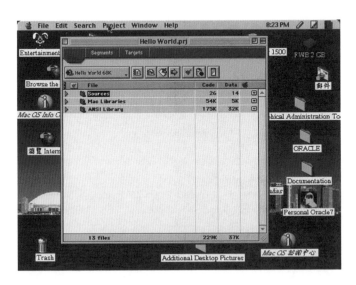

圖 17-17　麥金塔電腦上執行 Metrowerks CodeWarrior

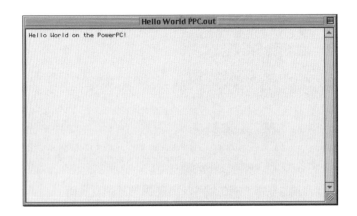

圖 17-18　在麥金塔電腦上執行程式

　　從 Metrowerks CodeWarrior 所提供的功能來看，對於跨平台軟體開發的支援不多，主要仍是靠開發者本身的經驗與技術，倒是 Metrowerks CodeWarrior 本身可以算跨平台軟體系統的實例，從圖 17-19 和圖 17-20 中所看到的，是 Metrowerks CodeWarrior 在個人電腦及麥金塔平台上進行開發環境設定的介面，介面本身十分類似，但在內容上有很大的不同，例如所用的連結器（Linker）就不一樣。

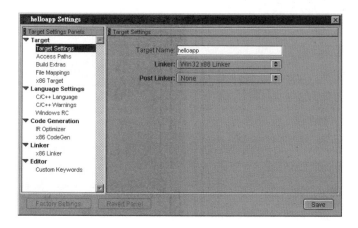

圖 17-19　PC 上 Metrowerks Code Warrior 產生執行碼的設定

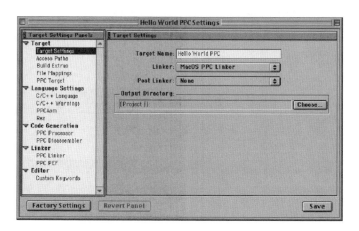

圖 17-20　麥金塔平台上 Metrowerks Code Warrior 產生執行碼的設定

　　圖 17-21 與圖 17-22 則是有關於路徑的設定，也是介面類似，內容不同。這些差異是可以預期的，事實上，完成設定之後，對於使用者來說，有些差異就自然地消失了，例如所用的連結器雖然不同，但在兩種平台上啟動連結器的方式是一樣的，都是透過功能選單的選項來進行。

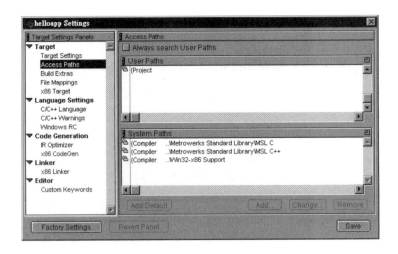

圖 17-21　PC 上 Metrowerks Code Warrior 路徑的設定

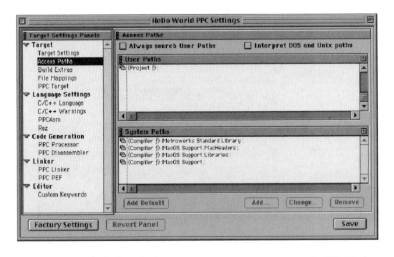

圖 17-22　麥金塔平台上 Metrowerks Code Warrior 路徑的設定

　　圖 17-23 與圖 17-24 的設定對於跨平台的軟體開發有比較大的影響，這兩
個視窗讓我們設定檔案的對應，包括副檔名（File extension）的名稱，從檔案共
享的角度來看，對於具有可移植性的原始程式檔案來說，應該要儘可能地使用
相同的名稱。

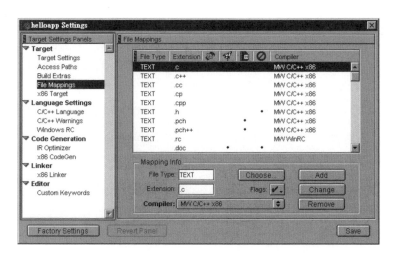

圖 17-23　PC 上 Metrowerks Code Warrior 檔案對應的設定

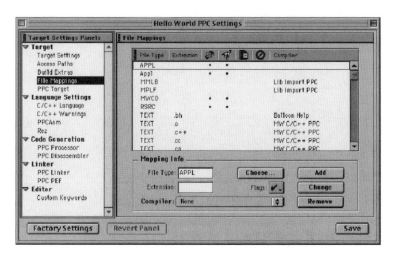

圖 17-24　麥金塔平台上 Metrowerks Code Warrior 檔案對應的設定

雖然 Metrowerks Code Warrior 對於跨平台軟體系統開發並未提供很直接的支援，但是和傳統的程式設計環境比較起來，由於有各種其他的支援，系統開發者比較有時間處理跨平台的問題。

17.5.2　HTML 與 Java 的移植性

HTML 與 Java 同樣具有描述應用系統的能力，和一般的程式語言比較起來，這兩種語言所寫出來的文件或程式具有極高的移植性（portability），主要的原因在於 HTML 與 Java 在發展初期就把標準化、開放性、分散式與異質性當成重要的問題，隨後發展出來的類別庫、程序庫、開發工具等，也都具有類似的特性。例如圖 17-25 中的 HTML 文件可以用 Web 瀏覽程式開啟，而產生的圖 17-26 中的瀏覽器呈現畫面會十分類似。

```html
<html>
<head>
<title> Email to  NOU </title>
</head>
<body bgcolor="#e0e0e0">
<h1> Email to 國立空中大學 （NOU） </h1>
<hr>
<form action="mail.pl.cgi" method=post>
<p> 請輸入姓名:<br>
<input type=text name=name size=60>
<p> 請輸入訊息:<br>
<textarea name=body rows=5 cols=64>
</textarea>
<p>
<input type=submit value="送出">
<input type=reset value="清除">
</form>
<hr>
</body>
</html>
```

圖 17-25　在麥金塔平台上使用的 HTML 語法

圖 17-26　從圖 17-25 的 HTML 檔案產生的畫面

　　Java 和 HTML 一樣具有高度的移植性，而且 Java 在運算的完整性上相當於一般的程式語言，圖 17-27 的 Java 程式，在麥金塔或是 Windows 的平台上會得到同樣的效果。

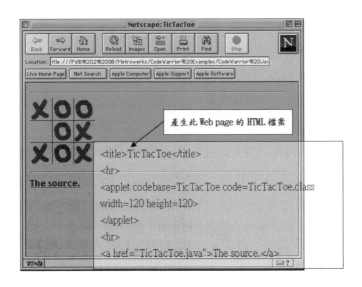

圖 17-27　在麥金塔平台上執行 TicTacToe 程式所得到的結果

由於 Metrowerks Code Warrior 也支援 Java，對於跨平台的軟體開發而言，所面臨的問題就比較少。目前開發工具、軟硬體的功能與軟體系統的架構，都經歷了很多的變化，也因而造成跨平台的軟體開發技術無法成為一種很專門而固定的領域，比較成功的例子出現在使用者介面的開發方面，未來標準化的進展將會影響跨平台的軟體開發，包括分散式物件架構的標準化。假如軟體系統的移植性能藉標準化來達成，則對於軟體開發工具或專有式 API 的倚賴性就會降低，在這種情況下就比較容易整理出一些跨平台軟體系統開發的法則。

17.6　行動應用 APP 的開發

行動應用是指在行動裝置上使用的軟體程式，也常被稱為 APP。所謂的行動裝置包括像手機、平板電腦與筆記型電腦等容易隨身攜帶的電腦資訊設備。

由於行動裝置的硬體跟一般電腦有比較明顯的差異，所以在軟體的開發方面採用的工具與方法也不太一樣。假如試著把一套軟體系統開發成各種裝置都能使用的軟體應用，其實就算是一種跨平台的軟體開發。

17.6.1　行動應用的開發程序

之前介紹的軟體系統開發程序其實是可以運用在行動應用的開發上，不過 APP 的開發往往要更深入地思考策略與規劃的問題。例如某家企業已經建置了一套完整的支援營運的資訊系統，結果發現某些員工有在行動中隨時使用系統的需求，假如能讓系統透過行動裝置來操作，可以大幅提升工作的效率，因此決定開發 APP，經由適當的規畫讓系統部分的功能透過 APP 來使用。以這個例子來說，對於系統的需求改變只是所用的裝置的差異，系統作業的邏輯並沒有變化。

除了策略與規劃之外，後面一樣要進行設計、製作與測試，最後還要發行 APP，這就是行動應用開發的程序，這個過程跟一般的軟體系統開發程序很相似，甚至於大多數的開發工作都能在一般的電腦上進行，只要最後產生在行動裝置上執行的程式格式就可以了。

17.6.2 行動應用的開發技術

　　行動應用在技術上必須支援與使用者互動的介面、功能運算邏輯與資料的存取，一般的應用軟體有同樣的技術要求，但是行動應用會因為行動裝置的特性而有一些比較特殊的狀況，例如行動裝置的顯示螢幕比較小一點，操作上以觸控為主。通常與使用者互動的介面歸屬於「前端」的技術，與資料庫伺服器或其他服務的應用程式介面（API）歸屬於「後端」的技術，假如要跨入行動應用開發的領域，勢必要熟悉相關的技術並做出適當的選擇。

　　對於行動應用的使用者來說，最常有的經驗應該是下載特定的 app，然後開始使用其功能。這些 APP 有免費的，例如大家熟悉的臉書或是 Line，也有很多店家開發的軟體，有的 APP 是需要付費的，還有所謂的 Web 瀏覽程式，像 Safari 或是 Google Chrome。

17.6.3 行動應用開發實務上的考量

　　既然行動裝置的種類與品牌很多，在開發 APP 時當然更希望能跨平台，例如微軟公司的 Azure App Service 提供的 Mobile Apps 功能，就可以建置適合使用在 iOS、Android、Windows 或是 Mac 上的應用程式。微軟公司也提供了 Xamarin 的開發平台，可以使用 .NET 與 C# 來開發 iOS 與 Android 的 APP。假如是熟悉 Python 的程式設計者，也可以選擇 Kivy，同樣可以跨平台開發 Windows、Linux、MacOS、iOS 與 Android 上的應用程式。Kivy 的資訊可參考 kivy.org 的網站。

摘要

　　傳統的軟體工程流程在過去十年來對於軟體工業的發展產生了極為深遠的影響，但也為軟體業者帶來了更複雜的競爭局面，只有靠更精進的技術與工具，才能創造出成本低而品質更高的軟體系統。事實上，已經陸續出現了國際化的標準來規範軟體廠商與軟體產品的品質，組織或企業也逐漸開始重視軟體開發的規劃，未來軟體工程將成為應用更普遍的技術。我們在這一篇的內容中選擇了幾項軟體工程的重要發展，包括跨平台可移植性的軟體開發技術、設計

模式、反向工程與軟體元件的再使用技術，這些新的發展將對軟體系統的開發方式產生另一層面的重大影響。

學習評量

1. 何謂軟體系統的「可移植性」（Portability），跨平台的軟體開發與軟體的可移植性之間有何關聯？

2. 試從第 17.1 節對於「平台」的定義中，列舉五種平台。

3. 可移植性高的軟體系統具有哪些優點？

4. 試比較設計層次的移植性與程式碼層次的移植性。

5. 專有式的 API 與原生性的 API 各有何優缺點？

6. 試從網路上找尋和 XVT Software 相關的資料，說明 XVT 支援跨平台軟體開發的方式。假如 XVT 軟體已經淘汰，從網路上找與跨平台圖型化使用者介面相關的開發工具。

7. 試從網路上尋找各種與跨平台軟體系統開發相關的資訊與工具。

8. 選擇跨平台的軟體開發工具時，應該要考慮哪些因素？

9. 試比較 HTML、Java 與一般的程式語言（例如 C++）對於跨平台軟體系統開發所提供的支援。

10. 進行跨平台的軟體開發是一種享受，除了 Metrowerks CodeWarrior 之外，Java 也是非常方便的測試工具，試從網路上面下載與 Java 相關的軟體，在 Windows 與 Linux 上做跨平台的軟體開發。

18

軟體工程的展望

軟體工程似乎很少出現在科技新發展的版面，但是這個領域同樣有許多令人讚嘆的發展，隨著硬體技術的進步，軟體工具也推陳出新，人類開發出來的軟體也越來越多、越來越龐大，這些軟體衍生出「技術上的負債（technical debt）」，同樣需要運用軟體工程的方法來償還，因為原本開發時的軟體架構可能不佳，縮短了開發的時程，卻留下了未來必須回頭解決的問題。所以前面第 15 章介紹的軟體重構技術，也可以用來降低資訊技術的負債。IEEE Software 雜誌在 2016 年的 1~2 月出刊的內容，特別針對軟體工程的未來發展，提供了許多有趣的議題。

TIP

軟體工程（software engineering）與系統工程（systems engineering）在範圍上是有區隔的，整個資訊技術會在各種不同的層面上進步，軟體工程會隨著這些改變而進化；例如行動器具普及是硬體平台的改變，就會衍生出不同的作業系統，以及不同性質的應用系統，也就是 app。

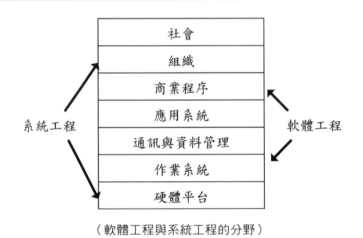

（軟體工程與系統工程的分野）

18.1　服務導向的軟體工程

服務導向的軟體工程（service-oriented software engineering）是指將軟體的功能以服務（service）來區分，這麼一來，組織之間或是部門之間的合作關係就可以用服務導向的架構（SOA，service-oriented architecture）來表示，比一般的軟體架構要更接近多數人的想法，其實 SOA 也算是一種軟體架構。

18.1.1　商業程序塑模與 SOA

商業程序塑模（BPM）的目的在於描述企業現在與未來的程序，讓目前進行中的程序能夠被分析與改善。BPM 通常由商業的分析師與管理階層負責，試著改善程序的效率與品質，這種改善不見得需要資訊科技，不過資訊科技常在 BPM 中扮演重要的角色。商業程序管理（BPM，business process management）的縮寫也是 BPM，可以看成是涵蓋商業程序塑模的領域。

UML（Unified Modeling Language）可以用來描述描述 BPM 的結果，MDA（model-driven architecture）與 SOA（service-oriented architecture）也都是跟 BPM 相關的資訊技術，BPM 強調的是企業架構中跟程序相關的部分，當企業有大的變動時，BPM 扮演重要的角色；例如兩個企業合併時，兩者的程序都需要經過審慎的評估，這樣管理階層才能有效地避免一些重複的作業。一個商業程序（business process）有下列的特徵：

1. 有一個目標。

2. 有特定的輸入。

3. 有特定的輸出。

4. 有使用的資源。

5. 包含一些工作或活動，而且是按照某種順序執行的。

6. 可能對組織內部多個部門產生影響。

7. 對於組織內部或外部的參與者產生某種價值。

簡單地說，一個商業程序包括一些活動，目的在於為客戶與市場產生特定的輸出，強調的是工作在組織內完成的方式，對於得到的產品不見得需要詳細的描述，主要關心的是工作執行的時間、地點與順序，開始與結束的時機，以及輸入與輸出。從 BPM 就可以得到組織的 SOA。

18.1.2　網路服務與 SOA

　　未來的網路世界裡頭，網路的應用將無所不在，這些應用不但在功能上各不相同，所使用的網路與系統也可能有很大的差異，這是技術發展過程中無法避免的異質性（heterogeneity），但是應用之間需要有一些溝通，讓使用者得到更多的便利，這在現實生活中有很多的例子可循，譬如說透過網路購得的商品要退貨，假如能在路邊的超商退是最方便的，但是超商的系統必須能和網路的商家溝通，不管在技術上要克服多大的困難，對於使用者來說，能得到的好處絕對是值得的。主要的問題在於軟體開發與分散式系統的技術，圖 18-1 描繪出軟體系統架構的變革，我們可以看到 Web services 的架構是最新的技術。

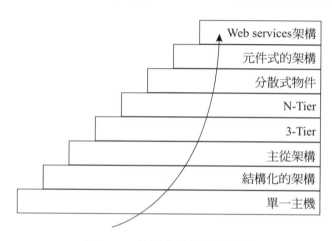

圖 18-1　軟體系統架構的變革

　　網路服務（Web services）的基礎是服務導向的架構（SOA，service-oriented architecture），所謂的服務（service）可以看成是一種獨立的而且可以自由發現的軟體元件，可以在訊息溝通（message-based communication）的基礎上與應用系統交談，如此一來，溝通的層次就拉高了，不必受到一些軟硬體與系統異質性的限制。我們也可以用比較白話的方式來詮釋 SOA，就是把軟體系統的功能以提供服務的角度來觀察，對於使用者來說，這是比較容易理解的方式。只不過為了達到這樣的目的，還是需要一些技術上的支援。

　　網路服務可以看成是實現 SOA 的具體方案，在網路服務的功能支援下，可以透過網際網路整合異質性高的應用。網路服務的規格完全獨立於特定的硬

體、作業系統與程式語言之上，讓 service consumer 與 service provider 之間能夠更容易進行溝通，網路服務主要由以下的開放技術所組成：

1. XML（eXtensible Markup Language）

2. SOAP（Simple Object Access Protocol）

3. UDDI（Universal Description, Discovery and Integration）

4. WSDL（Web Services Description Language）

　　我們可以試著從圖 18-2 來了解網路服務的合作機制，這個架構能讓網路服務的使用者（service consumer）獲得網路服務提供者（service provider）所提供的服務，中間經歷了 6 個步驟，基本上，service provider 要把服務公告周知，service consumer 要先找到所需要的服務，然後送出請求。在這個過程中，SOAP 扮演 SOA 協定的角色，支援以 XML 為基礎的訊息溝通。WSDL 提供介面與協定連結的描述語法，UDDI 支援登錄的機制（registry mechanism）。透過這些成員才能讓以 SOA 為基礎的網路服務運作起來，由於這些成員都經過標準化，所以沒有互通的困難，充分支援互通性（interoperability）。

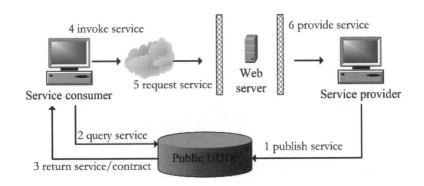

圖 18-2　網路服務的合作機制

 TIP

由於企業逐漸整合 MIS 與電子商務，所以在建置企業營運的資訊平台時，SOA 已經成為相當重要的技術。

18.2 軟體安全工程

軟體安全（software security engineering）已經逐漸成為大家重視的問題，已經有很多案例顯示不安全的軟體造成的危害可能比外來的威脅更為嚴重，而且硬體設備的功能完全掌握在軟體的邏輯上，解決了軟體安全的問題才能確定硬體能夠正常地運作。

軟體安全的問題可以從圖 18-3 顯示的兩個層次來思考，一個是應用層面的安全問題，另外一個是架構層面的安全問題。應用層面的安全問題算是一種軟體工程的問題，可以透過軟體系統的設計來解決，架構層面的安全問題屬於管理上的問題，要透過管理上的設定與運作來解決。

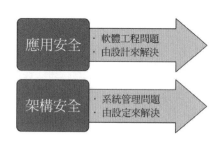

圖 18-3　軟體安全的問題

前面在第 2 章曾經介紹安全軟體發展的流程，這就是從應用層面來考量安全問題，目前政府機構已經被要求在進行軟體系統開發時，必須遵循安全軟體開發的要求。至於一般機構導入資訊安全管理制度時，一樣要考量軟體系統的安全，這就比較屬於架構層面的安全問題。

新知加油站

一本關於「如何寫程式」的好書

很多書都教我們如何程式語言來寫程式，但是比較少有書籍告訴我們如何寫一個好程式。Steve McConnell 的這本書（McConnell, S.（2004）. Code Complete：A Practical Handbook for Software Construction, 2nd. Microsoft Press.）針對程式的撰寫提供了很多實務的經驗，而且這些經驗對於大多數的程式語言來說都通用。當我們建置一個軟體系統時，最後都需要寫程式，像這樣的經驗就可以派上用場。

18.3 觀點導向的軟體開發

軟體工程依然是一個相當活躍的領域，因為軟體系統是硬體設備的靈魂，只有靠品質良好的軟體才能發揮出硬體的功能。觀點導向的軟體開發（AOSD，aspect-oriented software development）是軟體工程領域中的新發展，目的是讓軟體系統更容易再用（reuse）與維護，這跟物件導向技術、軟體元件再用或是跨平台軟體開發技術的目標是一致的，只不過 AOSD 是以所謂的「觀點（aspect）」做為抽象化的基礎。

透過「觀點」可以將軟體設計上的各種考量（concerns）分隔開來，例如很多子系統都需要使用者用帳號與密碼來登入，這樣的功能就算是一種「觀點」，一旦設計出這樣的功能來，所有的子系統都適用。因此在軟體工程上常會要求程式的元件只執行單一的功能，不受制於軟體系統其他的程式，這樣整個系統才會比較容易維護。

18.4 軟體產品線

軟體系統的發展已經有很久的歷史，累積了許多的經驗、技術與程式，對於新軟體的開發來說，這些都是寶貴的資產，其他仔細觀察幾個大型的軟體廠商，可以發現他們的軟體種類並不多，而且通常都是一系列的，就像產品線一樣，可以反覆使用一些元件，組裝成更好用的產品。舉例來說，像微軟公司的 Microsoft Office、Adobe 公司的 Adobe Creative Suite、Articulate 的數位互動教材開發等。這些軟體也經常會更新，所以持續性的整合（continuous integration）與持續性部署（continuous deployment）的技術對這些軟體開發商來說，都是必須運用到的。

18.5 群眾外包

所謂的群眾外包（crowdsourcing）是指機構將原本由員工執行的功能透過公開的請求交由廣大的未定群眾來執行。這樣的模式套用到軟體工程同樣會產生很大的想像空間，舉例來說，一個龐大的軟體系統可能原本需要幾個月的時間才能完成測試，但是透過群眾外包，幾個小時就完成了。當然，要讓那麼多人完成這樣的工作是需要一些方法的，所以若是軟體工程要讓群眾外包派上用

場，就必須發展出運用的法則。所以群眾外包開啟了無限的可能，也衍生出很多需要探索的問題。

　　蘋果公司的 App Store 就可以算是軟體開發群眾外包的實例，開發者跟蘋果公司可能沒有任何關聯，但是主動開發蘋果公司販售的行動裝置上可用的 app，對於蘋果公司來說，等於得到了眾多軟體開發者的幫助。

18.6　大數據對軟體系統發展的影響

　　資料科學是各行各業都將需要運用的技術，當處理的資料量大到一定程度以後，就要運用大數據的技術來提升資料處理的效率。過去資訊系統處理的主要是結構化的資料，而且絕大多數來自關聯式的資料庫系統，在大數據的領域中，很多資料來源提供的是非結構化的資料，使用的是所謂的 NoSQL 資料庫系統，這對軟體系統的開發是有影響的。一般的機構在導入大數據的技術時，最後都希望把大數據的功能融入到機構的日常運作裡頭，所以數據分析所需要的資料來源必須透過適當的介接與處理自動取得，再加上有的資料分析應用有即時的要求，這一類系統的開發會因此而變得比較複雜。

　　隨著資料科學的發展越趨成熟，加上數據分析有清楚的流程，可透過軟體系統的開發把整個流程以軟體介面來自動化，例如機器學習管道（machine learning pipeline），幫助使用者能專注於機器學習的運用，由軟體來幫助引導相關的流程需要完成的工作，要開發這樣的軟體環境就需要軟體工程的專業，跟資料科學的專業是不同的。

18.7　人工智慧技術對軟體系統發展的影響

　　近年來，與人工智慧相關的技術快速地發展，例如即時的多國語言翻譯技術，過去由於資訊裝置的運算效能不夠快，自然語言處理的技術不佳，還沒有辦法讓這種多國語言翻譯得到比較好的效果，沒辦法即時翻譯更是限制了運用上的方便性。現在人工智慧技術解決了這些問題，所以已經有智慧手機能讓講不同語言的人即時溝通無礙。

　　這只是人工智慧應用的一個小例子，一旦高運算效能的資訊設備不斷普及，對於人工智慧應用的需求會增加快速，而這些應用都要透過軟體的開發。高運算效能的環境與人工智慧技術的運用對於軟體開發是有影響的，假如原本儲存在磁碟上的資料庫系統可以全部放在快速的記憶體上，則資料存取的方式可能就跟過去不同了。

摘要

　　傳統的軟體工程流程在過去十年來對於軟體工業的發展產生了極為深遠的影響，但也為軟體業者帶來了更複雜的競爭局面，只有靠更精進的技術與工具，才能創造出成本低而品質更高的軟體系統。事實上，已經陸續出現了國際化的標準來規範軟體廠商與軟體產品的品質，組織或企業也逐漸開始重視軟體開發的規劃，未來軟體工程將成為應用更普遍的技術。我們在這一章的內容中選擇了幾項軟體工程的重要發展，這些新的發展將對軟體系統的開發方式產生另一層面的重大影響。

學習評量

1. 請說明服務導向的架構（SOA，service-oriented architecture）是什麼？

2. SOA 跟軟體的再使用可能會存在什麼樣的關聯？

3. 軟體安全工程有什麼重要性？

4. 請說明觀點導向的軟體開發（AOSD，aspect-oriented software development）希望達成的目標。

5. 請由網路上找出關於軟體系統安全發生問題產生損害的案例。

6. 群眾外包對於軟體的開發可能帶來什麼樣的重大發展？

7. 何謂 machine learning pipeline？跟軟體工程有什麼關係？

附錄

A.1 參考文獻

1. 李允中，2013 年，軟體工程，高立圖書有限公司。

2. Brooks, F. (1995). The Mythical Man-Month：Essays on Software Engineering. 2nd. Addison-Wesley.

3. Dennis, A. et al. (2005). Systems Analysis and Design with UML Version 2.0.：An Object-Oriented Approach. 2nd Ed. John Wiley & Sons, Ltd.

4. Ericsson, M. (2002). Developing Large-Scale Systems with the Rational Unified Process," Rational Software White Paper.

5. Fowler, M. (2004). UML Distilled. 3rd Ed. A Brief Guide to the Standard Object Modeling Language. Addison-Wesley.

6. Fowler, M., et al. (1999). Refactoring：Improving the Design of Existing Code. Addison-Wesley Professional.

7. Hoffer, J. (1999). Modern Systems Analysis & Design. 2nd Ed. Addison Wesley.

8. Manshreck, T. and H. Wright. (2020). Software Engineering at Google. O'Reilly.

9. Marakas, G. (2001). Systems Analysis and Design : An Active Approach. Prentice Hall.

10. McConnell, S. (2004). Code Complete：A Practical Handbook for Software Construction, 2nd. Microsoft Press.

11. Muller, R. J. Database Design for Smarties : Using UML for Data Modeling. Morgan Kaufmann.

12. Nassi, I. and B. Shneiderman. (1973). Flowchart Techniques for Structured Programming. ACM SIGPLAN Notices 8(8) Aug. , pp 12-26.

13. O'Docherty, M. (2005). Object-Oriented Analysis and Design : Understanding System Development with UML 2.0. John Wiley & Sons, Ltd.

14. Oestereich, B. (1999). Developing Software With UML. Addison-Wesley Longman Ltd.

15. Police, G. (2002). Using the IBM Rational Unified Process for Small Projects : Expanding Upon eXtreme Programming. A technical discussion of RUP. IBM Rational Software.

16. Quatrani, T. (1998). Visual Modeling with Rational Rose and UML. Addison Wesley.

17. Sommerville, I. (2007). Software Engineering 8. Addison Wesley.

18. West, D. (2002). Planning a Project with the IBM Rational Unified Process, TP 151, IBM Rational Software.

19. Whitten, J. and L. Bentley. (1998). Systems Analysis and Design Methods. 4th Ed. Irwin/McGraw-Hill.

A.2　索引

A

B

C

D

E

F

H

I

L

M

N

軟體工程理論與實務應用(第七版)

作　　者：顏春煌
企劃編輯：石辰蓁
文字編輯：江雅鈴
設計裝幀：張寶莉
發 行 人：廖文良

發 行 所：碁峰資訊股份有限公司
地　　址：台北市南港區三重路 66 號 7 樓之 6
電　　話：(02)2788-2408
傳　　真：(02)8192-4433
網　　站：www.gotop.com.tw
書　　號：AEE042000
版　　次：2024 年 06 月七版
建議售價：NT$550

國家圖書館出版品預行編目資料

軟體工程理論與實務應用 / 顏春煌著. -- 七版. -- 臺北市：碁峰
　　資訊, 2024.06
　　　面；　公分
　　　ISBN 978-626-324-808-3(平裝)
　　　1.CST：軟體研發　2.CST：電腦程式設計
312.2　　　　　　　　　　　　　　　　　113006146

商標聲明：本書所引用之國內外公司各商標、商品名稱、網站畫面，其權利分屬合法註冊公司所有，絕無侵權之意，特此聲明。

版權聲明：本著作物內容僅授權合法持有本書之讀者學習所用，非經本書作者或碁峰資訊股份有限公司正式授權，不得以任何形式複製、抄襲、轉載或透過網路散佈其內容。
版權所有‧翻印必究

本書是根據寫作當時的資料撰寫而成，日後若因資料更新導致與書籍內容有所差異，敬請見諒。若是軟、硬體問題，請您直接與軟、硬體廠商聯絡。